高职高专土建类"十三五"规划教材

钢 结 构

（第二版）

主　　编	刘卫东　刘　颖
副 主 编	武海勇　谢清艳　王中有
主　　审	刘文顺　苏德利

华中科技大学出版社
中国·武汉

内 容 提 要

本书根据建筑工程技术专业及相关专业钢结构课程的教学要求编写而成。全书共分 8 章,包括概论,钢结构的材料,钢结构的连接,轴心受力构件,受弯构件,拉弯和压弯构件,屋盖结构及钢结构的制作、安装与防护等内容。本书突出教材内容的针对性、实用性,由浅入深,理论联系实际,简明扼要,通俗易懂,并附有大量例题。

本书既可作为高等院校建筑工程技术专业的教材,亦可作为土建工程技术人员学习、参考的资料。

图书在版编目(CIP)数据

钢结构/刘卫东,刘颖主编. —2 版. —武汉:华中科技大学出版社,2019.10
高职高专土建类"十三五"规划教材
ISBN 978-7-5680-3161-5

Ⅰ.①钢… Ⅱ.①刘… ②刘… Ⅲ.①钢结构-高等职业教育-教材 Ⅳ.①TU391

中国版本图书馆 CIP 数据核字(2017)第 170936 号

钢结构(第二版)　　　　　　　　　　　　　　　　　　　　　刘卫东　刘　颖　主编
Gangjiegou(Di-er Ban)

策划编辑:周永华
责任编辑:周永华
封面设计:原色设计
责任校对:李　琴
责任监印:朱　玢
出版发行:华中科技大学出版社(中国·武汉)　　　电话:(027)81321913
　　　　　武汉市东湖新技术开发区华工科技园　　　邮编:430223
录　　排:武汉楚海文化传播有限公司
印　　刷:武汉华工鑫宏印务有限公司
开　　本:850mm×1065mm　1/16
印　　张:17.5
字　　数:372 千字
版　　次:2019 年 10 月第 2 版第 1 次印刷
定　　价:59.80 元

前　　言

本书按照建筑工程技术专业及相关专业钢结构课程的教学要求组织编写。

在编写过程中，根据建筑工程技术专业的人才培养目标，按照以"应用"为目的、以"培养能力"为本位的原则来确定教材内容和课程结构，重视教学内容的针对性和实用性，知识体系全面，重点突出，既简明易懂，又论述严谨，方便教师授课和学生学习。

本书较完整、系统地讲述了钢结构构件的基本性能、基本理论和计算方法等基础知识；根据钢结构的发展状况，力求拓宽专业面、扩大知识面，反映先进的技术，以适合钢结构发展的需要。

本书共分 8 章，包括概论，钢结构的材料，钢结构的连接，轴心受力构件，受弯构件，拉弯和压弯构件，屋盖结构及钢结构的制作、安装与防护等内容。

本书由大连海洋大学应用技术学院刘卫东、刘颖担任主编，沧州职业技术学院武海勇，湖南高速铁路职业技术学院谢清艳、王中有担任副主编。全书由刘卫东统稿和定稿。

大连海洋大学应用技术学院刘文顺教授、苏德利教授担任本书主审，他们对本书进行了认真细致的审阅，并提出了许多建设性意见，编者谨致谢意。

本书既可作为高等院校建筑工程技术专业的教材，亦可作为土建工程技术人员学习、参考的资料。

本书在编写过程中，得到华中科技大学出版社编辑和编者所在单位的大力支持，参考和使用了有关文献和资料，在此表示衷心感谢。

限于编者的水平，本书难免存在缺漏，敬请读者批评指正。

编　者
2019 年 2 月

目　　录

第1章 概　　论

钢结构是由钢板、热轧型钢和冷加工成型的薄壁型钢,通过一定的连接方式而形成的受力整体。钢结构基本构件有拉(压)杆、弯曲梁、压弯柱及桁架等,是建筑结构的主要形式。钢结构在结构工程中有着悠久的历史和广泛的用途,随着钢产量、性能的不断提高,品种的不断丰富,具有广阔的前景。

1.1　钢结构的组成及特点

1.1.1　钢结构的组成

随着建筑业的发展,在建筑工程中钢结构的应用越来越广。由于使用功能及结构组成方式不同,钢结构种类繁多、形式各异。钢结构尽管用途、形式各不相同,但它们都是由钢板和型钢经过加工制成各种基本构件,如拉杆(有时还包括钢索)、压杆、梁、柱及桁架等,然后将这些基本构件按一定方式通过焊接、铆接和螺栓连接组成结构。

如何将基本构件按一定方式组成能满足各种使用功能要求的钢结构? 下面将通过一些示例作简要说明。

1. 平面结构体系

图 1-1 是单层房屋钢结构组成的示意图。单层房屋承受重力荷载、水平荷载(风力及吊车制动力等)。图 1-1(a)中屋盖桁架和柱组成一系列的平面承重结构,主要承受重力荷载和横向水平荷载。这些平面承重结构用纵向构件和各种支撑(如图中所示的上弦横向支撑、垂直支撑及柱间支撑等)连成一个空间整体,如图 1-1(b)所示,保证整个结构在空间各个方向都成为一个几何不变体系。除此之外,还可以由实腹的梁和柱组成框架或拱。框架和拱可以做成三铰、两铰或无铰,跨度大的还可用桁架拱。

上述结构均属于平面结构体系。其特点是结构由承重体系及附加构件两部分组成,其中承重体系是一系列相互平行的平面结构,结构平面内的垂直和横向水平荷载由它承担,并在该结构平面内传递到基础。附加构件(纵向构件及支撑)的作用是将各个平面结构连成整体,同时也承受结构平面外的纵向水平力。

2. 空间结构体系

当建筑物的长度和宽度尺寸接近,或平面呈圆形时,如果将各个承重构件自身组成为空间几何不变体系并省去附加构件,受力就更为合理。如图 1-2 所示,平板

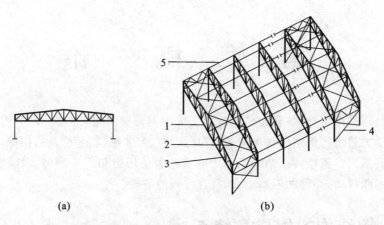

(a)   (b)

图 1-1 单层房屋钢结构组成示意图

1—屋架；2—上弦横向支撑；3—垂直支撑；4—柱间支撑；5—纵向构件

网架屋盖结构由倒置的四角锥体组成,锥底的四边为网架的上弦杆,锥棱为腹杆,连接各锥顶的杆件为下弦杆。屋架的荷载沿两个方向传到四角的柱上,再传至基础,形成一种空间传力体系,因此这种结构也称为空间结构体系。在这个平板网架中,所有的构件都是主要承重体系的部件,没有附加构件,因此,内力分布合理并能节省钢材。

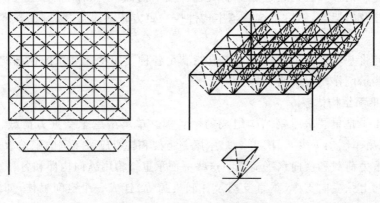

图 1-2 平板网架屋盖结构

—— —上弦杆；—— —下弦杆；--- —腹杆

3. 多层房屋结构体系

多层钢结构除承受由重力引起的竖向荷载外,更重要的是承受由风或地震引起的水平荷载。提高结构抵抗水平荷载的能力,以及控制水平位移不要过大,是这类房屋结构体系需要解决的主要问题。一般多层钢结构房屋组成的体系主要有:框架结构(即由梁和柱组成的多层多跨框架,如图 1-3 所示)、带刚性加强层结构(即在两列柱之间设置斜支撑,形成竖向悬臂桁架,以便承受更大的水平荷载,如图 1-4 所示)、筒式结构(即沿框架四周用密集排列的柱形成空间钢架式的斜撑,与梁、柱组成桁架,这样房屋四周就形成了刚度很大的空间桁架——支撑筒)。

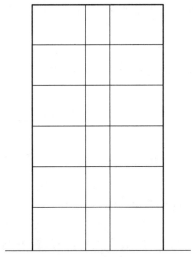

图 1-3 框架结构

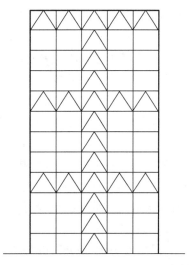

图 1-4 带刚性加强层结构

综上所述,钢结构的组成应满足结构使用功能的要求,结构应形成空间整体(几何不变体系)才能有效而经济地承受荷载,同时还要考虑材料供应及施工方便等因素。本节仅对单层及多层房屋的钢结构组成作了一些简单描述,但是其他结构如桥梁、塔架等同样也应遵循这些原则。同时,我们还应看到,随着工程技术不断发展,将会创造和开发出更多的新型结构体系。

1.1.2 钢结构的特点

钢结构与其他类型结构相比,具有如下特点。

1. 强度高、质量轻

钢材的容重虽然比其他建筑材料大,但其强度更高,因此在承载力相同的条件下,钢结构的自重比其他结构要小。以同样跨度、承受同样的荷载为例,钢屋架的质量只有钢筋混凝土屋架的 $1/4 \sim 1/3$,冷弯薄壁型钢屋架质量更轻。因此,钢结构能承受更大的荷载,跨越更大的跨度。

2. 塑性和韧性好

钢材具有良好的塑性和韧性,能吸收和消耗很大的能量,对动力荷载的适应性强,抗震性能好。因此,一般情况下钢材不会因偶然局部超载而突然发生脆性破坏。

3. 材质均匀,和力学计算的假定比较符合

钢材在冶炼和轧制过程中,受到严格的质量控制,因而材质比较均匀,质量比较稳定。钢材各向同性,弹性工作范围大,因此它的实际工作情况与一般结构力学计算中采用的材料为匀质各向同性体的假定较为符合,工作可靠性高。

4. 钢结构制作简便,施工方便

钢结构由各种型钢组成,可在专业化的金属结构加工厂中制造,制作简便,精度较高,然后运至现场,进行拼接和吊装。现场施工采用装配化作业,是工业化生产程度较高的一种结构。同时钢结构也是施工现场工程量最小的一种结构,因而施工周期短,效率高,且便于拆卸、加固和改建。

5. 能制成不渗漏的密闭结构

不论采用焊接、铆接或螺栓连接,钢结构都可以做到密闭不渗漏。

6. 钢结构耐热,但不耐火

钢材在温度 200 ℃ 以内时性能变化不大,但超过 200 ℃,钢材的强度及弹性模量将随温度升高而大大降低,当结构温度达到 500 ℃ 以上时就完全失去承载能力。另外,钢材导热性能好,局部受热(如发生火灾)也会迅速引起整个结构升温,危及结构安全。一般认为,当钢结构表面长期受 150 ℃ 以上高温辐射,可能遭受火灾袭击时,就应采取有效的防护措施,如用耐火材料做成隔热层等。

7. 耐腐蚀性差

在湿度大、有侵蚀介质的环境中,钢材易于锈蚀,使结构受到损害,影响结构的使用与寿命。因此钢结构必须采取防锈措施,彻底除锈并涂以油漆或镀锌等。此外,还应注意使结构经常处于清洁和干燥的环境中,保持通风良好,及时排除侵蚀性气体和湿气。

1.2 钢结构的应用范围及发展

1.2.1 钢结构的应用范围

钢结构的应用范围不仅取决于钢结构本身的特性,还取决于我国经济社会发展的具体情况。过去由于我国科技水平较低,年产钢量不高,不能满足各项经济建设的需要,钢结构的应用受到一定的限制。随着产钢量的增加和钢结构新结构形式的应用,钢结构的应用得到很大的发展。目前钢结构在我国的应用范围如下。

1. 重型厂房结构

设有起重较大的中级和重级工作制桥式起重机的车间,如炼钢车间、轧钢车间、铸钢车间、水压机车间、船体车间、热加工车间等重型厂房的承重骨架和吊车梁,多采用钢结构。

2. 大跨度结构

对于大空间的公共建筑和工业建筑,如飞机制造厂的装配车间、飞机库、体育馆、大会堂、剧场、展览馆等,常采用重量轻、强度高的钢网架、拱架、悬索以及框架等结构体系。如位于北京人民大会堂西侧西长安街以南的国家大剧院(如图 1-5 所示)是总占地面积近 12 万平方米,总建筑面积近 15 万平方米,总投资 26.88 亿元的钢结构工程。该工程外部围护结构为钢结构网壳,呈半椭圆球形,东西长轴212.2 m,南北短轴 143.64 m,总高度 46.285 m。内设歌剧院(2 416 席)、音乐厅

(2 017 席)、戏剧院(1 040 席)及公共大厅等。屋面采用钛金属板,整个网壳外环绕人工湖(35 500 m²),各种通道及入口均设在水下。

图 1-5　国家大剧院

3. 高层和超高层建筑

高层和超高层建筑多采用钢框架结构体系,以加快建设速度,提高抗震性能。位于陆家嘴金融贸易区的上海环球金融中心大厦(如图 1-6 所示)建筑总面积 381 600 m²,地下 3 层,地上 101 层。建成后的高度达 492 m。总用钢量 52 300 t,采用钢筋混凝土核心筒,外框钢骨混凝土及钢柱。

上海金茂大厦是一座 88 层的超高层大厦,如图 1-7 所示,建筑高度 420.5 m,建筑面积 28.9 万平方米,于 1998 年 8 月 28 日竣工。总用钢量 18 500 t,采用钢筋混凝土核心筒,外框钢骨混凝土及钢柱。

图 1-6　上海环球金融中心大厦

图 1-7　上海金茂大厦

4. 高耸构筑物

高耸构筑物主要采用承受风荷载的高耸塔桅钢结构,如高压输电线塔架、石油化工排气塔架、电视塔、环境气象监测塔、无线电桅杆等。

5. 容器、储罐、管道

大型油库、气罐、囤仓、料斗和大直径煤气管、输油管等,多采用板壳钢结构,以保证在压力作用下耐久与不渗漏。

6. 可拆装和搬迁的结构

可拆装和搬迁的结构如流动式展览馆、装配式活动房屋等,多采用螺栓和扣件连接的轻钢结构。

7. 其他构筑物

其他构筑物,如高炉、热风炉、锅炉骨架、大跨度铁路和公路桥梁、水工闸门、起重桅杆、运输通廊、管道支架和海洋采油平台等,一般多采用钢结构。

8. 钢与混凝土组合结构

钢与混凝土组合结构充分利用钢与混凝土各自的性能优势,将它们组合成各种构件,可以取得较好的技术经济效益,如钢与混凝土组合梁、钢管混凝土柱等。这类结构在房屋及桥梁建筑中应用很广。

1.2.2 钢结构的发展

我国钢结构应用历史悠久,在古代就有铁链悬桥、铁塔等建筑。20世纪中期,先后建成许多钢桥、工业厂房、体育馆等。其中著名的如钱塘江大铁桥、武汉长江大桥、南京长江大桥、北京工人体育馆、上海体育馆、北京人民大会堂、上海电视塔以及鞍钢、武钢、包钢等一大批重工业厂房都采用了钢结构。

我国钢结构真正突飞猛进地发展是在1978年国家实施以经济建设为中心的政策以后。这一时期我国钢产量从1978年年产3 000万吨,到1996年突破年产亿吨而跃居世界首位,1999年我国钢产量已达1.22亿吨。随着钢产量的增加,我国建筑钢材不仅数量大幅增长,而且品种数也大大增加。其中强度为200～360 MPa的碳素结构钢和低合金高强度钢已基本满足建筑市场要求,同时还研制开发出能抵抗大气腐蚀的耐候钢、能抵抗层状撕裂的Z向钢,以及H型钢、部分T型钢、压型钢板等,这些都为钢结构的发展提供了物质基础。

为了让建筑业发展能带动建材、冶金、化工、机械等相关产业发展,促进国民经济增长和结构调整,使建筑业成为名副其实的国民经济支柱产业,今后以较快速度发展钢结构是一个很重要的方面。住房和城乡建设部在2013年6月发布了新的《中国建筑技术政策》(2013版),具体地提出了发展钢结构的要求,指明了钢结构的发展方向。

1.3　钢结构的基本设计原理

1.3.1　结构设计概述

1. 结构设计的目的

结构设计的目的是使所设计的结构满足各种预定的功能要求。预定的功能主要包括以下几方面。

(1)安全性。结构能承受正常施工和正常使用时可能出现的各种作用,包括荷载、温度变化、基础不均匀沉降以及地震作用等;在偶然事件发生时及发生后仍能保持必需的整体稳定性,不致倒塌。

(2)适用性。结构在正常使用时,应具有良好的工作性能,满足预定的使用要求,如不发生影响正常使用的过大变形、振动等。

(3)耐久性。结构在正常维护下,随时间变化仍能满足预定功能要求,如不发生严重锈蚀而影响结构的使用寿命等。

上述三方面的功能要求可概括称为结构的可靠性。结构的可靠性与结构的经济性是相互矛盾的,科学的设计方法是在结构的可靠与经济之间选择一种合理的平衡,力求以最经济的途径、适当的可靠度达到结构设计的目的。

2. 结构设计的主要内容

结构设计的主要内容包括以下几个方面。

(1)研究结构的受力体系,确定结构的力学模型和计算简图。

(2)研究外界对结构的作用及作用效应分析。

"作用"是指使结构产生内力、变形、应变的所有原因。"直接作用"是指结构上的荷载,如自重、风荷载、雪荷载及活动荷载。"间接作用"是指引起结构变形和约束变形从而产生内力的其他作用,如地震、基础沉降、温度变化、焊接等。"作用效应"是指结构上的作用引起的结构或其构件的内力和变形(如弯矩、轴力、剪力、扭矩、挠度、转角等)。因为结构上的作用是不确定的随机变量,所以作用效应一般也是随机变量。

(3)根据外界作用及结构抗力对结构或构件及其连接等进行强度、稳定性和变形验算。

"结构抗力"是指结构或构件承受作用效应的能力(如构件的承载能力、刚度等)。结构抗力是构件材料性能、几何参数及计算模式的函数,由于材料性能的变异性、构件几何特征的不确定性和计算模式的不确定性,结构或构件抗力也是随机变量。

3. 结构的两种极限状态

(1)承载能力极限状态。这种极限状态对应于结构或构件达到最大承载能力或不适于继续承载的变形。这里有两个极限准则：一个是最大承载力，另一个是不适于继续承载的变形。对于钢结构来说，两个极限准则都采用，且第二个准则主要应用于钢结构。

(2)正常使用极限状态。这种极限状态对应于结构或构件达到正常使用或耐久性能的某项规定限值。对钢结构来说，主要是控制构件的刚度，避免出现影响正常使用的过大变形或在荷载作用下的较大振动。

1.3.2 钢结构的计算方法

1. 容许应力计算法

钢结构的计算是以极限状态为准则进行的。设荷载效应的标准值为 S，构件抗力的标准值为 R，一般情况下，荷载的标准值即荷载的最大值，抗力的标准值即抗力的最小值，则计算式应当写成

$$S \leqslant R \tag{1-1}$$

由于 S 和 R 都是确定值，这种计算方法是一种确定性方法。钢结构的容许应力计算法就是在此基础上的一种确定性的方法。将式(1-1)两边各除以构件截面几何特征值，可得其计算式为

$$\sigma \leqslant [\sigma] \tag{1-2}$$

式中　σ——荷载标准值作用于构件的应力；

　　　$[\sigma]$——容许应力，等于钢材强度 f_y 除以安全系数 K，K 由工程经验确定。

此方法以安全系数 K 来考虑作用效应和结构抗力的变异，即可能荷载超过其标准值，抗力小于其标准值的情况。计算简单方便，缺点是安全系数 K 笼统取为定值。实际上作用效应和结构抗力的变异并不具有比例关系，取为定值势必带来各种与实际隐含的可靠度不一致的情况。

2. 概率极限状态设计法

1)近似概率极限状态设计法

极限状态设计法比安全系数设计法先进且合理，它把有变异性的设计参数采用概率分析引入了结构设计中。

结构或构件的承载力极限状态方程可表达为

$$Z = g(x_1, x_2, \cdots, x_n) = 0 \tag{1-3}$$

如将各因素概括为两个综合随机变量，即结构或构件的抗力 R 和各种作用对结构或构件产生的效应 S，式(1-3)可写成

$$Z = g(R, S) = R - S = 0 \tag{1-4}$$

结构或构件的失效概率可表示为

$$P_f = g(R - S) < 0 \tag{1-5}$$

设 R 和 S 的概率统计值均服从正态分布，可分别计算出它们的平均值 μ_R、μ_S 和标准差 σ_R、σ_S，则极限状态函数 $Z = R - S$ 也服从正态分布，它的平均值和标准差分别为

$$\left.\begin{array}{c}\mu_Z=\mu_R-\mu_S\\ \sigma_Z^2=\sigma_R^2+\sigma_S^2\end{array}\right\}\tag{1-6}$$

如图 1-8 所示,表示极限状态函数 $Z=R-S$ 的正态分布,图中的阴影面积表示 $g(R-S)<0$ 的概率,即失效概率 P_f 需采用积分法求得。由图可见,平均值 μ_Z 等于 $\beta\sigma_Z$,显然 β 值和失效概率 P_f 存在如下对应关系。

$$P_f=\Phi(-\beta)\tag{1-7}$$

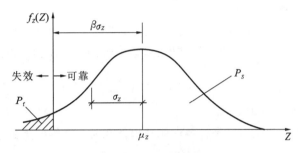

图 1-8　概率密度曲线

这样,只要计算出 β 值就能获得对应的失效概率 P_f(见表 1-1)。β 称为可靠度指标,由下式计算

$$\beta=\mu_Z/\sigma_Z=(\mu_R-\mu_S)/\sqrt{\sigma_R^2-\sigma_S^2}\tag{1-8}$$

当 R 和 S 的统计值不按正态分布时,结构构件的可靠度指标应以它们的当量正态分布的平均值和标准差代入式(1-8)来计算。

表 1-1　正态分布时 β 与 P_f 的对应值

β	2.5	2.7	3.2	3.7	4.2
P_f	6.21×10^{-3}	3.47×10^{-3}	6.87×10^{-4}	1.08×10^{-4}	1.34×10^{-5}

由于 R 和 S 的实际分布规律相当复杂,我们采用了典型的正态分布,因而算得的 β 和 P_f 值是近似的,故称为近似概率极限状态设计法。在推导 β 的计算式时,只采用了 R 和 S 的二阶中心矩,同时还做了线性化的近似处理,故此设计法又称一次二阶矩法。

概率极限状态设计法将构件的抗力和作用效应的概率分析联系在一起,以安全指标作为度量结构构件安全度的尺度,可以较合理地对各类构件的安全度做定量分析比较,以达到等安全度的设计目的。但是这种设计方法比较复杂,较难掌握,因而仍采用人们所熟悉的分项系数设计公式。

2)承载能力极限状态设计法

承载能力极限状态设计法采用的是分项系数表达式,即

$$S=\gamma_0\left(\gamma_g C_g G_k+\gamma_{q1}C_{q1}Q_{1k}+\sum_{i=2}^n\varphi_{ci}\gamma_{qi}C_{qi}Q_{ik}\right)\tag{1-9}$$

式中　γ_0——结构重要性系数,把结构分成一、二、三 3 个安全等级,分别取值 1.1、1.0 和 0.9;

C_g、C_{q1}、C_{qi}——永久荷载、第一个可变荷载和第 i 个可变荷载的荷载效应
      系数；

G_k、Q_{1k}、Q_{ik}——永久荷载、第一个可变荷载及第 i 个可变荷载的标准值；

φ_{ci}——第 i 个可变荷载的组合系数，一般取 0.6，当只有一个可变荷载时
  取 1.0；

γ_g——永久荷载分项系数，一般取 1.2，当永久荷载效应对结构构件的承载力
  有利时，取 1.0；

γ_{q1}、γ_{qi}——第 1 个和第 i 个可变荷载分项系数，一般情况可采用 1.4。

为了简化计算，对于一般排架结构、框架结构，可采用以下公式计算。

$$S = \gamma_0 \left(\gamma_g C_g G_k + \varphi \sum_{i=1}^{n} \gamma_{qi} C_{qi} Q_{ik} \right) \tag{1-10}$$

式中，荷载组合系数 φ 取 0.9。

构件本身的承载能力只是材料性能和构件几何因素等的函数，即

$$R = f_k / \gamma_r = f_d A \tag{1-11}$$

式中 γ_r——结构或构件抗力分项系数；

   f_k——材料强度的标准值；

   f_d——结构材料或连接材料的设计强度；

   A——构件或连接的几何因素。

考虑到一些结构构件和连接工作的特殊条件，构件承载力有时还应乘以调整系
数。例如施工条件较差的高空安装焊缝和铆接连接，应乘以 0.9；单面连接的单个角
钢按轴心受力计算强度和连接时，应乘以 0.85 等。

将式(1-9)、式(1-10)和式(1-11)代入式(1-4)，可得

$$\gamma_0 \left(\gamma_g C_g G_k + \gamma_{q1} C_{q1} Q_{1k} + \sum_{i=2}^{n} \varphi_{ci} \gamma_{qi} C_{qi} Q_{ik} \right) \leqslant f_d A \tag{1-12}$$

及

$$\gamma_0 \left(\gamma_g C_g G_k + \varphi \sum_{i=1}^{n} \gamma_{qi} C_{qi} Q_{ik} \right) \leqslant f_d A \tag{1-13}$$

为了照顾设计工作者的习惯，将以上公式改写为应力表达式。

$$\gamma_0 \left(\sigma_{gd} + \sigma_{q1d} + \sum_{i=2}^{n} \varphi_{ci} Q_{qid} \right) \leqslant f_d \tag{1-14}$$

及

$$\gamma_0 \left(\sigma_{gd} + \varphi \sum_{i=1}^{n} Q_{qid} \right) \leqslant f_d \tag{1-15}$$

式中 σ_{gd}——永久荷载设计值在结构构件的截面或连接中产生的应力值；

   σ_{q1d}——第一个可变荷载设计值在结构构件的截面或连接中产生的应力值
    （该应力值大于其他任意第 i 个可变荷载设计值产生的应力值）；

   σ_{qid}——第 i 个可变荷载设计值在结构构件的截面或连接中产生的应力值；

φ——荷载组合系数,取 0.9。

其余符号意义同前。

对于结构构件或连接的疲劳强度计算,由于疲劳极限状态的概念还不确切,只能暂时沿用容许应力设计法,不能采用上述的极限状态设计法。

3)正常使用极限状态设计法

钢结构的正常使用极限状态主要是控制结构或构件的变形和挠度,只考虑短期荷载效应组合,不考虑荷载分项系数,其验算公式为

$$v = v_{gk} + v_{q1k} + \sum_{i=1}^{n} \varphi_{ci} v_{qik} \leqslant [v] \tag{1-16}$$

式中　v_{gk}——永久荷载标准值在结构或构件中产生的变形值;

$\quad\quad v_{q1k}$——第一个可变荷载的标准值在结构或构件中产生的变形值(该值大于其他任意第 i 个可变荷载的标准值在结构或构件中产生的变形值);

$\quad\quad v_{qik}$——第 i 个可变荷载的标准值在结构或构件中产生的变形值;

$\quad\quad [v]$——结构或构件的容许变形值,按《钢结构设计标准》(GB 50017—2017)的规定采用。

【本章小结】

1. 钢结构是以钢材为主制作的结构,其特点是钢结构材料材质均匀、质量可靠、强度高、塑性及韧性好;密封性强、可焊性好,制造工艺简单,便于工业化施工;耐腐蚀性差和耐火性差。

2. 钢结构在我国的应用范围为:①大跨度结构;②重型工业厂房;③受动力荷载作用的结构;④高耸结构和高层结构;⑤容器和管道;⑥轻型钢结构;⑦可拆卸及其他构筑物。

3. 随着我国经济社会的发展及材料制造水平的提高,钢结构的应用有很大的发展:①高强度钢材的应用;②设计理论和方法的改进;③新型钢结构的应用;④钢结构住宅的应用。

4. 钢结构采用以概率理论为基础的极限状态设计法,用分项系数的设计表达式进行计算。考虑工程设计习惯,在按承载力极限状态设计时,钢结构的设计表达式采用应力计算公式。

【复习思考题】

1-1　钢结构的特点、应用范围及钢结构的类型与组成是什么?

1-2　钢结构的可靠性与结构的安全性有何区别?

1-3　分项系数设计表达式与可靠指标 β 有何关系?

第2章 钢结构的材料

2.1 钢结构材料的力学性能

钢结构在使用过程中需要在不同的条件和环境下承受各种荷载,这对钢结构材料的使用性能提出了要求。承重结构采用的钢材应具有抗拉强度、伸长率、屈服强度和硫、磷含量的合格保障;对焊接结构还应具有碳含量的合格保证。焊接承重结构以及重要的非焊接承重结构采用的钢材还应具有冷弯试验的合格保证。

钢材的力学性能通常指钢材的强度、伸长率、冷弯性能和冲击韧性等。这些性能指标是钢结构设计的重要依据,它们主要依靠试验来测定,如拉伸试验、冷弯试验和冲击试验等。

2.1.1 钢材一次拉伸时的静力学性能

钢材的主要强度指标和多项性能指标就是通过单向拉伸试验获得的。试验应按规范的规定把钢材加工成标准试件,一般是在标准条件下进行的,在室温20 ℃左右,按规定的加载速度在试验机上进行一次静力拉伸试验,将试件拉断,得应力-应变曲线,如图 2-1(a)所示,它显示结构钢材一次拉伸时的工作性能,图 2-1(b)是曲线的局部放大。

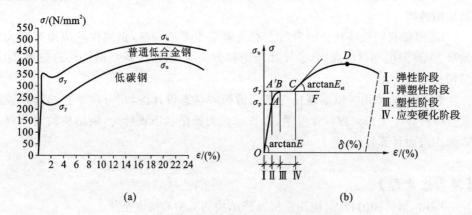

(a)   (b)

图 2-1 钢材的一次拉伸应力-应变曲线

由应力-应变曲线可见,结构钢材一次拉伸试验时,历经以下四个阶段。

(1)弹性阶段(OA 段)。在这一阶段应力与应变成正比,应力由零到比例极限 σ_p,它是应力-应变图中直线段的最大应力值。严格地说,比 σ_p 略高处还有弹性极限,但弹性极限与 σ_p 极其接近,所以通常略去弹性极限的点,把 σ_p 看做是弹性极限。这样,应力不超过 σ_p 时,应力与应变成正比关系,即符合胡克定律,且卸荷后变形完全恢复。

(2)弹塑性阶段(AB 段)。应力与应变成非线性关系,当应力增加时,增加的应变包括弹性应变和塑性应变两部分。卸荷后,弹性应变恢复到原来的形状,而塑性应变不能恢复,称为残余应变。图 2-1(b)中 B 点的应力为屈服点 σ_y,在此之后应力保持不变而应变持续发展,形成水平线段即屈服平台 BC,这是塑性流动阶段。

(3)塑性阶段(BC 段,也称屈服阶段)。屈服点是建筑钢材的一个重要力学特性。其意义在于以下两个方面。

①作为结构计算中材料强度的标准,或材料抗力标准。应力达到 σ_y 时的应变(约为 $\varepsilon=0.15\%$)与应力达到 σ_p 时的应变(约为 $\varepsilon=0.1\%$)较接近,可以认为应力达到 σ_y 时为弹性变形的终点。同时,达到 σ_y 后在一个较大的应变范围内(从 $\varepsilon=0.15\%$ 到 $\varepsilon=2.5\%$)应力不会继续增加,表示结构一时丧失继续承担更大荷载的能力,故此以 σ_y 作为弹性计算时强度的标准。

②形成理想弹塑性体的模型,为钢结构计算理论提供基础。σ_y 之前,钢材近于理想弹性体,σ_y 之后,塑性应变范围很大而应力保持不增长,所以接近理想塑性体。因此,曲线 OAF 可作为理想弹塑性体的应力-应变模型。钢结构设计规范对塑性设计的规定,就以材料是理想弹塑性体的假设为依据,忽略了应变硬化的有利作用。

低碳钢和低合金钢有明显的屈服点和屈服平台,如图 2-1(a)所示。而热处理钢材(如 σ_y 高达 690 MPa 的美国 A514 钢),可以有较好的塑性性质但没有明显的屈服点和屈服平台,应力-应变曲线形成一条连续曲线,如图 2-2 所示。对于没有明显屈服点的钢材,规定将永久变形为 $\varepsilon=0.2\%$ 时的应力作为屈服点,有时用 $\sigma_{0.2}$ 表示。为了区别起见,把这种名义屈服点称作屈服强度。

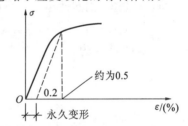

图 2-2　无明显屈服点和屈服平台钢材的应力-应变曲线

塑性阶段应力 σ_y 保持不变,应变继续增加,应力应变关系形成图 2-1(b)中所示的水平线段 BC,通常称为屈服平台,也就是塑性流动阶段,钢材表现出完全塑性,对于钢结构材料,此阶段终了的应变可达 $2\%\sim3\%$。

(4)强化阶段(CD 段)。钢材在发展了很大的塑性后又恢复了承载能力,应力-应变曲线上升,如图 2-1(b)CD 段所示,也称应变硬化阶段,最后当应力达到抗拉强度 f_u 时,试件发生颈缩现象而断裂破坏。颈缩现象的出现,以及颈缩区的伸长和横向收缩,是反映钢材塑性性能的重要标志。

由上述钢材的工作性能可以看出,当应力达到屈服点 σ_y 后,钢材的应变可达 $2\%\sim3\%$,这样大的变形,虽然没有造成破坏,但变形已非常明显,不适于再继续承受荷载。因此,规定了应力达 σ_y 时为钢材的强度承载力极限。

2.1.2 结构对钢结构材料性能的要求

钢结构在使用过程中要受到各种形式的外力作用,这就要求钢材必须具有足够抵抗外力作用而不超过允许变形和破坏的能力,这种能力统称为钢材的力学性能。承重结构所用钢材的力学性能主要包括强度、塑性、冷弯性能、冲击韧性和焊接性。它们是衡量钢材质量的重要指标,也是结构设计的主要依据,这些指标主要是通过试验来测定的。

1)强度

通过钢材的单向拉伸试验可获得最基本、最主要的力学性能指标,屈服强度 f_y 是钢材设计的依据,抗拉强度 f_u 是最大应力值,它是钢材力学性能中必不可少的保证项目。钢结构设计的准则是以构件最大应力达到材料屈服点作为极限状态,而把钢材的极限强度视为局部应力高峰的强度储备,这样能同时满足强度和刚度的要求。因而对于承重结构的钢材,要求同时保证抗拉强度和屈服强度的指标。

2)塑性

钢材的塑性一般指当应力超过屈服点后,能产生显著的残余变形而不立即断裂的性质。衡量钢材塑性的指标主要有伸长率 δ 和断面收缩率 φ。钢材的伸长率 δ 是反映钢材塑性的指标,是指试件拉断后,标距长度的伸长量与原标距长度的百分比。伸长率越大,则塑性越好。断面收缩率 φ 是指试件拉断后,颈缩区的断面面积缩小值与原断面面积比值的百分率。

伸长率 δ 为

$$\delta = \frac{l_1 - l_0}{l_0} \times 100\% \tag{2-1}$$

式中 l_0——试件原标距长度;

l_1——试件拉断后标距的长度。

断面收缩率 φ 为

$$\varphi = \frac{A_0 - A_1}{A_0} \times 100\% \tag{2-2}$$

式中 A_0——试件原截面面积,$A_0 = \dfrac{\pi d_0^2}{4}$;

A_1——试件拉断后在断裂处的截面面积。

3)冷弯性能

钢材的冷弯性能是衡量钢材在常温下弯曲加工产生塑性变形时,所具有的裂纹抵抗能力的一项指标。钢材的冷弯性能由冷弯试验确定。试验时按照规定的弯心直径在材料试验机上用冷弯冲头加压,当试件弯曲至 180°时如外表面和侧面无裂纹、断裂或分层,即为合格。冷弯试验不仅能检验材料承受规定的弯曲变形能力的大小,还能显示其内部的冶金缺陷,因此是判断钢材塑性变形能力和冶金质量的综合指标。焊接承重结构以及重要的非焊接承重结构采用的钢材应具有冷弯试验的合格保证,如图 2-3 所示。

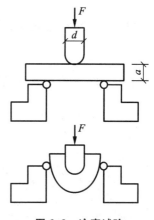

图 2-3 冷弯试验

4）冲击韧性

钢材的强度和塑性指标是由静力拉伸试验获得的,一般只能反映钢材在常温静载下的性能。用于承受动力荷载时,显然有很大的局限性。衡量钢材抗冲击性能的指标是钢材的韧性。冲击韧性也称作缺口韧性,是评定带有缺口的钢材在冲击荷载作用下抵抗脆性破坏能力的指标。钢材的冲击韧性通常采用在材料试验机上对标准试件进行冲击荷载试验来测定。常用的标准试件的形式有梅氏 U 形缺口和夏比 V 形缺口两种。U 形缺口试件的冲击韧性用冲击荷载下试件断裂所吸收或消耗的冲击功除以横截面面积的值来表示。V 形缺口试件的冲击韧性用试件断裂时所吸收的功 C_{kv} 或 A_{kv} 来表示,其单位为 J。由于 V 形缺口试件对冲击尤为敏感,更能反映结构裂纹性缺陷的影响。我国规定钢材的冲击韧性按 V 形缺口试件冲击功 C_{kv} 或 A_{kv} 来表示,如图 2-4 所示。

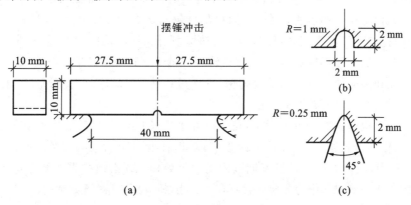

图 2-4 冲击试验

（a）冲击试验；（b）U 形缺口；（c）V 形缺口

钢材的冲击韧性与钢材的质量、缺口形状、加载速度、加载时间、试件厚度和温度有关,其中温度的影响最大。试验表明,温度越低,冲击韧性越低。但不同牌号和质量等级的钢材其降低规律又有很大的不同。因此,在寒冷地区承受动力荷载作用的重要承重结构,应根据工作温度和所用的钢材牌号,对钢材提出相当温度下的冲击韧性指标要求,以保证结构具有足够的抗脆性破坏能力。

5）焊接性能

焊接性能是指钢材对焊接工艺的适应能力,包括两方面的要求:一是通过一定的焊接工艺能保证焊接接头具有良好的力学性能;二是施工过程中,选择适宜的焊接材料和焊接工艺参数,有可能避免焊缝金属和钢材热影响区产生热(冷)裂纹。

2.2 影响钢材性能的主要因素

2.2.1 化学成分的影响

钢由多种化学成分组成,化学成分及其含量对钢的性能特别是力学性能有着重要的影响。铁(Fe)是钢材的基本元素,纯铁质软,在碳素结构钢中约占99%,碳及其他元素仅占1%,但对钢材的力学性能却有着决定性的影响。其他元素包括硅(Si)、锰(Mn)、硫(S)、磷(P)、氮(N)、氧(O)等。低合金钢中还含有少量(低于5%)合金元素,如铜(Cu)、钒(V)、钛(Ti)、铌(Nb)、铬(Cr)等。

碳是各种钢中的重要元素之一,在碳素结构钢中则是除铁以外的最主要元素。碳是形成钢材强度的主要成分,随着含碳量的提高,钢的强度逐渐增高,而塑性和韧性下降,冷弯性能、焊接性能和抗锈蚀性能等也变差。按碳的含量区分,小于0.25%的为低碳钢,大于0.25%而小于0.6%的为中碳钢,大于0.6%的为高碳钢。钢结构的用钢含碳量一般不大于0.22%,对于焊接结构,为了获得良好的可焊性,钢的含碳量以不大于0.2%为好。所以,建筑钢结构用的钢材基本上都是低碳钢。

硫和磷是钢中的有害成分,它们可降低钢材的塑性、韧性、可焊性和抗疲劳强度。在高温时,硫使钢变脆,称为钢材的热脆;在低温时,磷使钢变脆,称为钢材的冷脆。一般硫的含量不应超过0.045%,磷的含量不超过0.045%。但是,磷可提高钢材的强度和抗锈性。可使用的高磷钢,其含量可达0.12%,这时应减少钢材中的碳含量,以保持一定的塑性和韧性。

氧和氮也是钢中的有害元素,在金属熔化状态下可以从空气中进入。氧能使钢热脆,其作用比硫剧烈,氮能使钢冷脆,与磷相似,因此其含量必须严格控制。钢在浇注的过程中,应根据需要进行不同程度的脱氧处理。碳素结构钢的氧含量不应大于0.008%。但氮有时却作为合金元素存在于钢中,桥梁用15锰钒氮桥钢(15 MnVNq)就是如此,氮的含量控制在0.010%～0.020%。

硅和锰是钢中的有益元素,它们都是炼钢的脱氧剂。它们使钢材的强度提高,正常情况下,对塑性和韧性没有显著不良影响。在碳素结构钢中,硅的含量不应大于0.3%,锰的含量为0.3%～0.8%。对于低合金高强度合金钢,锰的含量可达1.0%～1.6%,硅的含量可达0.55%。

钒、铌、钛等元素在钢中形成微细碳化物,适量加入能起细化晶粒和弥散强化的作用,从而提高钢材的强度和韧性,又可保持良好的塑性。我国的低合金钢中都含有这三种元素,作为锰以外的合金元素。

2.2.2 冶金缺陷的影响

常见的冶金缺陷有偏析、非金属夹杂、气孔、裂纹及分层等。

钢材中化学杂质元素分布的不均匀性称为偏析,主要的偏析元素是硫和磷,偏析严重恶化偏析区钢材的性能。非金属夹杂是钢中含有硫化物和氧化物等杂质。气孔是浇注钢锭时,在高温作用下,氧化铁和碳发生化学作用生成的一氧化碳气体不能充分逸出而形成的。这些缺陷都将影响钢材的力学性能。浇注时的非金属夹杂物在轧制后能造成钢材的分层,会严重降低钢材的冷弯性能。冶金缺陷对钢材的性能的影响,不仅表现在结构或构件受力工作中,有时也表现在加工制作过程中。

2.2.3　钢材硬化的影响

钢材的硬化有三种:时效硬化、冷作硬化(或应变硬化)和应变时效硬化。

在高温作用下溶于铁中的少量氮和碳,随着时间的增长逐渐从固溶体中析出,生成氮化物和碳化物,散存在铁素体晶粒的滑动界面上,对晶粒的塑性滑移起到遏制作用,从而使钢材的强度提高,塑性和韧性下降,这种现象称为时效硬化(也称老化)。产生时效硬化的过程一般较长,但在振动荷载、反复荷载及温度变化等情况下,会加速发展。

在冷加工(或一次加载)使钢材产生较大的塑性变形的情况下,卸荷后再重新加载,钢材的屈服点提高,塑性和韧性降低的现象称为冷作硬化。

在钢材产生一定的塑性变形后,铁素体晶粒中的固溶氮和碳将更容易析出,从而使已经冷作硬化的钢材又发生时效硬化,这种现象称为应变时效硬化。

对于比较重要的钢结构,要尽量避免局部冷作硬化现象的发生。如钢材的剪切和冲孔,会使切口和孔壁发生分离式的塑性破坏,在剪断的边缘和冲出的孔壁处产生严重的冷作硬化,甚至出现微细的裂纹,促使钢材局部变脆。此时,可将剪切处刨边;冲孔用较小的冲头,冲孔后再行扩钻或完全改用钻孔的办法来除掉硬化部分。

2.2.4　温度的影响

钢材的性能受温度的影响十分明显,其总趋势是:温度升高,钢材强度降低,塑性增加;温度降低,钢材强度提高,但塑性、韧性降低,脆性增加。但在 150 ℃ 以下时,钢材性能与常温时比较变化不大;当温度在 250 ℃ 左右时,钢材抗拉强度有局部性提高,塑性、韧性变差,材料变脆,出现蓝脆现象(钢材表面氧化膜呈蓝色);当温度超过 300 ℃ 时,强度和弹性模量开始显著下降,塑性显著上升,钢材产生徐变;达到 600 ℃ 时,强度几乎为零,塑性急剧上升,钢材处于热塑性状态。钢材具有一定的抗热性能,但不耐火,一旦钢结构的温度达到 600 ℃ 以上时,会在瞬间因热塑而倒塌。因此受高温作用的钢结构,应根据不同情况采取防护措施。

温度从常温开始下降时,特别是在负温范围内时,钢材的强度虽有提高,但塑性、韧性降低,脆性增加,称为钢材的低温冷脆。对低温作业,特别是承受动力荷载的结构,应有负温冲击韧性的保证。

2.2.5 应力集中的影响

标准拉伸试件是通过机械加工的,表面光滑平整,因此截面上的应力分布比较均匀,并且是单向受拉应力状态。但工程中的钢构件不可避免地存在孔洞、缺口、凹槽、裂缝、厚度和宽度的变化以及钢材内部缺陷等,此时截面中的应力分布不再保持均匀,同时主应力线在绕过孔口等缺陷时发生弯转,不仅在孔口边缘处会产生沿力作用方向的应力高峰,而且会在孔口附近产生垂直于力作用方向的横向应力,甚至会产生三向拉应力,如图 2-5 所示,截面变化越急剧,应力集中就越严重。应力的急剧改变且不均匀,会使钢材变脆,受动荷载作用时容易形成裂纹。具有不同缺口形状的钢材的拉伸试验结果也表明(如图 2-6 所示,其中第 1 种试件为标准试件,第 2、3、4 种为不同应力集中水平对比试件),截面改变的尖锐程度越大的试件,其应力集中现象就越严重,引起钢材脆性破坏的危险性就越大。第 4 种试件已无明显屈服点,表现出高强钢的脆性破坏特征。

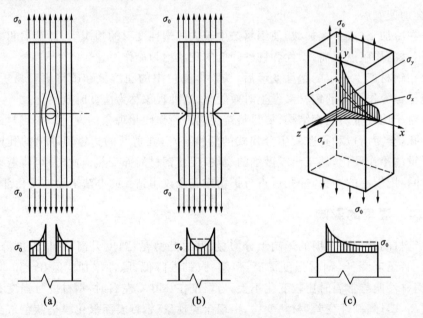

图 2-5 板件在孔口处的应力集中
(a)薄板圆孔处的应力分布;(b)薄板缺口处的应力分布;(c)厚板缺口处的应力分布

应力集中现象还可能由内应力引发。内应力的特点是力系在钢材内自相平衡,而与外力无关,其在浇注、轧制和焊接加工过程中,因不同部位钢材的冷却速度不同,或因不均匀加热和冷却而产生。其中焊接残余应力的值往往很高,在焊缝附近的残余拉应力常达到屈服点,而且在焊缝交叉处经常出现双向甚至三向残余拉应力场,使钢材局部变脆。当外力引起的应力与内应力处于不利组合时,会引发脆性破坏。

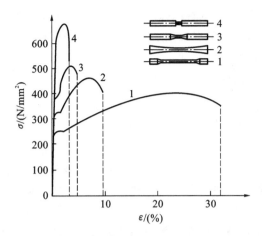

图 2-6　应力集中对钢材性能的影响

　　因此,在进行钢结构设计时,应尽量使构件和连接节点的形状与构造合理,防止截面的突然改变。在进行钢结构的焊接构造设计和施工时,应尽量减少焊接残余应力。

2.2.6　反复荷载作用

　　钢材在反复荷载作用下,结构的抗力及性能都会发生重大变化。在不断反复荷载作用下,钢材的强度将低于一次静载作用下的拉伸试验的极限强度,这一现象称为钢材的疲劳。疲劳破坏属于脆性破坏。疲劳破坏是损伤累积的结果。在反复荷载作用下,材料中原有的缺陷处发生塑性变形和硬化而形成一些微裂痕,之后微裂痕逐渐发展为宏观裂纹,试件截面被削弱,而在裂纹根部出现应力集中现象,使材料处于三向拉伸应力状态,塑性变形受到限制,当反复荷载达到一定循环次数时,材料终于破坏,并表现为突然的脆性断裂。

2.2.7　钢材在复杂应力作用下的性能

　　构件大多处在平面应力或立体应力状态下工作,如图 2-7 所示,通称复杂应力

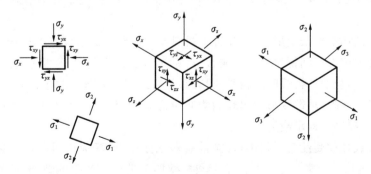

图 2-7　复杂应力

状态。在复杂应力状态下,钢材的强度和塑性会发生变化。此时钢材的屈服条件不能以某一轴向应力达到屈服点来判别,而应按能量强度理论计算折算应力与钢材在单向应力下的屈服点的比来判别。

由材料力学知,折算应力表达方式为

$$\sigma_{zs} = \sqrt{\sigma_x^2 + \sigma_y^2 + \sigma_z^2 - (\sigma_x\sigma_y + \sigma_y\sigma_z + \sigma_z\sigma_x) + 3(\tau_{xy}^2 + \tau_{yz}^2 + \tau_{zx}^2)} \tag{2-3}$$

当 $\sigma_{zs} \geqslant f_y$ 时,钢材处于塑性状态,材料屈服;

当 $\sigma_{zs} < f_y$ 时,钢材处于弹性状态。

由式(2-3)可以看出,当三向应力同号且数值较接近时,钢材很难进入塑性状态,破坏不会产生明显的塑性变形,属于脆性破坏。其破坏是突然发生的,事先不易发现,因而危险性很大。

但当有一向为异号应力,且同号应力相差又较大时,钢材就比较容易进入塑性状态,产生塑性破坏。破坏前有很大的塑性变形,能及时发现并采取补救措施,因此塑性破坏的危险性比脆性破坏小得多。

如为平面应力状态时,折算应力表达式为

$$\sigma_{zs} = \sqrt{\sigma_x^2 + \sigma_y^2 - \sigma_x\sigma_y + 3\tau_{xy}^2} \tag{2-4}$$

只有正应力 σ 和剪应力 τ 时,屈服条件为

$$\sigma_{zs} = \sqrt{\sigma^2 + 3\tau^2} \tag{2-5}$$

纯剪时,屈服条件为

$$\sigma_{zs} = \sqrt{3\tau^2} = \sqrt{3}\tau = f_y \tag{2-6}$$

$$\tau_y = f_y/\sqrt{3} = 0.58f_y \tag{2-7}$$

由此得到钢材的抗剪设计强度,即钢材的剪切屈服点是拉伸屈服点的 0.58 倍。

2.3 钢结构的破坏形式

钢材有两种性质完全不同的破坏形式,即塑性破坏和脆性破坏。钢结构所用材料虽有较高的塑性和韧性,一般的破坏形式为塑性破坏,但在一定条件下,仍然有脆性破坏的可能性。

塑性破坏是由于变形过大,超过了材料或构件允许的塑性变形而产生的。而且仅在构件的应力达到钢材的抗拉强度 f_u 后才发生。在塑性破坏前,构件产生较大的塑性变形,且变形持续时间较长,很容易及时发现而采取措施予以补救,不致引起严重后果。此外,塑性变形后出现内力重分布,使结构中原先受力不等的部位应力趋于均匀,提高结构承载力。

脆性破坏前塑性变形很小,甚至没有塑性变形,计算应力可能小于钢材的屈服点 f_y,断裂从应力集中处开始。冶金和机械加工过程中产生的缺陷,特别是缺口和裂纹,常是断裂的开始之处。由于脆性破坏前没有明显的预兆,无法及时察觉和采

取补救措施,而且个别构件的断裂常引起整个结构塌毁,后果严重,在设计、施工和使用钢结构时,要特别注意防止出现脆性破坏。

2.4　常用钢材的种类及选用

2.4.1　钢材的种类

钢材的品种虽然繁多,性能也各异,但到目前为止,在工程中常用的钢材主要有碳素结构钢和低合金高强度结构钢,优质碳素结构钢也有运用。

1. 碳素结构钢

根据国家标准《碳素结构钢》(GB/T 700—2006),碳素结构钢的牌号由代表屈服强度的字母 Q、屈服强度数值(MPa)、质量等级代号(A~D)、脱氧方法代号(F、Z、TZ)四个部分按顺序组成。其中,A 级钢只保证抗拉强度、屈服点、伸长率,对化学成分碳、锰可不作为交货条件。B、C、D 级钢均保证抗拉强度、屈服点、伸长率、冷弯和冲击韧性(分别为 $+20\ ℃$、$0\ ℃$、$-20\ ℃$)等力学性能,对化学成分碳、硫、磷的极限含量有严格要求。代号"F"代表沸腾钢,代号"Z"和"TZ"分别代表镇静钢和特殊镇静钢。在具体标注时"Z"和"TZ"可以省略。例如 Q235B·F 表示屈服点为 $235\ N/mm^2$,质量等级为 B 级的沸腾钢;Q235A 表示屈服点为 $235\ N/mm^2$,质量等级为 A 级的镇静钢。

碳素结构钢的牌号可分为 Q195、Q215、Q235 及 Q275,钢结构一般仅用 Q235 钢。

2. 低合金高强度结构钢

低合金高强度结构钢是在钢的冶炼过程中添加少量的几种合金元素,使钢的强度明显提高,故称低合金高强度结构钢。低合金高强度结构钢分为 Q390、Q420、Q460 等几种类型,其中 Q345、Q390、Q420、Q460 等是《钢结构设计标准》(GB 50017—2017)中规定采用的钢种。这四种钢都包含几个质量等级,和碳素结构钢一样,不同的质量等级是按对冲击韧性(夏比 V 形缺口试验)的要求来区分的。

3. 优质碳素结构钢

优质碳素结构钢是碳素结构钢经过热处理得到的优质钢,具有较好的综合性能,所以价格较高。由于价格较高,钢结构中使用较少,仅用经热处理的优质碳素结构钢冷拔高强度钢丝或制作高强度螺栓、自攻螺钉等。

2.4.2　钢材的规格

1. 热轧钢板

热轧钢板分为薄钢板(厚度为 0.35~4 mm)和厚钢板(厚度为 4.5~60 mm),还有花纹钢板(厚度为 2.5~8 mm,主要用作走道板和梯子踏板)。钢板的表示方法为"—厚度×宽度×长度",单位为 mm。

2. 热轧型钢

角钢有等边角钢和不等边角钢两种,如图 2-8(a)、(b)所示。等边角钢以边宽和厚度表示,如L 100×10 为边宽 100 mm,厚为 10 mm 的角钢;不等边角钢以两边宽度和厚度表示,如L 100×80×8 为长边宽 100 mm,短边宽 80 mm 和厚度 8 mm 的不等边角钢。

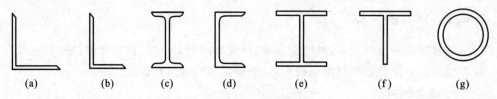

(a)   (b)   (c)   (d)   (e)   (f)   (g)

图 2-8 热轧型钢截面

工字钢有普通工字钢、轻型工字钢和宽翼缘工字钢三种,如图 2-8(c)所示,用符号"I"后加号数表示,号数代表截面高度的厘米数。按腹板厚度不同又可分为 a、b、c 三类,如I 36a 表示高度为 360 mm 的工字钢,腹板厚度为 a 类。宽翼缘工字钢的翼缘比普通工字钢宽而薄,故回转半径相对也较大,可节省钢材。轻型工字钢因壁很薄而不再按厚度划分等级。

槽钢有普通槽钢和轻型槽钢两种,如图 2-8(d)所示,在符号"["后也是以其截面高度的厘米数为号表示,如[36a 表示高度为 360 mm,而腹板厚度属 a 类的槽钢。

H 型钢比工字钢的翼缘宽度大而且等厚,因此更有效。依据《热轧 H 型钢和部分 T 型钢》(GB/T 11263—2017),热轧 H 型钢分为宽翼缘 H 型钢、中翼缘 H 型钢、窄翼缘 H 型钢和薄壁 H 型钢,代号分别为 HW、HM、HN 和 HT,型号采用"高度×宽度"来表示,如 HW 400×400、HM 500×300、HN 500×200 和 HT 300×200。H 型钢的两个主轴方向的惯性矩接近,使构件受力更合理,已广泛应用于建筑工程中。

钢管分无缝钢管及焊接钢管两种,如图 2-8(g)所示。用"φ"后面加"外径×厚度"表示,如 φ426×6 为外径 426 mm,厚度 6 mm 的钢管。

3. 冷弯薄壁型钢

冷弯薄壁型钢采用薄钢板冷轧制成,如图 2-9 所示,其截面形式及尺寸按合理方案设计。薄壁型钢能充分利用钢材的强度,节约钢材,在轻钢结构中得到广泛应用,主要用作厂房的檩条、墙梁。

2.4.3 钢材的选用

钢材的选用既要保证结构物的安全可靠,又要经济合理。规范规定为了保证承重结构的承载能力和防止在一定条件下出现脆性破坏,应根据结构的重要性、荷载特征、结构形式、应力状态、连接方法、钢材厚度和工作环境等因素综合考虑,选用合适的钢材牌号和材性。

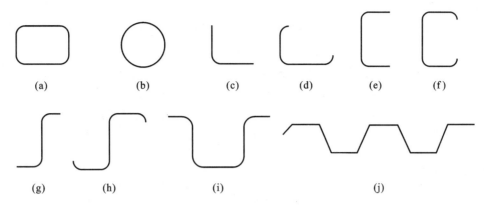

图 2-9　薄壁型钢截面

(1)承重结构的钢材宜采用 Q235 钢、Q345 钢、Q390 钢和 Q420 钢。

(2)对于直接承受动荷载的构件和结构、重要的构件和结构、采用焊接连接的结构以及处于低温下工作的结构,宜采用质量较高的钢材。

(3)对承受静力荷载的受拉及受弯的重要焊接构件和结构,宜选用较薄的型钢和板材构成。

(4)当选用的型钢或板材的厚度较大时,宜采用质量较高的钢材,以防钢材中较大的残余拉应力和缺陷等引起脆性破坏。

(5)承重结构采用的钢材应具有抗拉强度、伸长率、屈服强度和硫、磷含量的合格保证,对焊接结构尚应具有碳含量的合格保证。焊接承重结构以及重要的非焊接承重结构采用的钢材还应具有冷弯试验的合格保证。

(6)选择钢材时应尽量统一规格,减少钢材牌号和型材种类,同时还要考虑市场供应情况和制造厂的工艺可能性。

【本章小结】

1.钢材的力学性能通常指钢材的强度、伸长率、冷弯性能和冲击韧性等。这些性能指标是钢结构设计的重要依据,它们主要依靠试验来测定,如拉伸试验、冷弯试验和冲击试验等。

2.钢材有两种性质完全不同的破坏形式,即塑性破坏和脆性破坏。在设计、施工和使用钢结构时,要特别注意防止出现脆性破坏。

3.工程中常用的钢材主要有碳素结构钢、低合金高强度结构钢及优质碳素结构钢。

4.钢材的选用既要保证结构物的安全可靠,又要经济合理。应根据结构的重要性、荷载特征、结构形式、应力状态、连接方法、钢材厚度和工作环境等因素综合考虑,选用合适的钢材牌号和材性。

【复习思考题】

2-1 钢材中常见的冶金缺陷有哪几种？各种缺陷对钢材有什么影响？

2-2 影响钢材力学性能的因素有哪些？

2-3 Q235A 和 Q345B 各代表何种钢材？说明各符号的意义。

2-4 什么是应力集中现象？结构中存在应力集中现象会造成什么后果？

2-5 复杂应力作用下钢材的强度与单向应力作用下钢材的强度有何不同？

2-6 结构设计时为何要了解钢材的规格和品种？

第3章 钢结构的连接

3.1 钢结构的连接方法

钢结构是将若干构件通过一定的连接,形成整体结构以保证其共同工作。因此,连接方式及其质量直接影响钢结构的工作性能。钢结构的连接必须符合安全可靠、传力明确、构造简单、制造方便、节约钢材、方便施工的原则。

钢结构的连接方法可分为焊缝连接、铆钉连接和螺栓连接三种,如图3-1所示。

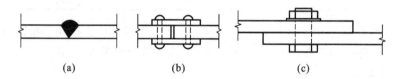

(a)   (b)   (c)

图 3-1 钢结构的连接方法
(a)焊缝连接;(b)铆钉连接;(c)螺栓连接

3.1.1 焊缝连接

焊缝连接是目前钢结构最主要的连接方法。其优点是:构造简单,方便施工,节约钢材,连接的密闭性好,结构刚度大,制作加工方便,可实现自动化操作。其缺点是:由于施焊时的高温作用,产生焊接残余应力和残余变形使局部材料变脆,结构的抗疲劳强度降低;另外,焊接结构对裂纹很敏感,一旦局部发生裂纹,就容易扩展到整体,低温冷脆问题较为突出。

3.1.2 铆钉连接

铆钉连接由于结构复杂,用钢量多,费时费工,现已很少采用。但是铆钉连接的塑性和韧性较好,传力可靠,质量易于检查,在一些重型和直接承受动力荷载的结构中,有时仍然采用。

3.1.3 螺栓连接

螺栓连接分普通螺栓连接和高强度螺栓连接两种。

1. 普通螺栓连接

普通螺栓连接分为 A、B、C 三级。A 级与 B 级为精制螺栓,C 级为粗制螺栓。C 级螺栓材料性能等级为 4.6 级或 4.8 级。小数点前的数字表示螺栓成品的抗拉强度不小于 400 MPa,小数点后的数字表示其屈强比(屈服强度与抗拉强度之比)为 0.6 或 0.8。A、B 级精制螺栓是经过切削加工精制而成的,材料性能等级为 8.8 级,其抗拉强度不小于 800 MPa,屈强比为 0.8。

C 级螺栓由未经加工的圆钢轧制而成。由于螺栓表面粗糙,一般采用在单个零件上一次冲成或采用钻膜钻成设计孔径的孔(Ⅱ类孔)。螺栓孔的直径比螺杆的直径大 1.5～3 mm(详见表 3-1)。对于采用 C 级螺栓的连接,由于螺杆与螺栓孔之间有较大的间隙,受剪力作用时,将会产生较大的剪切滑移,因而连接的变形大。但安装方便,且能有效地传递拉力,故一般可用于沿螺杆受拉的连接中,以及次要结构的抗剪连接或安装时的临时固定。

表 3-1　C 级螺栓孔径

螺杆公称直径/mm	12	16	20	(22)	24	(27)	30
螺栓孔公称直径/mm	13.5	17.5	22	(24)	26	(30)	33

A、B 级精制螺栓表面光滑、尺寸准确、螺杆直径与螺栓孔径几乎相同,对成孔质量要求高。但制作和安装复杂,价格较高,已很少在钢结构中采用。

2. 高强度螺栓连接

高强度螺栓连接有两种类型:一种是摩擦型高强度螺栓,由被连接板件间的摩擦力传力,以剪力不超过接触面摩擦力作为设计准则,称为摩擦型连接;另一种是承压型高强度螺栓,由被连接板件间的摩擦力及螺杆共同传力,允许接触面滑移,以螺杆被剪坏或被压坏作为承载力的极限,称为承压型连接。

高强度螺栓一般采用 45 号钢、40B 钢和 20 MnTiB 钢加工而成,经热处理后,螺栓抗拉强度应分别不低于 800 MPa 和 1 000 MPa,即前者的性能等级为 8.8 级,后者的性能等级为 10.9 级。摩擦型连接高强度螺栓的孔径比螺栓公称直径 d 大 1.5～2.0 mm;承压型连接高强度螺栓的孔径比螺栓公称直径 d 大 1.0～1.5 mm。

摩擦型连接的剪切变形小,弹性性能好,施工较简单,可拆卸,耐疲劳,特别适用于承受动力荷载的结构。承压型连接的承载力高于摩擦型,连接紧凑,但剪切变形大,所以只适用于承受静荷载和结构变形不大的结构中。

3.2　焊接方法和焊缝连接形式

3.2.1　钢结构常用的焊接方法

钢结构的焊接方法有电弧焊、电阻焊和气焊等。

1. 电弧焊

电弧焊可分为手工电弧焊、埋弧焊(埋弧自动或半自动焊)以及气体保护焊等。手工电弧焊是最常用的一种焊接方法,如图 3-2 所示。通电后,在涂有药皮的焊条与焊件之间产生电弧,在电弧的高温作用下,电弧周围的金属变成液态,形成熔池;同时焊条焊丝熔化,滴落入熔池中,与焊件的熔融金属结合,冷却后形成焊缝。焊条药皮在焊接过程中产生气体,保护电弧和熔化金属,并形成熔渣覆盖着焊缝,防止空气中的氧、氮等与熔化金属接触而形成易脆的化合物。

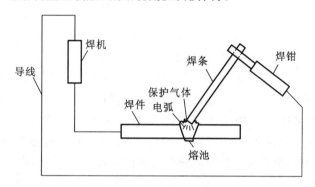

图 3-2　手工电弧焊

手工电弧焊的设备简单,操作灵活方便,适于任意空间位置的焊接,特别适于焊接短焊缝。但生产效率低,劳动强度大,焊接质量与焊工的精神状态、技术水平有很大关系。

手工电弧焊所用焊条应与焊件金属品种相适应,对 Q235 钢焊件采用 E43 型系列焊条(E4300～E4328);对 Q345 钢焊件采用 E50 型系列焊条(E5000～E5048);对 Q390 和 Q420 钢焊件采用 E55 型系列焊条(E5500～E5518)。焊条型号中,字母 E 表示焊条(electrode),前两位数字为金属的最小抗拉强度(以 kgf/mm^2 计),第三、四位数字表示适用焊接位置、电流以及药皮类型等。不同钢种的钢材焊接时,例如 Q235 钢和 Q345 钢相焊接,宜采用与低强度钢材相适应的焊条。

埋弧焊(自动或半自动)是电弧在焊剂层下燃烧的一种电弧焊方法。焊丝送进

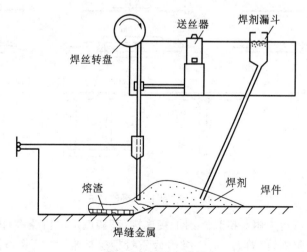

图 3-3　埋弧自动焊

和电弧焊接方向的移动由专门机构控制完成的焊接称埋弧自动电弧焊,如图 3-3 所示;焊丝送进由专门机构控制完成,而电弧焊接方向的移动靠人手工操作完成的焊接称埋弧半自动电弧焊。埋弧焊的焊丝不涂药皮,但施焊端为焊剂所覆盖,能对较细的焊丝采用大电流。电弧热量集中,熔深大,适于厚板的焊接,具有较高的生产效率。由于采用了自动或半自动化操作,焊接时的工艺条件稳定,焊缝的化学成分均匀,故形成的焊缝质量好,焊件变形小。同时,高焊速也减小了热影响区的范围。但埋弧焊对焊件边缘的装配精度(如间隙)要求比手工焊高。

埋弧焊所用焊丝应与焊件金属强度相适应,即要求焊缝与焊件金属等强度。

气体保护焊是利用 CO_2 气体或其他惰性气体作为保护介质,使被熔化的金属不与空气接触,电弧加热集中,焊接速度快,焊件熔深大,焊缝强度高,塑性和抗腐蚀性好。CO_2 气体保护焊采用高锰高硅型焊丝,具有较强的抗锈能力,焊丝不易产生气孔,适用于低碳钢、低合金钢以及其他合金钢的焊件。

2. 电阻焊

电阻焊是利用电流通过焊件接触点时所产生的电阻热来熔化金属,再通过压力使其焊合。电阻焊只适用于厚度不超过 12 mm 的板的焊接。

3.2.2 焊缝连接形式及焊缝形式

1. 焊缝连接形式

焊缝连接按被连接件间的相互位置可分为对接、搭接、T 形连接和角部连接四种形式,如图 3-4 所示。

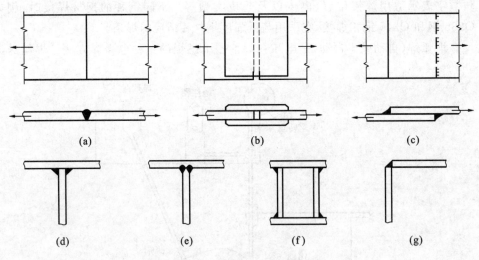

图 3-4 焊缝连接的形式

图 3-4(a)所示为用对接焊缝的平接连接,其特点是用料经济,传力均匀平缓,没有明显的应力集中,当符合一、二级焊缝质量检验标准时,焊缝和被焊件的强度相等,承受动力荷载的性能较好,但是焊件边缘需要加工。对连接两板的间隙和坡口

尺寸有严格的要求。

图 3-4(b)所示为用双层盖板和角焊缝的对接连接,这种连接传力不均匀、费料,但施工简便,所连接两板的间隙大小无须严格控制。

图 3-4(c)所示为用角焊缝的搭接连接,特别适用于不同厚度构件的连接。传力不均匀,浪费材料,但构造简单,施工方便,目前还广泛应用。T 形连接省工省料,常用于制作组合截面。当采用角焊缝连接时(见图 3-4(d)),焊件间存在缝隙,截面突变,应力集中现象严重,抗疲劳强度较低,可用于不直接承受动力荷载的结构连接中。对于直接承受动力荷载的结构,如重级工作制吊车梁,其上翼缘与腹板的连接,应采用如图 3-4(e)所示的 K 形坡口焊缝进行连接。

图 3-4(f)、(g)所示为角焊缝和对接焊缝的角部连接,主要用于制作箱形截面。

2. 焊缝形式

对接焊缝按所受力的方向分为正对接焊缝(见图 3-5(a))和斜对接焊缝(见图 3-5(b));角焊缝按力的作用方向与焊缝轴线方向不同,可分为正面角焊缝、侧面角焊缝,如图 3-5(c)所示。

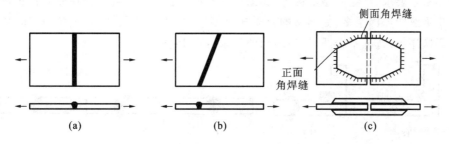

图 3-5　焊缝形式

(a)正对接焊缝;(b)斜对接焊缝;(c)角焊缝

焊缝按沿长度方向的布置分为连续角焊缝和间断角焊缝两种,如图 3-6 所示。连续角焊缝的受力性能较好,为主要的角焊缝形式。间断角焊缝的起、灭弧处容易引起应力集中,重要结构应避免采用,只能用于一些次要构件的连接或受力很小的连接中。间断角焊缝的间断距离 l 不宜过长,以免连接不紧密,潮气侵入引起构件锈蚀。一般在受压构件中应满足 $l \leqslant 15t$;在受拉构件中 $l \leqslant 30t$,t 为较薄焊件的厚度。

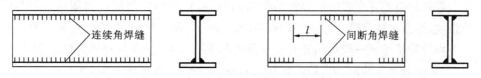

图 3-6　连续角焊缝和间断角焊缝

焊缝按施焊位置分为平焊(又称俯焊)、横焊、立焊及仰焊,如图 3-7 所示。平焊施焊方便;立焊和横焊要求焊工的操作水平比平焊高一些;仰焊的操作条件最差,焊缝质量不易保证,因此应尽量避免采用仰焊。

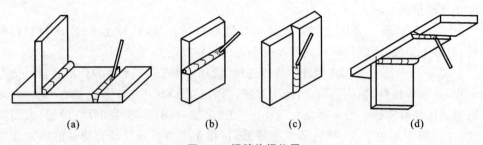

图 3-7　焊缝施焊位置

(a)平焊；(b)横焊；(c)立焊；(d)仰焊

3.2.3　焊缝缺陷及焊缝质量检验

1. 焊缝缺陷

焊缝缺陷指焊接过程中产生于焊缝金属及附近热影响区钢材表面或内部的缺陷。常见的缺陷有裂纹、焊瘤、烧穿、弧坑、气孔、夹渣、咬边、未熔合、未焊透、焊缝尺寸不符合要求、焊缝成型不良等,如图 3-8 所示。裂纹是焊缝连接中最危险的缺陷。产生裂纹的原因很多,如钢材的化学成分不当;焊接工艺条件(如电流、电压、焊速、施焊次序等)选择不合适;焊件表面油污未清除干净等。

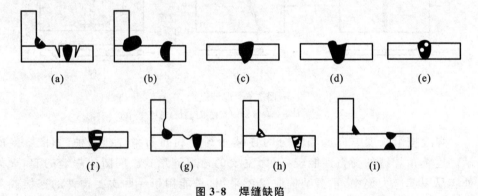

图 3-8　焊缝缺陷

(a)裂纹；(b)焊瘤；(c)烧穿；(d)弧坑；(e)气孔；(f)夹渣；(g)咬边；(h)未熔合；(i)未焊透

2. 焊缝质量检验

焊缝缺陷的存在将影响焊缝的受力面积,且在缺陷处形成应力集中,故对连接的强度、冲击韧性及冷弯性能等均有不利影响。因此,焊缝质量检验极为重要。

焊缝质量检验一般可用外观检查及内部无损检验,前者检查外观缺陷和几何尺寸,后者检查内部缺陷。内部无损检验目前广泛采用超声波检验,使用灵活、经济,对内部缺陷反应灵敏,但不易识别缺陷性质;有时还用磁粉检验、荧光检验等较简单的方法作为辅助。此外还可采用 X 射线、γ 射线探伤或拍片方法,其中 X 射线探伤方法应用较广。

《钢结构工程施工质量验收规范》(GB 50205—2001)规定焊缝按其检验方法和

质量要求分为一级、二级和三级。三级焊缝只要求对全部焊缝作外观检查且符合三级质量标准;一级、二级焊缝则除外观检查外,还要求进行一定的超声波检验并符合相应的质量标准。

3. 焊缝质量等级的选用

(1)需要进行疲劳计算的构件中,横向对接焊缝受拉时应为一级,受压时应为二级。

(2)在不需要进行疲劳计算的构件中,凡要求与母材等强的对接焊缝应焊透,其质量等级为受拉时应不低于二级;受压时宜为二级。

(3)重级工作制和起重量 $Q \geqslant 50$ t 的中级工作制吊车梁的腹板与上翼缘板之间以及吊车桁架上弦杆与节点板之间的 T 形接头要求焊透,焊缝形式一般为对接与角接的组合焊缝,其质量等级不应低于二级。

(4)由于角焊缝的内部质量不易探测,故一般规定其质量等级为三级,只对直接承受动力荷载且需要验算疲劳强度和起重量 $Q \geqslant 50$ t 的中级工作制吊车梁才规定角焊缝的外观质量应达到二级。

3.2.4　焊缝代号、螺栓及其孔眼图例

钢结构施工图上,要用焊缝代号标明焊缝形式、尺寸及辅助要求。焊缝代号由引出线、图形符号和辅助符号三个部分组成。引出线由横线、斜线和单边箭头组成。箭头指到图形上的相应焊缝处,横线上面和下面用来标注图形符号和焊缝尺寸。当引出线的箭头指向焊缝所在的一面时,应将图形符号和焊缝尺寸等标注在水平横线的下面。必要时,可在水平横线的末端加一尾部作为添加其他说明之用。图形符号表示焊缝的基本形式,如角焊缝用 ◣ 表示;V 形坡口的对接焊缝用 V 表示;辅助符号表示焊缝的辅助要求。表 3-2 列出了一些常用焊缝代号,可供设计时参考。

表 3-2　焊缝符号

	角　焊　缝				对接焊缝	塞　焊　缝	三面围焊
	单面焊缝	双面焊缝	安装焊缝	相同焊缝			
形式	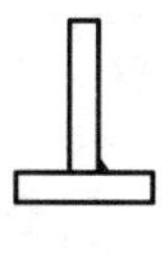	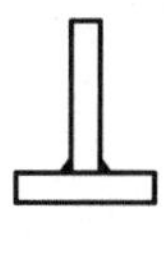			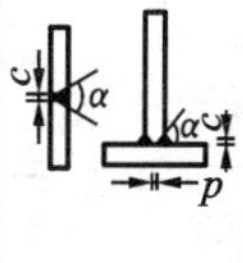		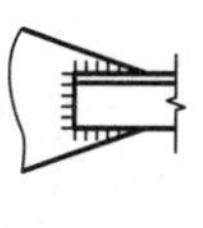
标注方法	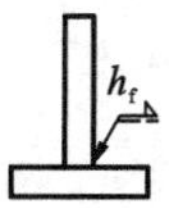	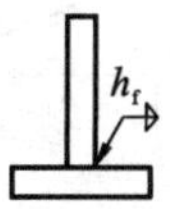			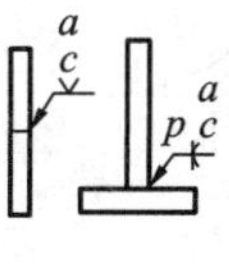		

当焊缝分布比较复杂或用上述方法不能表达清楚时,在标注焊缝代号的同时,可在图形上加栅线表示,如图 3-9 所示。

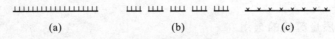

(a)　　　　　　　　(b)　　　　　　　　(c)

图 3-9　用栅线表示焊缝

(a)正面焊缝;(b)背面焊缝;(c)安装焊缝

螺栓及其孔眼图例见表 3-3,在钢结构施工图上需要将螺栓及其孔眼的施工要求用图形表示清楚,以免引起混淆。

表 3-3　螺栓及其孔眼图例

名　　称	永久螺栓	高强度螺栓	安装螺栓	圆形螺栓孔	长圆形螺栓孔
图例					

3.3　角焊缝的构造与计算

3.3.1　角焊缝的形式和强度

角焊缝是最常用的焊缝,按其截面形式不同可分为直角角焊缝和斜角角焊缝两种,如图 3-10、图 3-11 所示。

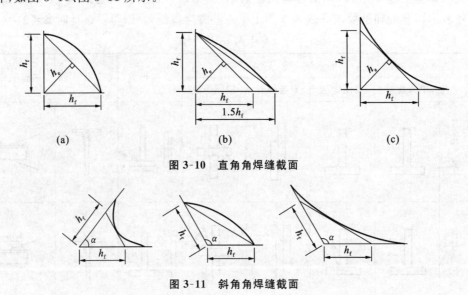

(a)　　　　　　　　(b)　　　　　　　　(c)

图 3-10　直角角焊缝截面

图 3-11　斜角角焊缝截面

直角角焊缝通常做成表面微凸的等腰直角三角形截面,如图 3-10(a)所示。在直接承受动力荷载的结构中,正面角焊缝的截面常采用图 3-10(b)所示的形式,侧面角焊缝的截面则做成凹面式,如图 3-10(c)所示。

斜角角焊缝常用于钢漏斗和钢管结构中。对于夹角 $\alpha>135°$ 或 $\alpha<60°$ 的斜角角焊缝,除钢管结构外,不宜用作受力焊缝。

侧面角焊缝主要承受剪力作用。在弹性阶段,传力线通过侧面角焊缝时产生弯折,因而应力沿焊缝长度方向的分布不均匀,两端大中间小,且焊缝越长,剪应力分布越不均匀。但侧面角焊缝的塑性较好,在塑性工作阶段,产生应力重分布,可使应力分布的不均匀现象渐趋缓和(见图 3-12)。

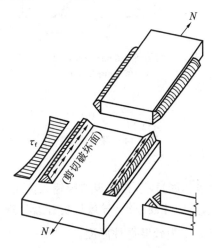

图 3-12 侧面角焊缝的应力

正面角焊缝如图 3-13 所示,受力复杂,计算截面中均存在着正应力和剪应力,焊根处存在着严重的应力集中。一方面由于力线弯折,另一方面由于在焊根处正好是两焊件接触面的端部,相当于裂缝的尖端。正面角焊缝的破坏强度高于侧面角焊缝,但塑性变形要差些,而斜角角焊缝的受力性能和强度值介于正面角焊缝和侧面角焊缝之间。

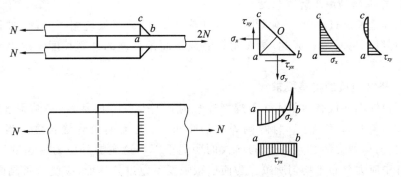

图 3-13 正面角焊缝的应力状态

3.3.2 角焊缝的构造要求

1. 最大焊脚尺寸

为了避免焊缝区的焊接金属过热,减小焊件的焊接残余应力和残余变形,防止较薄焊件烧穿,除钢管结构外,角焊缝的焊脚尺寸不宜大于较薄焊件厚度的 1.2 倍,如图 3-14(a)所示;对板件(厚度为 t)的边缘焊缝的焊脚尺寸 h_f,还应符合下列要求。

当 $t \leqslant 6$ mm 时,$h_f \leqslant t$,如图 3-14(b)所示;当 $t > 6$ mm 时,$h_f \leqslant t-2$。

如果另一焊件厚度 $t' < t$ 时,还应满足 $h_f \leqslant 1.2t'$ 的要求。

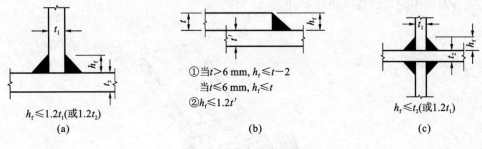

图 3-14 最大焊脚尺寸

2. 最小焊脚尺寸

角焊缝的焊脚尺寸也不能过小,否则焊缝因输入能量过小,而焊件厚度较大,以致施焊时冷却速度过快,产生淬硬组织,导致母材开裂。规范规定,角焊缝的最小焊脚尺寸 h_f 不得小于 $1.5\sqrt{t}$,t 为较厚焊件厚度。

3. 侧面角焊缝的最大计算长度

侧面角焊缝沿长度方向的受力不均匀,两端应力大而中间应力小,且随着焊缝长度与其焊脚尺寸之比的增加而差别增大,为防止焊缝在力的作用下出现焊缝端部应力达到极值,而中部焊缝还未充分发挥其承载力的现象,因此,规范规定在动力荷载作用下,侧面角焊缝的计算长度不宜大于 $40h_f$;在静力荷载作用下则不大于 $60h_f$。当实际长度大于上述限值时,其超过部分在计算中不予考虑。

4. 角焊缝的最小计算长度

当焊缝长度过小时,会使焊件局部加热严重,且起落弧坑相距太近,加上某些缺陷,使焊缝不够可靠。因此,侧面角焊缝或正面角焊缝的计算长度不得小于 $8h_f$ 和 40 mm。

5. 搭接连接的构造要求

当板件端部仅有两条侧面角焊缝连接时,如图 3-15 所示,试验结果表明,连接的承载力与 b/l_w 有关。b 为两侧焊缝的距离,l_w 为侧面角焊缝长度。当 $b/l_w > 1$ 时,连接的承载力随着 b/l_w 值的增大而明显下降。这主要是应力传递的过分弯折使构件中应力分布不均匀所致。为使连接强度不致过分降低,应使每条侧面角焊缝的长度不小于两侧焊缝之间的距离,即 $b/l_w \leqslant 1$;两侧面角焊缝之间的距离 b 也不宜大于 16t(t>12 mm,t 为较薄焊件的厚度)或者 200 mm($t\leqslant$12 mm),以免因焊缝横向收缩,引起板件向外发生较大拱曲。

另外,杆件端部搭接采用三面围焊时,在转角处截面突变,会产生应力集中,如在此处起灭弧,可能出现弧坑或咬肉等缺陷,从而加大应力集中的影响。故所有围焊的转角处必须连续施焊。对于非围焊情况,当角焊缝的端部在构件转角处时,可连续地做长度为 2h_f 的绕角焊,如图 3-15 所示。

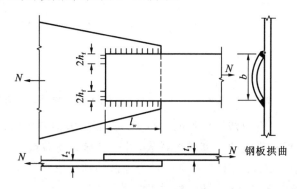

图 3-15　焊缝的长度及间距

在搭接连接中,当采用正面角焊缝时,如图 3-16 所示,其搭接长度不得小于较薄焊件厚度的 5 倍,也不得小于 25 mm。

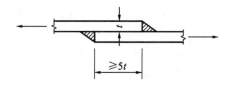

图 3-16　搭接连接

3.3.3　直角角焊缝强度计算的基本公式

如图 3-17 所示为直角角焊缝的截面。直角边边长 h_f 称为角焊缝的焊脚尺寸,$h_e=0.7h_f$ 为直角角焊缝的有效厚度。作用于焊缝有效截面上的应力如图 3-18 所示,这些应力包括垂直于焊缝有效截面的正应力 $\sigma_\perp$,垂直于焊缝长度方向的剪应力 $\tau_\perp$ 以及沿焊缝长度方向的剪应力 $\tau_{//}$。

根据各国研究试验结果,可用下式确定角焊缝的极限强度。

$$\sqrt{\sigma_\perp^2+3(\tau_\perp^2+\tau_{//}^2)}=f_f^w \tag{3-1}$$

应用上式进行焊缝设计时,需要计算有效截面上的应力分布,较为繁难。我国规范规定角焊缝的计算公式为

$$\sqrt{\left(\frac{\sigma_f}{\beta_f}\right)^2+\tau_f^2}\leqslant f_f^w \tag{3-2}$$

式中　σ_f——按焊缝有效截面计算的垂直于焊缝长度方向的应力;

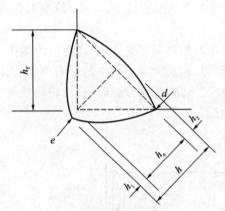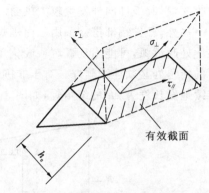

图 3-17　角焊缝的截面　　　　　　图 3-18　角焊缝有效截面上的应力

τ_{f}——按焊缝有效截面计算的平行于焊缝长度方向的应力;

β_{f}——正面角焊缝的强度增大系数,对承受静力荷载或间接承受动力荷载的结构取 1.22;对直接承受动力荷载的结构取 1.0;

$f_{\mathrm{f}}^{\mathrm{w}}$——角焊缝强度设计值,按附表 3 采用。

3.3.4　各种受力状态下直角角焊缝连接的计算

1. 角焊缝受轴心力作用时的计算

当焊缝承受轴心力 N 作用时,大多采用盖板的对接连接的方式,如图 3-19 所示。

当作用力通过角焊缝的形心时,可认为焊缝的应力为均匀分布。因作用力方向与焊缝长度方向间的关系不同,故在用式(3-2)计算时表示如下。

(1)侧面角焊缝或作用力平行于焊缝长度方向的焊缝。

$$\tau_{\mathrm{f}} = \frac{N}{h_{\mathrm{e}} \sum l_{\mathrm{w}}} \leqslant f_{\mathrm{f}}^{\mathrm{w}} \qquad (3-3)$$

式中　l_{w}——角焊缝的计算长度,对每条焊缝等于实际长度减去 $2h_{\mathrm{f}}$。

(2)正面角焊缝或作用力垂直于焊缝长度方向的焊缝。

$$\sigma_{\mathrm{f}} = \frac{N}{h_{\mathrm{e}} \sum l_{\mathrm{w}}} \leqslant \beta_{\mathrm{f}} f_{\mathrm{f}}^{\mathrm{w}} \qquad (3-4)$$

(3)周围角焊缝。

如图 3-5(c)所示,由侧面、正面和斜角角焊缝组成的周围角焊缝,假设破坏时各部分都达到了各自的极限强度,则公式为

$$\frac{N}{\sum (\beta_{\mathrm{f}} h_{\mathrm{e}} l_{\mathrm{w}})} \leqslant f_{\mathrm{f}}^{\mathrm{w}} \qquad (3-5)$$

2. 角焊缝受斜向轴心力作用时的计算

如图 3-20 所示受斜向轴心力 N 作用的角焊缝连接,其计算方法有两种。

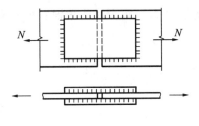 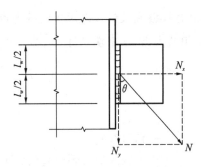

图 3-19 受轴心力的盖板连接   图 3-20 斜向轴心力作用

（1）分力法。将轴心力 N 分解为垂直和平行于焊缝的两个分力

$$
\left.\begin{array}{l}
\sigma_{\mathrm{f}} = \dfrac{N\sin\theta}{\sum h_{\mathrm{e}} l_{\mathrm{w}}} \\[3mm]
\tau_{\mathrm{f}} = \dfrac{N\cos\theta}{\sum h_{\mathrm{e}} l_{\mathrm{w}}}
\end{array}\right\}
\tag{3-6}
$$

代入式（3-2）验算角焊缝的强度。

（2）直接法。不将轴心力 N 分解，直接将式（3-6）中的 σ_{f} 和 τ_{f} 代入式（3-2）中，得

$$
\frac{N}{\sum h_{\mathrm{e}} l_{\mathrm{w}}} \leqslant \beta_{\mathrm{f}\theta} f_{\mathrm{f}}^{\mathrm{w}}
\tag{3-7}
$$

式中　$\beta_{\mathrm{f}\theta} = \dfrac{1}{\sqrt{1-\sin^2\theta/3}}$——斜角角焊缝的强度增大系数，其值为 1.0～1.22；

θ——作用力与焊缝长度方向的夹角。

3. 承受轴心力的角钢角焊缝计算

在钢桁架中，角钢腹杆与节点板的连接焊缝一般采用两面侧焊、三面围焊和 L 形围焊，如图 3-21 所示。为了避免焊缝偏心受力，焊缝所传递的合力的作用线应与角钢杆件的轴线重合。

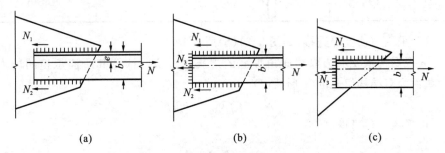

(a)　　　　　　　　　(b)　　　　　　　　　(c)

图 3-21 桁架腹杆与节点板的连接

（1）采用两侧面角焊缝连接，如图 3-21（a）所示。

虽然轴心力通过截面形心，但由于截面形心到角钢肢背和肢尖的距离不等，因此,肢背焊缝和肢尖焊缝承担的内力也不相等。设 N_1、N_2 分别为角钢肢背和肢尖焊缝承担的内力,由平衡条件 $\sum M = 0$,可得

$$N_1 = \frac{b-e}{b}N = K_1 N \tag{3-8}$$

$$N_2 = \frac{e}{b}N = K_2 N \tag{3-9}$$

式中　b——角钢肢宽;

　　　e——角钢的形心到肢背的距离,由附表 13 或附表 14 查得;

　　　K_1、K_2——角钢肢背、肢尖的内力分配系数,按表 3-4 查得。

表 3-4　角钢角焊缝的轴力分配系数

角 钢 种 类	连 接 情 况	角钢肢背 K_1	角钢肢尖 K_2
等边角钢	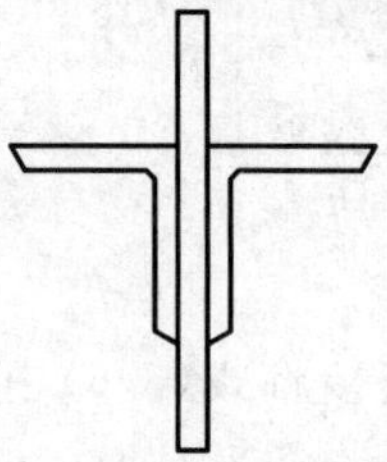	0.70	0.30
不等边角钢(短边连接)	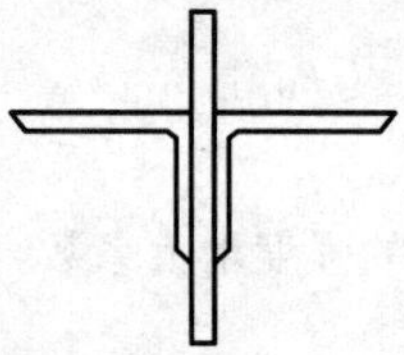	0.75	0.25
不等边角钢(长边连接)		0.65	0.35

(2)采用三面围焊连接,如图 3-21(b)所示。

先根据构造要求选取端面角焊缝的焊脚尺寸 h_{f3},计算其所能承担的内力 N_3(设截面为双结构组成的 T 形截面)。

$$N_3 = 2 \times 0.7 h_{f3} b \beta_f f_f^w \tag{3-10}$$

由平衡条件可得

$$N_1 = K_1 N - \frac{N_3}{2} \tag{3-11}$$

$$N_2 = K_2 N - \frac{N_3}{2} \tag{3-12}$$

（3）采用 L 形围焊，如图 3-21(c)所示。

令式（3-12）中的 $N_2=0$，可得

$$N_3=2K_2N \tag{3-13}$$

则
$$N_1=N-N_3=(1-2K_2)N \tag{3-14}$$

根据以上计算求得各条焊缝的内力后，按构造要求确定肢背与肢尖的焊脚尺寸，即可计算出肢背与肢尖焊缝的计算长度。对于双角钢组成的 T 形截面，肢背的一条侧面角焊缝长为

$$l_{w1}=\frac{N_1}{2\times0.7h_{f1}f_f^w} \tag{3-15}$$

式中　h_{f1}——角钢肢背焊缝的焊脚尺寸。

肢尖的一条侧面角焊缝长为

$$l_{w2}=\frac{N_2}{2\times0.7h_{f2}f_f^w} \tag{3-16}$$

式中　h_{f2}——角钢肢尖焊缝的焊脚尺寸。

【例题 3-1】　试验算如图 3-20 所示直角角焊缝的强度。已知焊缝承受的斜向力设计值 $N=280$ kN（静力荷载），$\theta=60°$，角焊缝的焊脚尺寸 $h_f=8$ mm，实际长度 $l_w'=155$ mm，钢材为 Q235B，手工焊，焊条为 E43 型。

解：（1）分力法。将 N 力分解为垂直于焊缝和平行于焊缝的分力，即

$$N_x=N\cdot\sin\theta=N\cdot\sin60°=280\times\frac{\sqrt3}{2}=242.5\text{（kN）}$$

$$N_y=N\cdot\cos\theta=N\cdot\cos60°=280\times\frac12=140\text{（kN）}$$

$$\sigma_f=\frac{N_x}{2h_el_w}=\frac{242.5\times10^3}{2\times0.7\times8\times(155-16)}=156\text{（MPa）}$$

$$\tau_f=\frac{N_y}{2h_el_w}=\frac{140\times10^3}{2\times0.7\times8\times(155-16)}=90\text{（MPa）}$$

焊缝同时承受 σ_f 和 τ_f 作用，可用式（3-2）验算。

$$\sqrt{\left(\frac{\sigma_f}{\beta_f}\right)^2+\tau_f^2}=\sqrt{\left(\frac{156}{1.22}\right)^2+90^2}=156\text{（MPa）}<f_f^w=160\text{（MPa）}$$

（2）直接法。即直接用式（3-7）进行计算。已知 $\theta=60°$，则斜角角焊缝强度增大系数 $\beta_{f\theta}=\dfrac{1}{\sqrt{1-\sin^260°/3}}=1.15$，则

$$\frac{N}{2h_el_w\beta_{f\theta}}=\frac{280\,000}{2\times0.7\times8\times(155-16)\times1.15}$$
$$=156\text{（MPa）}<f_f^w=160\text{（MPa）}$$

显然，用直接法计算承受轴心力的角焊缝比用分力法简练。

【例题 3-2】　试设计用拼接盖板的对接连接，如图 3-22 所示。已知钢板宽 $B=270$ mm，厚度 $t_1=28$ mm，拼接盖板的厚度 $t_2=16$ mm。该连接承受的轴心力设计值 $N=1\,400$ kN（静力荷载），钢材为 Q235B，手工焊，焊条为 E43 型。

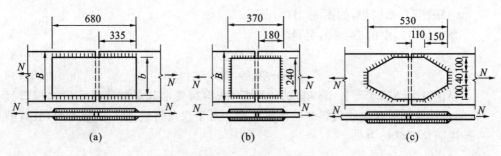

图 3-22 例题 3-2 图

解：设计拼接盖板的对接连接有两种方法。一种方法是假定焊脚尺寸求焊缝长度，再由焊缝长度确定拼接盖板的尺寸；另一种方法是假定焊脚尺寸和拼接盖板的尺寸，然后验算焊缝的承载力。如果假定的焊缝尺寸不能满足承载力要求时，则应调整焊脚尺寸，再行验算，直到满足承载力要求为止。

角焊缝的焊脚尺寸 h_f 应根据板件厚度确定。

由于此处的焊缝在板件边缘施焊，且拼接盖板厚度 $t_2 = 16$ mm > 6 mm，$t_2 < t_1$，则

$$h_{fmax} = 16 - 1 = 15 \text{ (mm)（或 14 mm）}$$

$$h_{fmin} = 1.5\sqrt{t} = 1.5\sqrt{28} = 7.9 \text{ (mm)}$$

取 $h_f = 10$ mm，查附表 3 得角焊缝强度设计值 $f_f^w = 160$ MPa。

(1)采用两面侧焊缝时，如图 3-22(a)所示。

连接一侧所需焊缝的总长度，可按式(3-3)计算，得

$$\sum l_w = \frac{N}{h_e f_f^w} = \frac{1\,400 \times 10^3}{0.7 \times 10 \times 160} = 1\,250 \text{ (mm)}$$

此对接连接采用了上下两块拼接盖板，共有 4 条侧焊缝，一条侧焊缝的实际长度为

$$l'_w = \frac{\sum l_w}{4} + 2h_f = \frac{1\,250}{4} + 20 = 333 \text{ (mm)} < 60h_f = 60 \times 10 = 600 \text{ (mm)}$$

所需拼接盖板长度为

$$L = 2l'_w + 10 = 2 \times 333 + 10 = 676 \text{ (mm)}，取 680 \text{ mm}$$

式中，10 mm 为两块被连接钢板的间隙。

拼接盖板的宽度 b 就是两条侧面角焊缝之间的距离，应根据强度条件和构造要求确定。根据强度条件，在钢材种类相同的情况下，拼接盖板的截面面积 A' 应等于或大于被连接钢板的截面面积。

选定拼接盖板宽度 $b = 240$ mm。

根据构造要求，应满足

$$b = 240 \text{ mm} < l_w = 315 \text{ mm}, \quad b < 16t = 256 \text{ mm}$$

满足要求，故选定拼接盖板尺寸为 680 mm × 240 mm × 16 mm。

(2)采用三面围焊时,如图 3-22(b)所示。

采用三面围焊可以减小两侧侧面角焊缝的长度,从而减小拼接盖板的尺寸。设拼接盖板的宽度和厚度与采用两面侧焊时相同,仅需求盖板长度。已知正面角焊缝的长度 $l'_w = b = 240$ mm,则正面角焊缝所能承受的内力

$$N' = 2h_e l'_w \beta_f f_f^w = 2 \times 0.7 \times 10 \times 240 \times 1.22 \times 160 = 655\ 872\ (N)$$

焊缝的总长度为

$$\sum l_w = \frac{N - N'}{h_e f_f^w} = \frac{1\ 400 \times 10^3 - 655\ 872}{0.7 \times 10 \times 160} = 664.4\ (mm)$$

连接一侧共有 4 条侧面角焊缝,则一条侧面角焊缝的长度为

$$l'_w = \frac{\sum l_w}{4} + h_f = \frac{664.4}{4} + 10 = 176.1\ (mm),取\ 180\ mm$$

拼接盖板的长度为

$$L = 2l'_w + 10 = 2 \times 180 + 10 = 370\ (mm)$$

(3)采用菱形拼接盖板时,如图 3-22(c)所示。

当拼接盖板宽度较大时,采用菱形拼接盖板可减小角部的应力集中,从而使连接的工作性能得以改善。菱形拼接盖板的连接焊缝由正面角焊缝、侧面角焊缝和斜角角焊缝等组成。设计时,一般先假定拼接盖板的尺寸再进行验算。拼接盖板尺寸如图3-22(c)所示,则各部分焊缝的承载力分别为

正面角焊缝:

$$N_1 = 2h_e l_{w1} \beta_f f_f^w = 2 \times 0.7 \times 10 \times 40 \times 1.22 \times 160 \times 10^{-3} = 109.3\ (kN)$$

侧面角焊缝:

$$N_2 = 4h_f l_{w2} f_f^w = 4 \times 0.7 \times 10 \times (110 - 10) \times 160 \times 10^{-3} = 448.0\ (kN)$$

斜角角焊缝:此焊缝与作用力的夹角 $\theta = 33.7°$,可得 $\beta_{f\theta} = 1.06$,故有

$$N_3 = 4h_e l_{w3} \beta_{f\theta} f_f^w = 4 \times 0.7 \times 10 \times 180 \times 1.06 \times 160 \times 10^{-3} = 854.8\ (kN)$$

连接一侧焊缝所能承受的内力为

$$N' = N_1 + N_2 + N_3 = 1\ 412.1\ kN > 1\ 400\ kN$$

满足要求。

【例题 3-3】　如图 3-23 所示,已知角钢为 2 ∠125×10,与厚度为 8 mm 的节点板连接,其搭接长度为 300 mm,焊脚尺寸 $h_f = 8$ mm,钢材为 Q235B,手工焊,焊条为 E43 型。构件承受静力荷载,该连接为三面围焊连接,试求此连接的承载力及肢尖焊缝的长度。

解:角焊缝的强度设计值为

$$f_f^w = 160\ MPa$$

焊缝内力分配系数为

$$K_1 = 0.7,\quad K_2 = 0.3$$

正面角焊缝的长度等于相连角钢肢的宽度,即 $l_{w3} = b = 125$ mm,则正面角焊缝

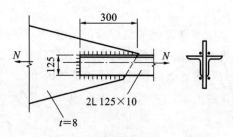

图 3-23 例题 3-3 图

所能承受的内力 N_3 为

$$N_3 = 2h_e l_{w3} \beta_{f\theta} f_f^w = 2 \times 0.7 \times 8 \times 125 \times 1.22 \times 160 \times 10^{-3} = 273.3 \text{ (kN)}$$

肢背角焊缝所能承受的内力 N_1 为

$$N_1 = 2h_e l_w f_f^w = 2 \times 0.7 \times 8 \times (300-8) \times 160 \times 10^{-3} = 523.3 \text{ (kN)}$$

由

$$N_1 = K_1 N - \frac{N_3}{2} = 0.7N - \frac{273.3}{2} = 523.3 \text{ (kN)}$$

得

$$N = \frac{523.3 + 136.6}{0.7} = 942.7 \text{ (kN)}$$

由式(3-12)计算肢尖焊缝承受的内力 N_2 为

$$N_2 = K_2 N - \frac{N_3}{2} = 0.3 \times 942.7 - 136.6 = 146.2 \text{ (kN)}$$

由此可算出肢尖焊缝的长度为

$$l_{w2} = \frac{N_2}{2h_e f_f^w} + 8 = \frac{146.2 \times 10^3}{2 \times 0.7 \times 8 \times 160} + 8 = 90 \text{ (mm)}$$

4. 承受弯矩、轴心力、剪力共同作用的角焊缝连接计算

如图 3-24 所示的双面角焊缝连接承受偏心斜拉力 N 作用。计算时,可将作用力 N 分解为 N_x 和 N_y 两个分力。角焊缝同时承受轴心力 N_x、剪力 N_y 和弯矩 $M = N_x \cdot e$ 的共同作用。计算焊缝截面上的应力分布如图 3-24(b)所示,图中 A 点应力最大,为控制设计点。此处垂直于焊缝长度方向的应力由两部分组成,即由轴心拉力 N_x 产生的应力为

$$\sigma_N = \frac{N_x}{A_e} = \frac{N_x}{2h_e l_w} \tag{3-17}$$

由弯矩 M 产生的应力为

$$\sigma_M = \frac{M}{W_e} = \frac{6M}{2h_e l_w^2} \tag{3-18}$$

这两部分应力由于在 A 点处的方向相同,可直接叠加,故 A 点垂直于焊缝长度方向的应力为

$$\sigma_f = \frac{N_x}{2h_e l_w} + \frac{6M}{2h_e l_w^2} \tag{3-19}$$

剪力 N_y 在 A 点处产生的平行于焊缝长度方向的应力为

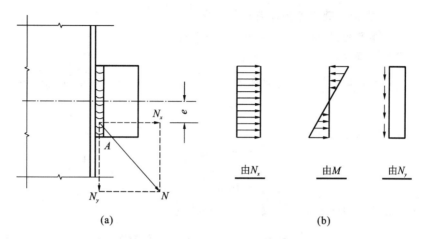

图 3-24 承受偏心斜拉力的角焊缝

$$\tau_f = \frac{N_y}{A_e} = \frac{N_y}{2h_e l_w} \tag{3-20}$$

焊缝上 A 点应力应满足

$$\sqrt{\left(\frac{\sigma_f}{\beta_f}\right)^2 + \tau_f^2} \leqslant f_f^w$$

【例题 3-4】 试验算如图 3-25 所示牛腿与钢柱连接角焊缝的强度。钢材为 Q235，手工焊，焊条为 E43 型。荷载设计值 $N = 365\ \text{kN}$，偏心距 $e = 350\ \text{mm}$，焊脚尺寸 $h_{f1} = 8\ \text{mm}$，$h_{f2} = 6\ \text{mm}$。图 3-25(b)所示为焊缝有效截面。

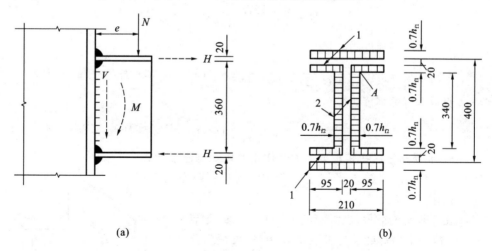

(a)   (b)

图 3-25 例题 3-4 图

解：竖向力 N 在角焊缝形心处可简化成剪力 $V = N = 365\ \text{kN}$ 和弯矩
$$M = Ne = 365 \times 0.35 = 127.8\ (\text{kN} \cdot \text{m})$$
对于工字梁与钢柱翼缘的角焊缝连接，通常有两种计算方法。

(1)考虑腹板焊缝参加传递弯矩的计算方法。

为了计算方便,将图 3-25(b)中尺寸取为整数。

全部焊缝有效截面对中和轴的惯性矩为

$$I_w = 2 \times \frac{0.42 \times 34^3}{12} + 2 \times 21 \times 0.56 \times 20.28^2 + 4 \times 9.5 \times 0.56 \times 17.28^2$$
$$= 18\ 779\ (cm^4)$$

翼缘焊缝的最大应力为

$$\sigma_{f1} = \frac{M}{I_w} \cdot \frac{h}{2} = \frac{127.8 \times 10^6}{18\ 779 \times 10^4} \times 205.6 = 140\ (MPa)$$
$$< \beta_f f_f^w = 1.22 \times 160 = 195\ (MPa)$$

腹板焊缝中由于弯矩 M 引起的最大应力为

$$\sigma_{f2} = 140 \times \frac{170}{205.6} = 115.8\ (MPa)$$

由于剪力 V 在腹板焊缝中产生的平均剪应力为

$$\tau_f = \frac{V}{\sum (h_{e2} l_{w2})} = \frac{365}{2 \times 0.7 \times 6 \times 0.34} = 127.8\ (MPa)$$

则腹板焊缝 A 点的强度为

$$\sqrt{\left(\frac{\sigma_{f2}}{\beta_f}\right)^2 + \tau_f^2} = \sqrt{\left(\frac{115.8}{1.22}\right)^2 + 127.8^2} = 159.2\ (MPa) < f_f^w = 160\ (MPa)$$

(2)不考虑腹板焊缝传递弯矩的计算方法。

翼缘焊缝所承受的水平力为

$$H = \frac{M}{h} = \frac{127.8}{0.38} = 336\ (kN)$$

翼缘焊缝的强度为

$$\sigma_f = \frac{H}{h_{e1} l_{w1}} = \frac{336}{0.7 \times 8 \times (0.21 + 2 \times 0.095)} = 150\ (MPa) < \beta_f f_f^w = 195\ (MPa)$$

腹板焊缝的强度为

$$\tau_f = \frac{V}{h_{e2} l_{w2}} = \frac{365}{2 \times 0.7 \times 6 \times 0.34} = 127.8\ (MPa) < 160\ (MPa)$$

5. 承受扭矩或扭矩与剪力联合作用的角焊缝连接计算

(1)环形角焊缝承受扭矩 T 作用时的计算,如图 3-26所示。

由于焊缝有效厚度比圆环直径 D 小得多,通常 $h_e < 0.1D$,故环形角焊缝承受扭矩 T 作用时,可视为薄圆环的受扭问题。在有效截面的任一点上所受切线方向的剪应力 τ_f,应按下式计算。

$$\tau_f = \frac{T \cdot r}{I_P} \leqslant f_f^w \tag{3-21}$$

式中 r——圆心至焊缝有效截面中线的距离;

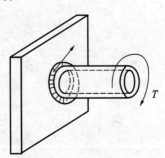

图 3-26 受扭角焊缝

I_P——焊缝有效截面的极惯性矩,对于薄圆环可取 $I_P = 2\pi h_e r^3$。

(2)围焊承受剪力和扭矩作用时的计算。

如图 3-27 所示为采用三面围焊搭接,该连接角焊缝承受竖向剪力 $V = F$ 和扭矩作用。在图 3-27 中,A 点与 A' 点距形心 O 点最远,故 A 点与 A' 点处由扭矩 T 引起的剪应力 τ_T 最大,焊缝中其他各处由扭矩 T 引起的剪应力 τ_T 均小于 A 点和 A' 点处的剪应力,故 A 点和 A' 点为设计控制点。

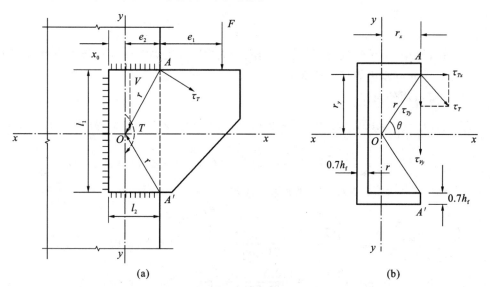

(a)   (b)

图 3-27　受剪力、扭矩作用的角焊缝

在扭矩 T 作用下,A 点(或 A' 点)处的应力为

$$\tau_T = \frac{T \cdot r}{I_P} = \frac{T \cdot r}{I_x + I_y} \tag{3-22}$$

将 τ_T 沿 x 轴和 y 轴分解为两部分力。

$$\tau_{Tx} = \tau_T \cdot \sin\theta = \frac{T \cdot r}{I_P} \cdot \frac{r_y}{r} = \frac{T \cdot r_y}{I_P} \tag{3-23}$$

$$\tau_{Ty} = \tau_T \cdot \cos\theta = \frac{T \cdot r}{I_P} \cdot \frac{r_x}{r} = \frac{T \cdot r_x}{I_P} \tag{3-24}$$

由剪力 V 在焊缝中引起的剪应力 τ_V 按均匀分布,在 A 点(或 A'点)引起的应力 τ_{Vy} 为

$$\tau_{Vy} = \frac{V}{\sum h_e l_w} \tag{3-25}$$

则 A 点受到垂直于焊缝长度方向的应力为

$$\sigma_f = \tau_{Ty} + \tau_{Vy} \tag{3-26}$$

沿焊缝长度方向的应力为 τ_{Tx},则 A 点的应力满足的强度条件为

$$\sqrt{\left(\frac{\tau_{Ty} + \tau_{Vy}}{\beta_f}\right)^2 + \tau_{Tx}^2} \leqslant f_f^w \tag{3-27}$$

【例题 3-5】 如图 3-27 所示，钢板长度 $l_1=400$ mm，搭接长度 $l_2=300$ mm，荷载设计值 $F=217$ kN，偏心距 $e_1=300$ mm，钢材为 Q235，手工焊，焊条为 E43 型，试确定该焊缝的焊脚尺寸并验算该焊缝的强度。

解： 在图 3-27(b)中，焊缝组成的围焊共同承受剪力 V 和扭矩的作用，设焊缝的焊脚尺寸均为 $h_f=8$ mm。

焊缝计算截面的重心位置为

$$x_0=\frac{2l_2 \cdot l_2/2}{2l_2+l_1}=\frac{30^2}{60+40}=9 \ (cm)$$

在计算中，由于焊缝的实际长度稍大于 l_1 和 l_2，故焊缝的计算长度直接采用 l_1 和 l_2，不再扣除水平焊缝的端部缺陷。

焊缝截面的极惯性矩

$$I_x=\frac{1}{12}\times0.7\times0.8\times40^3+2\times0.7\times0.8\times30\times20^2=16\ 427 \ (cm^4)$$

$$I_y=\frac{1}{12}\times2\times0.7\times0.8\times30^3+2\times0.7\times0.8\times30\times(15-19)^2$$
$$+0.7\times0.8\times40\times9^2=4\ 872 \ (cm^4)$$

$$I_P=I_x+I_y=16\ 427+4\ 872=21\ 299 \ (cm^4)$$

$$\tau_{Tx}=\frac{T \cdot r_y}{I_P}=\frac{110.7\times200\times10^6}{21\ 299\times10^4}=103.9 \ (MPa)$$

$$\tau_{Ty}=\frac{T \cdot r_x}{I_P}=\frac{110.7\times210\times10^6}{21\ 299\times10^4}=109.1 \ (MPa)$$

剪力 V 在 A 点产生的应力为

$$\tau_{Vy}=\frac{V}{\sum h_e l_w}=\frac{217\times10^3}{0.7\times8\times(2\times300+400)}=38.8 \ (MPa)$$

由图 3-27(b)可见，τ_{Ty} 与 τ_{Vy} 在 A 点的作用方向相同，且垂直于焊缝长度方向，可用 σ_f 表示。

$$\sigma_f=\tau_{Ty}+\tau_{Vy}=147.9 \ (MPa)$$

τ_{Tx} 平行于焊缝长度方向，$\tau_f=\tau_{Tx}$，则

$$\sqrt{\left(\frac{\sigma_f}{\beta_f}\right)^2+\tau_f^2}=\sqrt{\left(\frac{147.9}{1.22}\right)^2+103.9^2}=159.7 \ (MPa)<f_f^w=160 \ (MPa)$$

说明取 $h_f=8$ mm 是合适的。

3.4 对接焊缝的构造与计算

3.4.1 对接焊缝的构造

对接焊缝的焊件常需做成坡口，故又称为坡口焊缝。坡口形式与焊件厚度有

关。当焊件厚度很小(手工焊 6 mm,埋弧焊 10 mm)时,可用直边缝。对于一般厚度的焊件可采用具有斜坡口的单边 V 形或 V 形焊缝。斜坡口较厚的焊件($t >$ 20 mm),则采用 U 形、K 形和 X 形坡口,如图 3-28 所示。对于 V 形缝和 U 形缝需对焊缝根部进行补焊。对接焊缝坡口形式的选用,应根据板厚和施工条件按现行标准的要求进行。

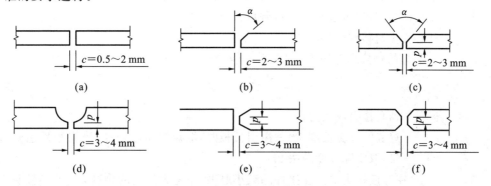

图 3-28 对接焊缝的坡口形式

在对接焊缝的拼接处,当焊件的宽度不同或厚度相差 4 mm 以上时,应分别在宽度方向或厚度方向从一侧或两侧做成坡度不大于 1∶2.5 的斜角,如图 3-29 所示,以使截面过渡减小、应力集中。

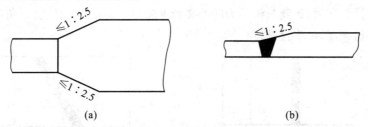

图 3-29 钢板拼接

在焊缝的起灭弧处,常会出现弧坑等缺陷,这些缺陷对承载力影响极大,故焊接时一般应设置引弧板和引出板,如图 3-30 所示,焊后将它割除。对受静力荷载的结构设置引弧(出)板有困难时,可令焊缝计算长度等于实际长度减 $2t$(t 为较薄焊件厚度)。

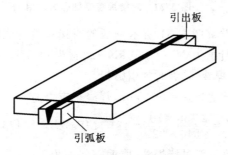

图 3-30 引弧板和引出板

3.4.2 对接焊缝的计算

对接焊缝的计算分焊透和部分焊透对接焊缝的计算。

1. 焊透的对接焊缝的计算

由于对接焊缝是焊件截面的组成部分,焊缝中的应力分布情况基本上与焊件原来的情况相同,故计算方法与构件的强度计算一样。

1)轴心受力对接焊缝的计算

轴心受力的对接焊缝如图 3-31 所示,可按下式计算。

$$\sigma = \frac{N}{l_w t} \leqslant f_t^w \quad \text{或} \quad f_c^w \tag{3-28}$$

式中 N——轴心拉力或压力;

l_w——焊缝的计算长度,当采用引弧板时,取焊缝实际长度;当未采用引弧板时,取实际长度减去 $2t$;

t——在对接接头中为连接件的较小厚度,不考虑焊缝的余高,在 T 形接头中为腹板厚度;

f_t^w、f_c^w——对接焊缝的抗拉、抗压强度设计值,由附表 3 查得。

由于一、二级的焊缝与母材强度相等,故只有三级的焊缝才需按式(3-28)进行抗拉强度验算。如果用直缝不能满足强度要求时,可采用如图 3-31(b)所示的斜对接焊缝。计算证明,焊缝与作用力间的夹角 θ 满足 $\tan\theta \leqslant 1.5$ 时,斜角角焊缝的强度不低于母材强度,可不再进行验算。

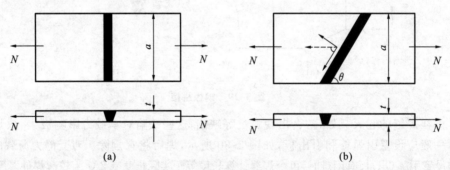

图 3-31 对接焊缝受轴心力作用

【例题 3-6】 试验算图 3-31 所示钢板的对接焊缝的强度。图中 $a=540$ mm,$t=22$ mm,轴心力设计值为 $N=2\,150$ kN。钢材为 Q235B,手工焊,焊条为 E43 型,采用三级检验标准的焊缝,施焊时加引弧板。

解:设直缝连接长度为 $l_w=540$ mm,焊缝正应力为

$$\sigma = \frac{N}{l_w t} = \frac{2\,150 \times 10^3}{540 \times 22} = 181 \text{ (MPa)} > f_t^w = 175 \text{ (MPa)}$$

不满足要求,故改为斜对接焊缝,取截割斜度为 1.5:1,即 $\theta=56°$,焊缝长度为

650 mm，此时焊缝的正应力为

$$\sigma = \frac{N \cdot \sin\theta}{l_{\mathrm{w}} t} = \frac{2\ 150 \times 10^3 \times \sin 56°}{650 \times 22} = 125\ (\mathrm{MPa}) < f_{\mathrm{t}}^{\mathrm{w}} = 175\ (\mathrm{MPa})$$

剪应力为

$$\tau = \frac{N \cdot \cos\theta}{l_{\mathrm{w}} t} = \frac{2\ 150 \times 10^3 \times \cos 56°}{650 \times 22} = 84\ (\mathrm{MPa}) < f_{\mathrm{c}}^{\mathrm{w}} = 120\ (\mathrm{MPa})$$

这说明当 $\tan\theta \leqslant 1.5$ 时，焊缝强度能够保证，可不必计算。

2）弯矩、剪力共同作用时对接焊缝的计算

如图 3-32(a) 所示是对接焊缝受到弯矩和剪力的共同作用，由于焊缝截面是矩形，正应力与剪应力图形分别为三角形与抛物线形，其最大值分别满足下列强度条件。

$$\sigma_{\max} = \frac{M}{W_{\mathrm{w}}} = \frac{6M}{l_{\mathrm{w}}^2 t} \leqslant f_{\mathrm{t}}^{\mathrm{w}} \tag{3-29}$$

$$\tau_{\max} = \frac{VS_{\mathrm{w}}}{I_{\mathrm{w}} t} = \frac{3}{2} \cdot \frac{V}{l_{\mathrm{w}} t} \leqslant f_{\mathrm{v}}^{\mathrm{w}} \tag{3-30}$$

式中　W_{w}——焊缝计算截面的截面模量；

　　　S_{w}——焊缝计算截面对中和轴的最大面积矩；

　　　I_{w}——焊缝计算截面对中和轴的惯性矩。

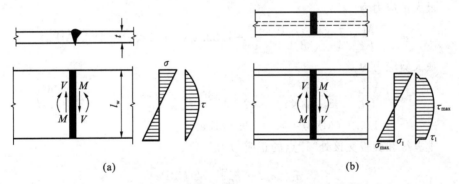

(a)　　　　　　　　　　　　　　(b)

图 3-32　对接焊缝受弯矩和剪力作用

如图 3-32(b) 所示工字形截面梁的接头，采用对接焊缝，除应分别验算最大正应力和剪应力外，对于腹板与翼缘相交处同时受有较大的正应力 σ_1 和较大的剪应力 τ_1，则应按下式验算折算应力。

$$\sqrt{\sigma_1^2 + 3\tau_1^2} \leqslant 1.1 f_{\mathrm{t}}^{\mathrm{w}} \tag{3-31}$$

式中　σ_1、τ_1——腹板与翼缘相交处焊缝的正应力和剪应力；

　　　1.1——考虑到最大折算应力只在局部出现，而将强度设计值适当提高的系数。

3）弯矩、剪力和轴心力共同作用时对接焊缝的计算

当轴心力与弯矩、剪力共同作用时，焊缝的最大正应力应为轴心力和弯矩引起的应力之和，剪应力按式(3-30)验算，折算应力仍按式(3-31)验算。

【例题 3-7】　计算工字形截面牛腿与钢柱连接的对接焊缝强度，如图 3-33 所

示。已知竖向力设计值 $F=550$ kN,距钢柱偏心距 $e=300$ mm,钢材为 Q235B,手工焊,焊条为 E43 型,焊缝为三级检验标准,上、下翼缘加引弧板施焊。

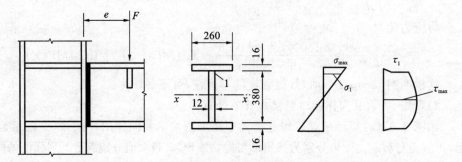

图 3-33　例题 3-7 图

解:对接焊缝的计算截面与牛腿的截面相同,因而

$$I_x=\frac{1}{12}\times1.2\times38^3+2\times1.6\times26\times19.8^2=38\ 100\ (\text{cm}^4)$$

$$S_{x1}=26\times1.6\times19.8=824\ (\text{cm}^3)$$

$$V=F=550(\text{kN}),\quad M=550\times0.30=165\ (\text{kN}\cdot\text{m})$$

最大正应力为

$$\sigma_{\max}=\frac{M}{I_x}\cdot\frac{h}{2}=\frac{165\times10^6\times206}{38\ 100\times10^4}=89.2\ (\text{MPa})<f_t^w=185\ (\text{MPa})$$

最大剪应力为

$$\tau_{\max}=\frac{VS_x}{I_xt}=\frac{550\times10^3}{38\ 100\times10^4\times12}\times\left(260\times16\times198+190\times12\times\frac{190}{2}\right)$$

$$=125.1\ (\text{MPa})\approx f_v^w=125\ (\text{MPa})$$

上翼缘和腹板交接处"1"点的正应力为

$$\sigma_1=\sigma_{\max}\cdot\frac{190}{206}=82\ (\text{MPa})$$

剪应力为

$$\tau_1=\frac{VS_{x1}}{I_xt}=\frac{550\times10^3\times824\times10^3}{38\ 100\times10^4\times12}=99\ (\text{MPa})$$

由于"1"点同时受有较大的正应力和剪应力,故应按式(3-31)验算折算应力

$$\sqrt{82^2+3\times99^2}=190\ (\text{MPa})<1.1\times185=204\ (\text{MPa})$$

满足要求。

2. 部分焊透的对接焊缝

在钢结构设计中,当板件受力很小,焊缝主要起连接作用,或焊缝受力虽然较大,但采用焊透的对接焊缝将使强度不能充分发挥时,可采用部分焊透的对接焊缝。比如用四块较厚的板焊成箱形截面的轴心受压构件,显然用图 3-34(a)所示的焊透对接焊缝是不必要的;如采用图 3-34(b)所示角焊缝,外形又不平整;采用部分焊透

的对接焊缝,既省工省料,又美观大方,如图 3-34(c)所示。

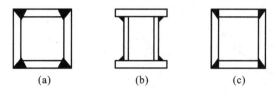

图 3-34　箱形截面轴心压杆的焊缝连接

　　部分焊透的对接焊缝必须在设计图上注明坡口的形式和尺寸。坡口形式分 V 形、单边 V 形、U 形和 J 形等,如图 3-35 所示。由图可见,部分焊透的对接焊缝实际上可视为在坡口内焊接的角焊缝,故其强度计算方法与前述直角角焊缝相同,在垂直于焊缝长度方向的压力作用下,取 $\beta_f = 1.22$;在其他受力情况下,取 $\beta_f = 1.0$。

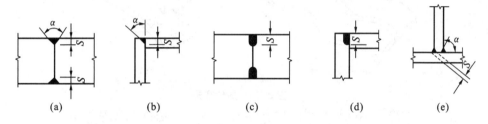

图 3-35　部分焊透对接焊缝的截面形式

　　对 U 形、J 形和坡口角 $\alpha \geqslant 60°$ 的 V 形坡口,焊缝有效厚度 h_e 取决于焊缝根部至焊缝表面(不考虑余高)的最短距离 S,即 $h_e = S$。但对于 $\alpha < 60°$ 的 V 形坡口焊缝,考虑到焊缝根部不易焊满,因而将 h_e 降低,即 $h_e = 0.75S$。对 K 形和单边 V 形坡口焊缝($\alpha = 45° \pm 5°$),则取 $h_e = S - 3$(单位取 mm)。

　　当熔线处焊缝截面边长等于或接近于最短距离 S 时,如图 3-35(b)、(c)、(d)所示,应验算焊缝在熔合线上的抗剪强度,其强度设计值取 0.9 倍角焊缝的强度设计值。部分焊透对接焊缝的最小有效厚度为 $1.5\sqrt{t}$,t 为坡口所在焊件的较大厚度(单位取 mm)。

3.5　焊接残余应力和焊接残余变形

3.5.1　焊接残余应力和残余变形产生的原因

　　钢结构构件或节点在焊接过程中,局部区域受到很强的高温作用,在此不均匀的加热和冷却过程中,产生的变形称为焊接残余变形。焊接后冷却时,焊缝与焊缝附近的钢材不能自由收缩,由该约束所产生的应力称为焊接残余应力。

　　焊接残余变形是由于焊接过程中焊区的收缩变形引起的,表现在构件表面鼓起、歪弯曲或扭曲等。焊接残余变形主要有纵向变形、横向变形、弯曲变形、角变形、波浪变形及扭曲变形等形式,如图 3-36 所示。

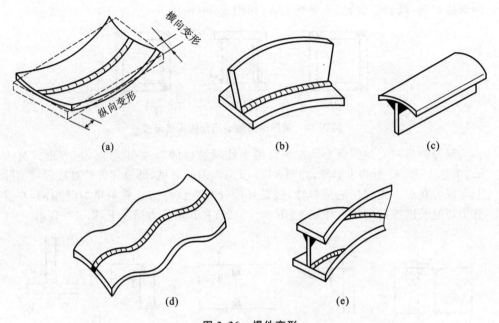

图 3-36　焊件变形
(a)纵向和横向收缩变形；(b)弯曲变形；(c)角变形；(d)波浪变形；(e)扭曲变形

3.5.2　焊接残余应力和残余变形对结构的影响

无外加约束的情况下，焊接残余应力是自平衡的内应力。因此，焊接残余应力对在常温下承受静力荷载的结构承载力没有影响，但会降低构件的刚度和稳定性。因焊缝中存在三向同号应力，阻碍了塑性变形，使裂缝容易产生和开展，因此疲劳强度降低。

焊接残余变形会使构件不能保持正确的设计尺寸及位置，使安装发生困难，甚至可能影响结构的工作。例如轴心压杆，因焊接发生了弯曲变形，变成了压弯构件，故强度和稳定承载力都会降低。

3.6　普通螺栓连接

3.6.1　螺栓连接的构造

1. 螺栓的排列

螺栓在构件上的排列应简单、统一、整齐而紧凑，通常分为并列和错列两种形式，如图 3-37 所示。并列比较简单整齐，所用连接板尺寸小，但由于螺栓孔的存在，对构件截面的削弱较大。错列可以减小螺栓孔对截面的削弱，但螺栓孔排列不如并列紧凑，连接板尺寸较大。

螺栓在构件上的排列应考虑以下要求。

1）受力要求

在垂直于受力方向：对于受拉构件，各排螺栓的中距及边距不能过小，以免使螺栓周围应力集中、相互影响,且使钢板的截面削弱过多,降低其承载力。在顺力作用方向:端距应按被连接材料的抗挤压及抗剪切等强度条件确定,以使钢板在端部不致被螺栓撕裂,规范规定端距不应小于 $2d_0$;受压构件上的中距不宜过大,否则在被连接板件间容易发生鼓曲现象。

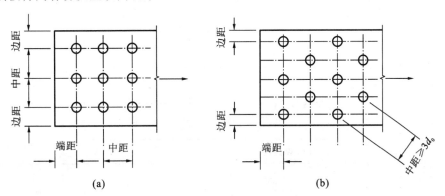

图 3-37　钢板上螺栓排列

(a)并列;(b)错列

2)构造要求

螺栓的中距及边距不宜过大,否则构件接触面不能紧密贴合,潮气易侵入缝隙使钢材锈蚀。

3)施工要求

要保证有一定空间,便于用扳手拧紧螺帽。根据扳手尺寸和工人的施工经验,规定最小中距为 $3d_0$。

根据以上要求,规范规定的螺栓的容许间距详见图 3-37 及表 3-5。螺栓沿型钢长度方向上排列的间距,除应满足表 3-5 的最大、最小距离外,尚应充分考虑拧紧螺栓时的净空要求。在角钢、普通工字钢、槽钢截面上排列螺栓时线距应满足图 3-38 及表 3-6、表 3-7 和表 3-8 的要求。在 H 型钢截面上排列螺栓时线距如图 3-38(d)所示,腹板上的 c 值可参照普通工字钢;翼缘上的 e 值或 e_1、e_2 值可根据其外伸宽度参照角钢。

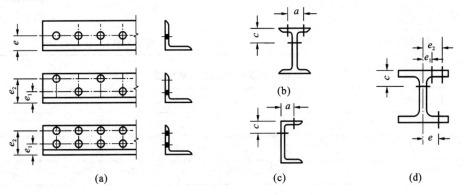

图 3-38　型钢的螺栓(铆钉)排列

表 3-5 螺栓或铆钉的最大、最小容许距离

名　称	位置和方向				最大容许距离 （取两者的较小值）	最小容许距离
中心间距	外排（垂直内力方向或顺内力方向）				$8d_0$ 或 $12t$	$3d_0$
	中间排	垂直内力方向			$16d_0$ 或 $24t$	
		顺内力方向	压力		$12d_0$ 或 $18t$	
			拉力		$16d_0$ 或 $24t$	
	沿对角线方向				—	
中心至构件边缘距离	顺内力方向				$4d_0$ 或 $8t$	$2d_0$
	垂直内力方向	剪切边或手工气割边				$1.5d_0$
		轧制边、自动精密气割或锯割边	高强度螺栓			
			其他螺栓或铆钉			$1.2d_0$

注：①d_0 为螺栓孔或铆钉孔直径，t 为外层较薄板件的厚度；

　　②钢板边缘与刚性构件（如角钢、槽钢等）相连的螺栓或铆钉的最大间距，可按中间排的数值采用。

表 3-6 角钢上螺栓或铆钉线距表（mm）

单行排列	角钢肢宽	40	45	50	56	63	70	75	80	90	100	110	125
	线距 e	25	25	30	30	35	40	40	45	50	55	60	70
	钉孔最大值	11.5	13.5	13.5	15.5	17.5	20	22	22	24	24	26	26

双行错排	角钢肢宽	125	140	160	180	200	双行并列	角钢肢宽	160	180	200
	e_1	55	60	70	70	80		e_1	60	70	80
	e_2	90	100	120	140	160		e_2	130	140	160
	钉孔最大直径	24	24	26	26	26		钉孔最大直径	24	24	26

表 3-7 工字钢和槽钢腹板上的螺栓线距表（mm）

工字钢型号	12	14	16	18	20	22	25	28	32	36	40	45	50	56	63
线距 c_{min}	40	45	45	45	50	50	55	60	60	65	70	75	75	75	75
槽钢型号	12	14	16	18	20	22	25	28	32	36	40	—	—	—	—
线距 c_{min}	40	45	50	50	55	55	55	60	65	70	75	—	—	—	—

表 3-8　工字钢和槽钢翼缘上的螺栓线距表(mm)

工字钢型号	12	14	16	18	20	22	25	28	32	36	40	45	50	56	63
线距 a_{min}	40	40	50	55	60	65	65	70	75	80	80	85	90	95	95
槽钢型号	12	14	16	18	20	22	25	28	32	36	40	—	—	—	—
线距 a_{min}	30	35	35	40	40	45	45	45	50	56	60	—	—	—	—

2. 螺栓连接的构造要求

螺栓连接除了满足上述螺栓排列的容许距离外,根据不同情况尚应满足下列构造要求。

(1)为了使连接可靠,每一杆件在节点上以及拼接接头的一端,永久性螺栓数不宜少于两个。对于组合构件的缀条,其端部连接可采用一个螺栓。

(2)直接承受动力荷载的普通螺栓连接应采用双螺帽或其他防止螺帽松动的有效措施,例如采用弹簧垫圈,或将螺帽和螺杆焊死等方法。

(3)C 级螺栓与孔壁有较大间隙,宜用于沿其杆轴方向受拉的连接。承受静力荷载结构的次要连接、可拆卸结构的连接和临时固定构件用的安装连接中,也可用 C 级螺栓受剪。但在重要的连接中,例如,制动梁或吊车梁上翼缘与柱的连接,由于传递制动梁的水平支承反力,同时受到反复动力荷载作用,不得采用 C 级螺栓。柱间支撑与柱的连接,以及在柱间支撑处吊车梁下翼缘的连接,承受着反复的水平制动力和卡轨力,应优先采用高强度螺栓。

(4)由于型钢的抗弯刚度较大,采用高强度螺栓连接时,不能保证摩擦面紧密贴合,故其拼接件应采用钢板。

3.6.2　普通螺栓的抗剪工作性能与计算

普通螺栓连接按螺栓传力方式可分为受剪螺栓连接、抗拉螺栓连接和同时受拉、受剪螺栓连接。受剪螺栓连接是连接受力后被连接件的接触面产生相对滑移倾向的螺栓连接,它依靠螺杆的受剪和螺杆对孔壁挤压来传递垂直于螺杆方向的外力;受拉螺栓连接是连接受力后使连接件的接触面产生相互脱离倾向的螺栓连接,它由螺杆直接承受拉力来传递平行于螺杆的外力;连接受力后产生相对滑移和脱离倾向的螺栓连接是同时受拉、受剪螺栓连接,它依靠螺杆的承压、受剪和直接承受拉力来传递外力。

1. 受剪螺栓连接的受力性能

受剪螺栓受力后,当外力不大时,由构件间的摩擦力来传递外力。当外力增大超过极限摩擦力后,构件间相对滑移,螺杆开始接触构件的孔壁而受剪,孔壁则受压。

当连接处于弹性阶段时,螺栓群中的各螺栓受力不等,两端大,中间小;当外力继续增大,达到塑性阶段时,各螺栓承担的荷载逐渐接近,最后趋于相等直到破坏。

连接工作经历了三个阶段:弹性阶段、相对滑移阶段、塑性阶段。

抗剪螺栓连接达到极限承载力时,可能的破坏形式有:①当螺杆直径较小,板件较厚时,螺杆可能先被剪断,如图 3-39(a)所示;②当螺杆直径较大,板件较薄时,板件可能先被挤坏,如图 3-39(b)所示,由于螺杆和板件的挤压是相对的,故也可把这种破坏叫做螺栓承压破坏;③板件可能因螺栓孔削弱太多而被拉断,如图 3-39(c)所示;④端距太小,端距范围内的板件有可能被螺杆冲剪破坏,如图 3-39(d)所示。

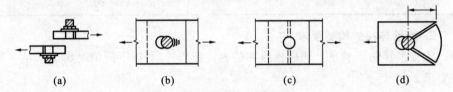

图 3-39 受剪螺栓连接的破坏形式

上述第③种破坏形式属于构件的强度计算;第④种破坏形式由螺栓端距$\geqslant 2d_0$来保证。因此,抗剪螺栓连接的计算只考虑第①②种破坏形式。

2. 单个普通螺栓的抗剪承载力

普通螺栓连接的抗剪承载力,应考虑螺杆受剪和孔壁承压两种情况。假定螺栓受剪面上的剪应力是均匀分布的,则单个抗剪螺栓的抗剪承载力设计值为

$$N_v^b = n_v \frac{\pi d^2}{4} f_v^b \tag{3-32}$$

式中　n_v——受剪面数目,单剪 $n_v=1$,双剪 $n_v=2$,四剪 $n_v=4$;

　　　d——螺杆直径;

　　　f_v^b——螺栓抗剪强度设计值。

由于螺栓的实际承压应力分布情况难以确定,为简化计算,假定螺栓承压应力分布于螺栓直径平面上(见图 3-40),而且假定该承压面上的应力为均匀分布,则单个抗剪螺栓的承压承载力设计值为

$$N_c^b = d \sum t f_c^b \tag{3-33}$$

式中　$\sum t$——在同一受力方向的承压构件的较小总厚度;

　　　f_c^b——螺栓承压强度设计值。

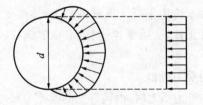

图 3-40 螺栓承压的计算承压面积

3. 普通螺栓群抗剪连接计算

(1)普通螺栓群轴心受剪。

试验证明,螺栓群的抗剪连接承受轴心力时,螺栓群长度方向上的各螺栓受力

不均匀,如图 3-41 所示,两端受力大,中间受力小。当连接长度 $l_1 \leqslant 15d_0$(d_0 为螺栓孔直径)时,由于连接工作进入弹塑性阶段后,内力发生重分布,螺栓群中各螺栓受力逐渐接近,故可认为轴心力 N 由每个螺栓平均分担,即螺栓数 n 为

$$n = \frac{N}{N_{\min}^b} \tag{3-34}$$

式中　$N_{\min}^b$——一个螺栓抗剪承载力设计值与承压承载力设计值的较小值。

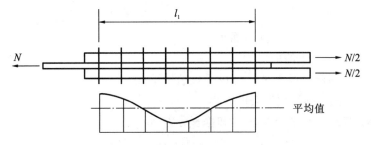

图 3-41　长接头螺栓的内力分布

当螺栓沿受力方向的连接长度过大时,各螺栓受力将很不均匀,端部螺栓受力最大而可能首先破坏,然后依次逐个向内破坏。因此,规范规定对此情况,将螺栓(高强度螺栓)的承载力设计值 N_v^b 和 N_c^b 乘以折减系数 β。

当 $l_1 > 15d_0$ 时,　　　　　　$\beta = (1.1 - l_1/150d_0)$ 　　　　　　(3-35)

当 $l_1 > 60d_0$ 时,　　　　　　$\beta = 0.7$ 　　　　　　(3-36)

式中　d_0——孔径。

(2)普通螺栓群偏心受剪。

如图 3-42 所示,为螺栓群承受偏心剪力的情形,剪力 F 的作用线至螺栓群中心线的距离为 e,故螺栓群同时受到轴心力 F 和扭矩 $T = F \cdot e$ 的联合作用。

在轴心力作用下认为每个螺栓平均受力,则

$$N_{1F} = \frac{F}{n} \tag{3-37}$$

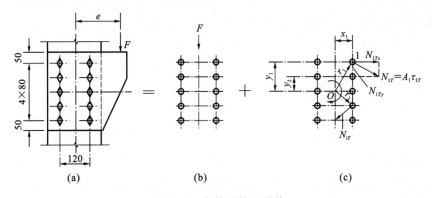

图 3-42　螺栓群偏心受剪

螺栓群在扭矩 $T=F \cdot e$ 作用下,每个螺栓均受剪,连接按弹性设计法计算时认为连接板件为绝对刚性体,螺栓为弹性体;连接板件绕螺栓群形心旋转,各螺栓所受剪力大小与该螺栓至形心距离 r_i 成正比,其方向则与连线 r_i 垂直,如图 3-41(c) 所示。

螺栓 1 距形心 O 最远,其所受剪力 N_{1T} 最大。

$$N_{1T} = A_1 \tau_{1T} = A_1 \frac{Tr_1}{I_P} = A_1 \frac{Tr_1}{A_1 \cdot \sum r_i^2} = \frac{Tr_1}{\sum r_i^2} \tag{3-38}$$

式中　A_1——一个螺栓的截面面积;

τ_{1T}——螺栓 1 的剪应力;

I_P——螺栓群截面对形心 O 的极惯性矩;

r_i——任一螺栓至形心的距离。

将 N_{1T} 分解为水平分力 N_{1Tx} 和垂直分力 N_{1Ty}。

$$N_{1Tx} = N_{1T} \cdot \frac{y_1}{r_1} = \frac{T \cdot y_1}{\sum r_i^2} = \frac{T \cdot y_1}{\sum x_i^2 + \sum y_i^2} \tag{3-39}$$

$$N_{1Ty} = N_{1T} \cdot \frac{x_1}{r_1} = \frac{T \cdot x_1}{\sum r_i^2} = \frac{T \cdot x_1}{\sum x_i^2 + \sum y_i^2} \tag{3-40}$$

由此可得螺栓群偏心受剪时,受力最大的螺栓 1 所受合力为

$$\sqrt{N_{1Tx}^2 + (N_{1Ty} + N_{1F})^2} = \sqrt{\left[\frac{T \cdot y_1}{\sum x_i^2 + \sum y_i^2}\right]^2 + \left[\frac{T \cdot x_1}{\sum x_i^2 + \sum y_i^2} + \frac{F}{n}\right]^2} \leqslant N_{min}^b \tag{3-41}$$

当螺栓群布置在一个狭长带,例如 $y_1 > 3x_1$ 时,可取 $x_i = 0$ 以简化计算,则上式为

$$\sqrt{\left(\frac{T \cdot y_1}{\sum y_i^2}\right)^2 + \left(\frac{F}{n}\right)^2} \leqslant N_{min}^b \tag{3-42}$$

设计中,通常是先按构造要求排好螺栓,再用式(3-41)验算受力最大的螺栓。可想而知,由于计算是由受力最大的螺栓的承载力控制,而此时其他螺栓受力较小,不能充分发挥作用,因此这是一种偏安全的弹性设计法。

【例题 3-8】　如图 3-43 所示,试设计两块钢板用普通螺栓的盖板拼接。已知轴心拉力设计值 $N=325$ kN,钢材为 Q235A,螺栓直径 $d=20$ mm(粗制螺栓)。

解:一个螺栓的承载力设计值。

抗剪承载力设计值

$$N_v^b = n_v \frac{\pi d^2}{4} f_v^b = 2 \times \frac{3.14 \times 20^2}{4} \times 140 = 87\,900\,(\text{N}) = 87.9\,(\text{kN})$$

承压承载力设计值

$$N_c^b = d \sum t f_c^b = 20 \times 8 \times 305 = 48\,800\,(\text{N}) = 48.8\,(\text{kN})$$

连接一侧所需螺栓数,$n=325/48.8=6.7$,取 8 个,螺栓排列如图 3-43 所示。

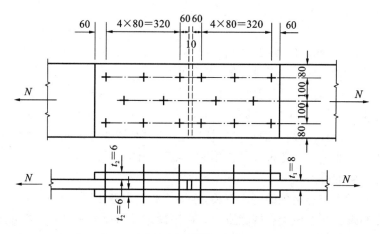

图 3-43 例题 3-8 图

【例题 3-9】 设计如图 3-42(a)所示的普通螺栓连接。柱翼缘厚度为 10 mm，连接板厚度为 8 mm，钢材为 Q235B，荷载设计值 $F=150$ kN，偏心距 $e=250$ mm，使用粗制螺栓 M22。

解：

$$\sum x_i^2 + \sum y_i^2 = 10 \times 6^2 + 4 \times 8^2 + 4 \times 16^2 = 1\,640 \ (\text{cm}^2)$$

$$T = F \cdot e = \frac{150 \times 25}{10^2} = 37.5 \ (\text{kN} \cdot \text{m})$$

$$N_{1Tx} = \frac{T \cdot y_1}{\sum x_i^2 + \sum y_i^2} = \frac{37.5 \times 16 \times 10^2}{1\,640} = 36.6 \ (\text{kN})$$

$$N_{1Ty} = \frac{T \cdot x_1}{\sum x_i^2 + \sum y_i^2} = \frac{37.5 \times 6 \times 10^2}{1\,640} = 13.7 \ (\text{kN})$$

$$N_{1F} = \frac{F}{n} = \frac{150}{10} = 15 \ (\text{kN})$$

$$N_1 = \sqrt{N_{1Tx}^2 + (N_{1Ty} + N_{1F})^2} = \sqrt{36.6^2 + (13.7 + 15)^2} = 46.5 \ (\text{kN})$$

螺栓直径 $d=22$ mm，一个螺栓的设计承载力如下。

螺栓抗剪：$N_v^b = n_v \dfrac{\pi d^2}{4} f_v^b = 1 \times \dfrac{\pi \times 22^2 \times 140}{4 \times 10^3} = 53.2 \ (\text{kN}) > 46.5 \ (\text{kN})$

构件承压：$N_c^b = d \sum t f_c^b = 22 \times 8 \times 305 \times 10^{-3} = 53.7 \ (\text{kN}) > 46.5 \ (\text{kN})$

3.6.3 普通螺栓的抗拉连接

1. 单个普通螺栓的抗拉承载力

抗拉螺栓连接在外力作用下，构件的接触面有脱开趋势。此时螺栓受到沿杆轴方向的拉力作用，故抗拉螺栓连接的破坏形式为螺杆被拉断。

单个抗拉螺栓的承载力设计值为

$$N_t^b = A_e f_t^b = \frac{\pi d_e^2}{4} f_t^b \tag{3-43}$$

式中 d_e、A_e——螺栓的有效直径和有效截面面积,查附表 5;

f_t^b——螺栓抗拉强度设计值,查附表 4。

螺栓受拉时,通常不可能使拉力正好作用在螺栓轴线上,而是通过与螺杆垂直的板件传递。如图 3-44 所示的 T 形连接,如果连接件的刚度较小,受力后与螺栓垂直的连接件总会有变形,因而形成杠杆作用,螺栓有被撬开的趋势,使螺杆中的拉力增加并产生弯曲现象。考虑杠杆作用时,螺杆的轴心力为 $N_t = N + Q$(Q 为杠杆作用对螺栓产生的撬力)。

撬力的大小与连接件的刚度有关,连接件的刚度越小,撬力越大;同时撬力也与螺栓直径和螺栓所在位置等因素有关。由于确定撬力比较复杂,我国现行钢结构设计规范为了简化,规定普通螺栓抗拉强度设计值 f_t^b 取为螺栓钢材抗拉强度设计值 f 的 0.8 倍(即 $f_t^b = 0.8f$),以考虑撬力的影响。此外,在构造上也可采取一些措施加强连接件的刚度,如设置加劲肋,如图 3-45 所示,可以减小甚至消除撬力的影响。

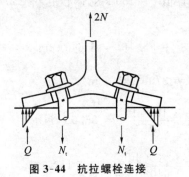

图 3-44 抗拉螺栓连接

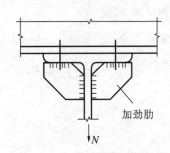

图 3-45 T 形连接中的螺栓受拉

2. 普通螺栓群轴心受拉

如图 3-46 所示为螺栓群在轴心力作用下的抗拉连接,通常假定每个螺栓平均受力,则连接所需螺栓数为

$$n = \frac{N}{N_t^b} \tag{3-44}$$

式中 N_t^b——一个螺栓的抗拉承载力设计值,按式 (3-43) 计算。

3. 普通螺栓群弯矩受拉

如图 3-47 所示为螺栓群在弯矩作用下的抗拉连接

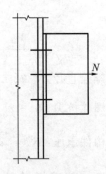

图 3-46 螺栓群承受轴心拉力

(图中的剪力 V 通过承托板传递)。按弹性设计法,在弯矩作用下,离中和轴越远的螺栓所受拉力越大,而压应力则由弯矩指向一侧的部分端板承受,设中和轴至端板受压边缘的距离为 c,如图 3-47(c) 所示。这种连接的受力有如下特点:受拉螺栓截面只是孤立的几个螺栓点;而端板受压则是宽度较大的实体矩形截面,如图 3-47(b)、(c) 所

示。当计算其形心位置作为中和轴时,所求得的端板受压区高度 c 总是很小,中和轴通常在弯矩指向的一侧最外排螺栓附近的某个位置。因此,实际计算时可近似地取中和轴位于最下排螺栓 O 处。弯矩作用方向如图 3-47(a)所示时,即认为连接变形为绕 O 处水平轴转动,螺栓拉力与自 O 点算起的纵坐标 y 成正比。仿式(3-38)推导时的基本假设,并在对 O 处水平轴列弯矩平衡方程时,偏安全地忽略力臂很小的端板受压部分的力矩,只考虑受拉螺栓部分,则得(各纵坐标 y 均自 O 点算起)

$$M = (N_i/y_i) \sum y_i^2 \tag{3-45}$$

故得螺栓 i 的拉力为

$$N_i = My_i / \sum y_i^2 \tag{3-46}$$

设计时要求受力最大的最外排螺栓的拉力不超过一个螺栓的抗拉承载力设计值。

$$N_1 = My_1 / \sum y_i^2 \leqslant N_t^b \tag{3-47}$$

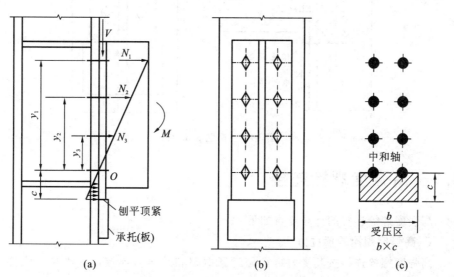

图 3-47　弯矩受拉的普通螺栓连接

【例题 3-10】　已知牛腿与柱用 C 级普通螺栓和承托连接,如图 3-48 所示,承受竖向荷载设计值 $F=220$ kN,偏心距 $e=200$ mm。试设计其螺栓连接。构件和螺栓均用 Q235 钢材,螺栓为 M20,孔径 21.5 mm。

解: 牛腿的剪力 $V=F=220$ kN 由端板刨平顶紧于承托传递;弯矩 $M=F \cdot e=44 \times 10^3$ kN·mm 由螺栓连接传递,使螺栓受拉。初步假定螺栓布置如图 3-48 所示。对最下排螺栓 O 轴取矩,最大受力螺栓(最上排)的拉力为

$$N_1 = My_1 / \sum y_i^2 = (44 \times 10^3 \times 320) / [2 \times (80^2 + 160^2 + 240^2 + 320^2)]$$
$$= 36.67 \text{ (kN)}$$

一个螺栓的抗拉承载力设计值为

$$N_t^b = A_e f_t^b = 244.8 \times 170 = 41\ 616\ (N) \approx 41.62\ (kN) > N_1 = 36.67\ (kN)$$

所假定螺栓连接满足设计要求,确定采用。

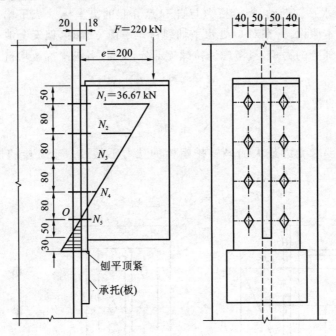

图 3-48 例题 3-10 图

3.7 高强度螺栓连接

高强度螺栓连接的计算要点如下。

1. 高强度螺栓的预拉力

高强度螺栓连接按其受力特征分为摩擦型和承压型连接两种类型。摩擦型连接依靠被连接件之间的摩擦阻力传递内力,并以荷载设计值引起的剪力不超过摩擦阻力这一条件作为设计准则。螺栓的预拉力 P(即板件间的法向压紧力)、摩擦面间的抗滑移系数和钢材种类等都直接影响高强度螺栓连接的承载力。

1)预拉力的控制方法

高强度螺栓分大六角头型和扭剪型两种,如图 3-49 所示,虽然这两种高强度螺栓预拉力的具体控制方法各不相同,但对螺栓施加预拉力的思路都是一样的。它们都是通过拧紧螺帽,使螺杆受到拉伸作用,产生预拉力,而被连接板件间则产生压紧力。

对大六角头型高强度螺栓的预拉力控制方法有如下几种。

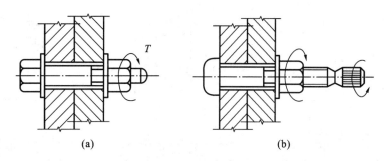

图 3-49　高强度螺栓连接

(a)大六角头型;(b)扭剪型

(1)力矩法。一般采用指针式扭力(测力)扳手或预置扭力(定力)扳手。目前用得多的是电动扭矩扳手。力矩法是通过控制拧紧力矩来控制预拉力的。拧紧力矩可由试验确定,使施工时控制的预拉力为设计预拉力的1.1倍。

为了克服板件和垫圈等的变形,基本消除板件之间的间隙,使拧紧力矩系数有较好的线性度,从而提高施工控制预拉力值的准确度,在安装大六角头型高强度螺栓时,应先按拧紧力矩的50%进行初拧,然后按100%拧紧力矩进行终拧。对于大型节点在初拧之后,还应按初拧力矩进行复拧,然后再进行终拧。

力矩法的优点是较简单、易实施、费用少,但由于连接件表面质量和拧紧速度的差异,测得的预拉力值误差大且分散,一般误差为±25%。

(2)转角法。先用普通扳手进行初拧,使被连接板件相互紧密贴合,再以初拧位置为起点,按终拧角度,用长扳手或风动扳手旋转螺母,拧至该角度值时,螺栓的拉力即达到施工控制预拉力。

(3)扭掉螺栓尾部的梅花卡头法。扭剪型高强度螺栓具有强度高、安装简便和质量易于保证、可以单面拧紧、对操作人员没有特殊要求等优点。扭剪型高强度螺栓与普通大六角头型高强度螺栓不同。如图 3-49(b)所示,螺栓头为盘头,螺纹段端部有一个承受拧紧反力矩的十二角体和一个能在规定力矩下间断的断颈槽。扭剪型高强度螺栓连接副的安装过程如图 3-50 所示。安装时用特制的电动扳手,有两个套头,一个套在螺母六角体上;另一个套在螺栓的十二角体上。拧紧时,对螺母施加顺时针力矩 M_1,对螺栓十二角体施加大小相等的逆时针力矩 M_1',使螺栓断颈部分承受扭剪,其初拧力矩为拧紧力矩的50%,复拧力矩等于初拧力矩,终拧至断颈剪断位置,安装结束,相应的安装力矩即为拧紧力矩。安装后一般不拆卸。

2)预拉力的确定

高强度螺栓的预拉力设计值 P 由下式计算得到:

$$P=\frac{0.9\times0.9\times0.9}{1.2}A_{e}f_{u} \tag{3-48}$$

式中　A_e——螺栓的有效截面面积;

　　　f_u——螺栓材料经热处理后的最低抗拉强度。

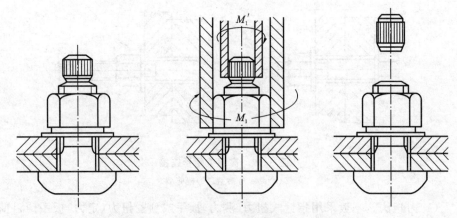

图 3-50　扭剪型高强度螺栓连接的安装过程

各种规格高强度螺栓设计预拉力的取值见表 3-9。

表 3-9　高强度螺栓的设计预拉力值(kN)

螺栓的性能等级	螺栓公称直径					
	M16	M20	M22	M24	M27	M30
8.8 级	80	125	155	180	230	285
10.9 级	100	155	190	225	290	355

2. 高强度螺栓摩擦面抗滑移系数

摩擦型高强度螺栓连接完全依靠被连接构件间的摩擦阻力传力,而摩擦阻力的大小与螺栓的预拉力和连接件间的摩擦面的抗滑移系数有关。抗滑移系数的大小与连接处构件接触面的处理方法和构件的钢号有关。

我国钢结构设计规范规定的摩擦面抗滑移系数 μ 值见表 3-10。

表 3-10　摩擦面的抗滑移系数 μ 值

连接处构件接触面的处理方法	构件的钢号		
	Q235 钢	Q345 钢、Q390 钢	Q420 钢
喷砂	0.45	0.50	0.50
喷砂后涂无机富锌漆	0.35	0.40	0.40
喷砂后生赤锈	0.45	0.50	0.50
钢丝刷消除浮锈或未经处理的干净轧制表面	0.30	0.35	0.40

试验证明,构件摩擦面涂刷红丹漆后,抗滑移系数 $\mu<0.15$,即使经处理后仍然很低,故严禁在构件摩擦面上涂刷红丹漆。另外,连接在潮湿或淋雨的条件下拼装,也会降低 μ 值,故应采取有效措施保证连接处表面的干燥。

3. 高强度螺栓抗剪连接的计算

1）高强度螺栓摩擦型连接

高强度螺栓摩擦型连接承受剪力时的设计准则是外力不得超过摩擦阻力，即摩擦型连接的承载力取决于构件接触面的摩擦力，而此摩擦力的大小与螺栓所受预拉力和摩擦面的抗滑移系数以及连接的传力摩擦面数有关。因此，一个摩擦型连接高强度螺栓的抗剪承载力设计值为

$$N_v^b = 0.9 n_f \mu P \tag{3-49}$$

式中　0.9——抗力分项系数 γ_R 的倒数，即取 $\gamma_R = 1/0.9 = 1.111$；

　　　n_f——传力摩擦面数目：单剪时，$n_f = 1$，双剪时，$n_f = 2$；

　　　P——一个高强度螺栓的设计预拉力，按表 3-9 采用；

　　　μ——摩擦面抗滑移系数，按表 3-10 采用。

试验证明，低温对摩擦型高强度螺栓的抗剪承载力无明显影响，但当温度 $t = 100 \sim 150$ ℃时，螺栓的预拉力将产生温度损失，故应将摩擦型高强度螺栓的抗剪承载力设计值降低 10%；当 $t > 150$ ℃时，应采取隔热措施，以使连接温度在 150 ℃或 100 ℃以下。

2）高强度螺栓承压型连接

承压型高强度螺栓的承载力由杆身抗剪和孔壁承压决定，摩擦力只起延缓滑动的作用。因此，计算时以杆身不被剪坏为准则，和普通螺栓计算方法相同，一个抗剪承压型高强度螺栓的承载力设计值仍按式（3-32）和式（3-33）计算，只是 f_v^b、f_c^b 用承压型高强度螺栓的强度设计值。

4. 高强度螺栓抗拉连接的计算

高强度螺栓受拉连接在承受外拉力之前，螺杆中已有很高的预拉力 P，它与板层之间的压力平衡。当对螺栓施加外拉力 N_t 时，螺杆略有伸长，在板层之间的压力未完全消失前被拉长，螺杆受的拉力增量为 ΔP，压紧板件则有所放松，使压力减少。螺杆伸长与板的放松膨胀值相当。试验分析表明，只要板层之间压力未完全消失，螺杆的拉力就只增加 5% $\sim$ 10%，因此高强度螺栓所承受的外力，基本上只使板层间的压力减小，对螺杆中的预拉力影响不大。

当外加拉力 N_t 大于螺杆预拉力 P 的 80% 时，卸载后螺杆中的预拉力会变小，即发生松弛现象。当外拉力小于螺杆预拉力 P 的 80% 时，无松弛现象发生，被连接板件接触面间能保持一定的预压力。为使板间保留一定的压紧力，规范规定，一个摩擦型高强度螺栓的抗拉承载力设计值为

$$N_t^b = 0.8 P \tag{3-50}$$

当受轴心拉力作用时，与普通螺栓连接一样，假定每个螺栓均匀受力，则连接所需螺栓数为

$$n = N/N_t^b \tag{3-51}$$

摩擦型高强度螺栓受力连接同时有弯矩作用时，只要保证螺栓所受到的最大外拉力不超过 $N_t^b = 0.8P$，被连接板件接触面将始终保持密切贴合，因此认为螺栓群在 M 作用下将绕螺栓群中心转动，即

$$N_{t1}^M = My_1 / m \sum y_i{}^2 \leqslant N_t^b = 0.8P \qquad (3-52)$$

式中　y_1——最外排螺栓至螺栓群转动轴的距离;

　　　　y_i——第 i 排螺栓至螺栓群转动轴的距离。

5. 高强度螺栓连接同时受剪、受拉的计算

当高强度螺栓连接同时受剪和受拉时,将剪力,即偏心力 F 向螺栓群形心转化,则螺栓连接同时承受弯矩 $M=F \cdot e$ 和剪力 $V=F$ 作用,由 M 引起的各螺栓所受外拉力 $N_{t1}^M = My_1 / m \sum y_i{}^2$,由 V 引起的各螺栓所受均匀剪力 $N_v = V/n$。规范规定:当摩擦型高强度螺栓连接同时承受剪力和拉力时,其承载力计算公式为

$$N_v / N_v^b + N_t / N_t^b \leqslant 1 \qquad (3-53)$$

式中　N_v、N_t——高强度螺栓所承受的剪力和拉力;

　　　　N_v^b、N_t^b——高强度螺栓的受剪和受拉承载力设计值。

【例题 3-11】 试设计如图 3-51 所示的一双盖板拼接的钢板连接。已知,钢材为 Q235B,高强度螺栓为 8.8 级的 M20,连接处构件接触面用喷砂处理,作用在螺栓群形心处的轴心拉力设计值 $N=800$ kN。

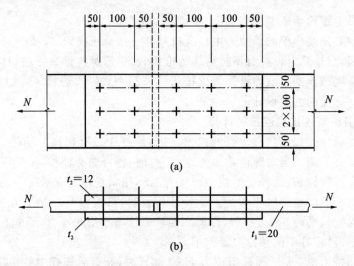

图 3-51　例题 3-11 图

解:(1)采用摩擦型连接时。

由表 3-9 查得 8.8 级 M20 高强度螺栓的预拉力 $P=125$ kN,由表 3-10 查得对于 Q235 钢材接触面作喷砂处理时,$\mu=0.45$。

一个螺栓的承载力设计值为

$$N_v^b = 0.9 n_f \mu P = 0.9 \times 2 \times 0.45 \times 125 = 101.3 \text{ (kN)}$$

所需螺栓数为

$$n = \frac{N}{N_v^b} = \frac{800}{101.3} = 7.9,\text{取 9 个}$$

螺栓排列如图 3-51(a)虚线右侧所示。

(2)采用承压型连接时。

一个螺栓的承载力设计值为

$$N_v^b = n_v \frac{\pi d^2}{4} f_v^b = 2 \times \frac{3.14 \times 20^2}{4} \times 250 = 157\ 000\ (\text{N}) = 157\ (\text{kN})$$

$$N_c^b = d \sum t f_c^b = 20 \times 20 \times 470 = 188\ 000\ (\text{N}) = 188\ (\text{kN})$$

所需螺栓数为

$$n = \frac{N}{N_{min}^b} = \frac{800}{157} = 5.1,\text{取 6 个}$$

螺栓排列如图 3-51(a)虚线左侧所示。

【本章小结】

1. 钢结构的连接方法有焊缝连接、螺栓连接及铆钉连接三种。

2. 钢结构的连接按连接板件间的相对位置可分对接连接、搭接连接和 T 形连接三种形式。

3. 钢结构构件或节点在焊接过程中,由于不均匀分布的高温作用,在焊件中将产生应力和变形,施焊时产生的称为热应力和热变形,冷却后产生的称为焊接应力和焊接变形。焊接应力和焊接变形都影响构件的工作性能、受力状态。焊接变形过大,使构件安装困难,甚至无法使用。因此,焊接时应采取适当措施,尽可能减少或消除之。

4. 焊缝连接时,应根据被连接板件厚度,保证焊缝质量,便于施焊及减小焊缝截面面积等因素选用适当焊缝形式;同时为了保证焊接质量,角焊缝应采用适宜的焊脚尺寸和焊缝长度。

5. 螺栓连接主要有三种,普通螺栓、承压型高强度螺栓及摩擦型高强度螺栓连接。

6. 抗剪螺栓连接的破坏有五种形式:①螺杆被剪断;②构件被挤压(螺杆承压)破坏;③构件被拉或压坏;④构件端部被冲剪破坏;⑤螺杆弯曲破坏。

7. 螺栓在构件上的排列应考虑下列要求:①受力要求;②构造要求;③施工要求。

【复习思考题】

3-1　钢结构常用的连接方法有几种?各自的特点是什么?

3-2　对接焊缝的坡口形式有哪些?什么时候需在坡口下方预设垫板?

3-3　角焊缝最大和最小焊脚尺寸的限制是什么?角焊缝的长度有何限制?

3-4　螺栓性能等级中的"4.4""8.8"表示的是什么意思?

3-5　受剪螺栓有几种可能的破坏形式?如何防止其发生?

3-6　普通螺栓的排列有哪些规定?为什么?

3-7　摩擦型高强度螺栓和普通螺栓连接有何不同?

3-8　焊缝符号由哪几部分组成?通过工程实际举例说明。

3-9　什么是焊接残余应力和残余变形?如何限制和避免?

3-10　焊接应力和变形对钢结构有哪些影响?

【习题】

3-1 两钢板截面尺寸为 $500\ mm \times 10\ mm$,承受轴心力设计值 $N = 1\ 000\ kN$(静力荷载),钢材为 Q235,采用 E43 型焊条,手工焊。采用双盖板,角焊缝连接,试设计此连接。

3-2 两钢板截面尺寸为 $300\ mm \times 12\ mm$,采用对接焊缝拼接。已知承受静力轴心拉力设计值 $N = 450\ kN$,材料为 Q235 钢,焊条为 E43 型,手工电弧焊,焊缝质量为三级,施焊时采用引弧板。

3-3 设计双角钢与节点板的角焊缝连接,如图 3-52 所示。钢材为 Q235B,焊条为 E43 型,手工焊,作用轴心力 $N = 1\ 000\ kN$(设计值),分别采用三面围焊、两面侧焊进行设计。

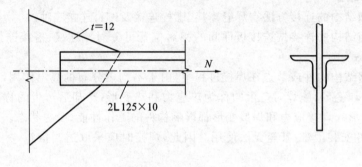

图 3-52 习题 3-3 图

3-4 试求图 3-53 所示连接的最大设计载荷。钢材为 Q235B,焊条为 E43 型,手工焊,角焊缝焊脚尺寸 $h_f = 8\ mm$,$e_1 = 300\ mm$。

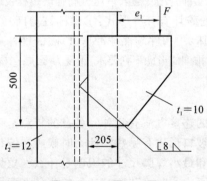

图 3-53 习题 3-4 图

3-5 将习题 3-1 中的连接方式改为普通螺栓连接,螺栓直径 $d = 20\ mm$,孔径 $d_0 = 21.5\ mm$。试设计该连接。

3-6 试设计图 3-53 的粗制螺栓连接,$F = 100\ kN$(设计值),$e_1 = 30\ cm$。

3-7 将习题 3-1 中的连接方式改用高强度螺栓连接,高强度螺栓采用 10.9 级 M20,孔径 $d_0 = 21.5\ mm$。连接接触面采用喷砂处理,试进行该连接设计。

第4章 轴心受力构件

  轴心受力构件是指承受通过构件截面形心轴线的轴向力作用的构件：当这种轴向力为拉力时，称为轴心受拉构件，又称轴心拉杆；当这种轴向力为压力时，称为轴心受压构件，又称轴心压杆。轴心受力构件广泛地应用于屋架、托架、塔架、网架和网壳等各种类型的平面或空间格构式体系以及支撑系统中。支承屋盖、楼盖或工作平台的竖向受压构件通常称为柱，包括轴心受压柱。柱通常由柱头、柱身和柱脚三部分组成，柱头支承上部结构并将其荷载传给柱身，柱脚则把荷载由柱身传给基础。轴心受力构件的截面形式如图 4-1 所示。

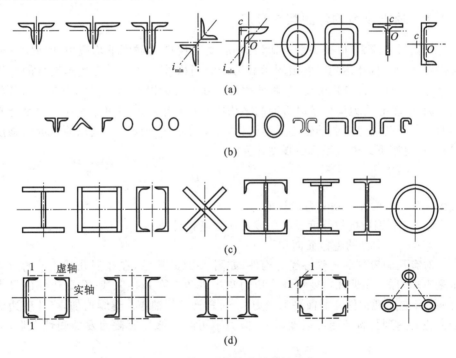

图 4-1 轴心受力构件的截面形式
(a)普通桁架杆件截面；(b)轻型桁架杆件截面；(c)实腹式构件截面；(d)格构式构件截面

4.1 轴心受力构件及截面形式

  轴心受力构件（包括轴心受压柱），按其截面组成形式，可分为实腹式构件和格构式构件两种。实腹式构件具有整体连通的截面，常见的有三种截面形式。第一种是热轧型钢截面，如圆钢、圆管、方管、角钢、工字钢、T 型钢、宽翼缘 H 型钢和槽钢等截面,其中最常用的是工字形或 H 形截面;第二种是冷弯型钢截面,如卷边和不卷边的角钢或槽钢与方管;第三种是型钢或钢板连接而成的组合截面。在普通桁架中,受拉或受压杆件常采用两个等边或不等边角钢组成的 T 形截面或十字形截面,也可采用单角钢、圆管、方管、工字钢或 T 型钢等截面,如图 4-1(a)所示。轻型桁架的杆件则采用小角钢、圆钢或冷弯薄壁型钢等截面,如图 4-1(b)所示。受力较大的轴心受力构件(如轴心受压柱),通常采用实腹式或格构式双轴对称截面;实腹式构件一般是组合截面,有时也采用轧制 H 型钢或圆管截面,如图 4-1(c)所示。格构式构件一般由两个或多个分肢用缀件连接组成,如图 4-1(d)所示,采用较多的是两分肢格构式构件。

4.2 轴心受力构件的强度与刚度计算

4.2.1 轴心受力构件的强度计算

从钢材的应力-应变关系可知,当轴心受力构件的截面平均应力达到钢材的抗拉强度 f_u 时,构件达到强度极限承载力。但当构件的平均应力达到钢材的屈服强度 f_y 时,构件塑性变形的发展,将使构件的变形过大以致达到不适于继续承载的状态。因此,轴心受力构件是以截面的平均应力达到钢材的屈服强度作为强度计算准则的。对无孔洞等削弱的轴心受力构件,以全截面平均应力达到屈服强度为强度极限状态,应按下式进行毛截面强度计算。

$$\sigma = \frac{N}{A} \leqslant f \tag{4-1}$$

式中　N——构件的轴心力设计值;

　　　f——钢材抗拉强度设计值或抗压强度设计值;

　　　A——构件的毛截面面积。

对有孔洞等削弱的轴心受力构件,如图 4-2(a)所示,在孔洞处截面上的应力分布是不均匀的,靠近孔边处将产生应力集中现象。在弹性阶段,孔壁边缘的最大应力 σ_{max} 可能达到构件毛截面平均应力 σ_0 的 3 倍。若轴心力继续增加,当孔壁边缘的最大应力达到材料的屈服强度以后,应力不再继续增加而截面发展塑性变形,应力

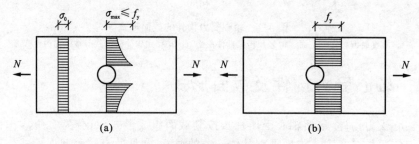

图 4-2　截面削弱处的应力分布

(a)弹性状态;(b)极限状态

渐趋均匀。到达极限状态时,净截面上的应力为均匀屈服应力,如图 4-2(b)所示。因此,对于有孔洞削弱的轴心受力构件,以其净截面的平均应力达到屈服强度为强度极限状态,应按下式进行净截面强度计算。

$$\sigma = \frac{N}{A_n} \leqslant f \tag{4-2}$$

式中 A_n——构件的净截面面积,对有螺纹的拉杆,A_n 取螺纹处的有效截面面积。

当轴心受力构件采用普通螺栓(或铆钉)连接时,若螺栓(或铆钉)为并列布置,如图 4-3(a)所示,A_n 按最危险的正交截面(Ⅰ—Ⅰ截面)计算;若螺栓错列布置,如图 4-3(b)所示,构件既可能沿正交截面Ⅰ—Ⅰ破坏,也可能沿齿状截面Ⅱ—Ⅱ或Ⅲ—Ⅲ破坏。截面Ⅱ—Ⅱ或Ⅲ—Ⅲ的毛截面长度较大,但孔洞较多,其净截面面积不一定比截面Ⅰ—Ⅰ的净截面面积大。A_n 应取截面Ⅰ—Ⅰ、Ⅱ—Ⅱ或Ⅲ—Ⅲ的较小面积计算。

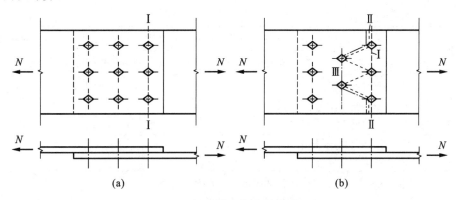

图 4-3 净截面面积的计算
(a)螺栓并列排列时钢板的净面积;(b)螺栓错列排列时钢板的净面积

4.2.2 轴心受力构件的刚度计算

为满足结构的正常使用要求,轴心受力构件不应做得过分柔细,而应具有一定的刚度,以保证构件不会产生过大的变形。受拉和受压构件的刚度是以保证其长细比限值 λ 来实现的,即

构件的容许长细比[λ]按表 4-1、表 4-2 采用。轴心受力构件对主轴 x 轴、y 轴的长细比 λ_x 和 λ_y 应满足下式要求。

$$\lambda = \frac{l_0}{i} \leqslant [\lambda] \tag{4-3}$$

式中 λ——构件的最大长细比;

l_0——构件的计算长度;

i——截面的回转半径;

$[\lambda]$——构件的容许长细比。

构件的计算长度 l_0 取决于其两端支承情况(见表 4-3),桁架和框架构件的计算长度与其两端相连构件的刚度有关。

表 4-1 受压构件的容许长细比

项 次	构 件 名 称	容许长细比
1	柱、桁架和天窗架中的杆件	150
1	柱的缀条、吊车梁或吊车桁架以下的柱间支撑	150
2	支撑(吊车梁或吊车桁架以下的柱间支撑除外)	200
2	用以减少受压构件长细比的杆件	200

注:①桁架(包括空间桁架)的受压腹杆,当其内力等于或小于承载力的50%时,容许长细比值可取为200。

　②计算单角钢受压构件的长细比时,应采用角钢的最小回转半径;但在计算单角钢交叉受压杆件平面外的长细比时,应采用与角钢肢边平行轴的回转半径。

　③跨度等于或大于60 m的桁架,其受压弦杆和端压杆的长细比宜取为100,其他受压腹杆可取为150(承受静力荷载)或120(承受动力荷载)。

表 4-2 受拉构件的容许长细比

项 次	构 件 名 称	承受静力荷载或间接承受动力荷载的结构		直接承受动力荷载的结构
		一般建筑结构	有重级工作制吊车的厂房	
1	桁架的杆件	350	250	250
2	吊车梁或吊车桁架以下的柱间支撑	300	200	—
3	其他拉杆、支撑、系杆等(张紧的圆钢除外)	400	350	—

注:①承受静力荷载的结构中,可仅计算受拉构件在竖向平面内的长细比。

　②在直接或间接承受动力荷载的结构中,单角钢受拉构件长细比的计算方法与表4-1的注②相同。

　③中、重级工作制吊车桁架下弦杆的长细比不宜超过200。

　④在设有夹钳吊车或刚性料耙吊车的厂房中,支撑(表中第2项除外)的长细比不宜超过300。

　⑤受拉构件在永久荷载与风荷载组合作用下受压时,其长细比不宜超过250。

　⑥跨度等于或大于60 m的桁架,其受拉弦杆和腹杆的长细比不宜超过300(承受静力荷载)或250(承受动力荷载)。

表 4-3 轴心受压构件的临界力和计算长度系数 μ

两端支承情况	两端铰接	上端自由下端固定	上端铰接下端固定	两端固定	上端可移动但不转动下端固定	上端可移动但不转动下端铰接
屈曲形状						

续表

两端支承情况	两端铰接	上端自由下端固定	上端铰接下端固定	两端固定	上端可移动但不转动下端固定	上端可移动但不转动下端铰接
计算长度 $l_0 = \mu l$，μ 为理论值	1.0l	2.0l	0.7l	0.5l	1.0l	2.0l
μ 的设计建议值	1	2	0.8	0.65	1.2	2

【例题 4-1】　试确定如图 4-4 所示截面的轴心拉杆的最大承载力设计值和最大容许计算长度,钢材为 Q235,容许长细比为 350。

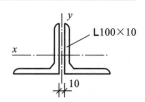

图 4-4　例题 4-1 图

解: 由附表 1 得 $f = 215$ MPa

查附表 13 得: $A_n = 19.26 \times 2 = 38.52$ (mm²)

$$i_x = 3.05 \text{ cm}, \quad i_y = 4.52 \text{ cm}$$

按式(4-1)可得该轴心拉杆最大承载力设计值为

$$N = A_n f = 38.52 \times 215 \times 10^2 = 828\ 180 \text{ (N)} = 828.18 \text{ (kN)}$$

按式(4-3)可得该轴心拉杆的计算长度为

$$l_{0x} = [\lambda] = 350 \times 3.05 = 1\ 067.5 \text{ (cm)}$$

$$l_{0y} = [\lambda] = 350 \times 4.52 = 1\ 582 \text{ (cm)}$$

则该杆的最大容许计算长度为 1 067.5 cm。

4.3　轴心受压构件的稳定计算

4.3.1　轴心受压构件的整体稳定

1. 轴心受压构件的整体失稳现象

当轴心压力 N 较小时,无缺陷轴心受压构件只产生轴向压缩变形,保持直线平衡状态。此时如有干扰力使构件产生微小弯曲,则当干扰力移去后,构件将恢复到原来的直线平衡状态,这种直线平衡状态下构件的外力和内力间的平衡是稳定的。当轴心压力 N 逐渐增加到一定程度时,如有干扰力使构件发生微弯,当干扰力移去后,构件仍保持微弯状态而不能恢复到原来的直线平衡状态,这种从直线平衡状态过渡到微弯曲平衡状态的现象,称为平衡状态的分肢,此时构件的外力和内力间的平衡是随遇的,称为随遇平衡或中性平衡。如轴心压力 N 再稍微增加,则弯曲变形迅速增大而使构件丧失承载力,这种现象称为构件的弯曲屈曲或弯曲失稳,如图 4-5(a)所示。中性平衡是从稳定平衡过渡到不稳定平衡的临界状态,中性平衡时的

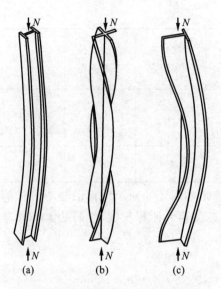

图 4-5 两端铰接轴心受压构件的屈曲状态

(a)弯曲屈曲;(b)扭转屈曲;(c)弯扭屈曲

轴心压力称为临界力 N_{cr},相应的截面应力称为临界应力 σ_{cr}。σ_{cr} 常低于钢材屈服强度 f_y,即构件在到达强度极限状态前就会丧失整体稳定。

　　截面为单轴对称(如 T 形截面)的轴心受压构件绕对称轴失稳时,由于截面形心与截面剪切中心(或称扭转中心、弯曲中心,即构件弯曲时截面剪应力合力作用点通过的位置)不重合,在发生弯曲变形的同时必然伴随有扭转变形,故称为弯扭屈曲或弯扭失稳,如图 4-5(c)所示。同理,截面没有对称轴的轴心受压构件,其屈曲形态也属弯扭屈曲。钢结构中常用截面的轴心受压构件,由于其板件较厚,构件的抗扭刚度也相对较大,失稳时主要发生弯曲屈曲;单轴对称截面的构件绕对称轴弯扭屈曲时,当采用考虑扭转效应的换算长细比后,也可按弯曲屈曲计算。因此弯曲屈曲是确定轴心受压构件稳定承载力的主要依据。

　　2. 实际轴心受压构件整体稳定的计算

　　1)实际轴心受压构件的稳定承载力计算方法

　　依据国家标准,在确定轴心受压构件的柱子曲线时,根据不同截面形状和尺寸、不同加工条件和相应的残余应力分布及大小、不同的弯曲屈曲方向以及 $l/1\,000$ 的初弯曲(可理解为几何缺陷的代表值),按极限承载力理论,采用数值积分法,对多种实腹式轴心受压构件弯曲屈曲算出了近 200 条柱子曲线(纵轴为 φ,横轴为 λ)。如前所述,轴心受压构件的极限承载力并不仅仅取决于长细比。由于残余应力的影响,即使长细比相同的构件,因截面形状、弯曲方向、残余应力分布和大小不同,构件的极限承载力也有很大差异,所计算的柱子曲线形成相当宽的分布带。这个分布带的上、下限相差较大,特别是中等长细比的常用情况相差尤其显著。因此,若用一条曲线来代表,显然是不合理的。将这些曲线分成四组,也就是将分布带分成四个窄带,取每组的平均值(50%的分位值)曲线作为该组代表曲线,给出 a、b、c、d 四条柱子曲线,如图 4-6 所示。在 λ 为 40~120 的常用范围,柱子曲线 a 比曲线 b 高 4%~15%,而曲线 c 比曲线 b 低 7%~13%。曲线 d 则更低,主要用于厚板截面。这种柱子曲线有别于《冷弯薄壁型钢结构技术规范》(GB 50018—2002)采用的单一柱子曲线,常称为多条柱子曲线。曲线中 $\varphi = N_u/(Af_y) = \sigma_u/f_y = \sigma_{cr}/f_y$,称为轴心受压构件的整体稳定系数。

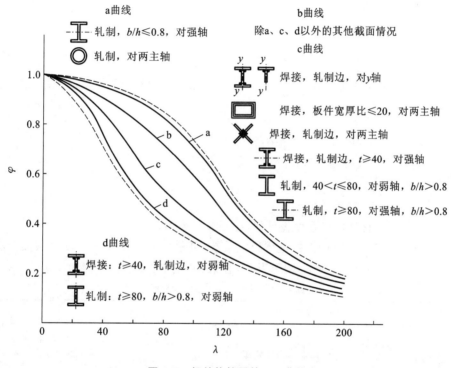

图 4-6　钢结构柱子的 φ-λ 曲线

归属于 a、b、c、d 四条曲线的轴心受压构件截面分类见表 4-4 和表 4-5,一般的截面属于 b 类。轧制圆管冷却时基本是均匀收缩,产生的截面残余应力很小,属于 a 类。窄翼缘轧制普通工字钢的整个翼缘截面上的残余应力以拉应力为主,对绕 x 轴弯曲屈曲有利,也属于 a 类。格构式轴心受压构件绕虚轴的稳定计算,不宜采用考虑截面塑性发展的极限承载力理论,而采用边缘屈服准则确定的 φ 值与曲线 b 接近,故属于 b 类。当槽形截面用于格构式构件的分肢时,由于分肢的扭转变形受到缀件的约束,所以计算分肢绕其自身对称轴的稳定时,可按 b 类考虑。对翼缘为轧制或剪切边及焰切后刨边的焊接工字形截面,其翼缘两端存在较大的残余压应力,绕 y 轴失稳比绕 x 轴失稳时承载力降低较多,故前者归入 c 类,后者归入 b 类。当翼缘为焰切边(且不刨边)时,翼缘两端部存在残余拉应力,可使绕 y 轴失稳的承载力比翼缘为轧制边或剪切边的有所提高,所以绕 x 轴和绕 y 轴两种情况都属 b 类。

高层建筑钢结构的钢柱常采用板件厚度大(或宽厚比小)的热轧或焊接 H 形、箱形截面,其残余应力较常规截面的大,且由于厚板(翼缘)的残余应力不但沿板件宽度方向变化,而且沿厚度方向变化也较大;板的外表面往往有残余压应力,且厚板质量较差,都会对稳定承载力带来较大的不利影响。我国《高层民用建筑钢结构技术规程》(JGJ 99—2015)给出了厚板截面的分类建议:对某些较有利情况按 b 类考虑,某些不利情况按 c 类考虑,某些更不利情况则按 d 类考虑。

2)轴心受压构件的整体稳定计算

轴心受压构件的整体稳定应满足下式。

$$\sigma = \frac{N}{A} \leqslant \frac{\sigma_{cr}}{\gamma_R} = \frac{\sigma_{cr}}{f_y} \frac{f_y}{\gamma_R} = \varphi f \qquad (4\text{-}4)$$

《钢结构设计标准》(GB 50017—2017)对轴心受压构件的整体稳定计算采用下式。

$$\frac{N}{\varphi A} \leqslant f \qquad (4\text{-}5)$$

式中　σ_{cr}——构件的极值点失稳临界应力;

　　　γ_R——抗力分项系数;

　　　N——轴心压力设计值;

　　　A——构件的毛截面面积;

　　　f——钢材的抗压强度设计值,按附表 1 采用;

　　　φ——轴心受压构件的整体稳定系数,可根据表 4-4 和表 4-5 的截面分类及构件的长细比,按附表 7~附表 10 查出。

表 4-4　轴心受压构件的截面分类(板厚 $t < 40$ mm)

截面形式		对 x 轴	对 y 轴
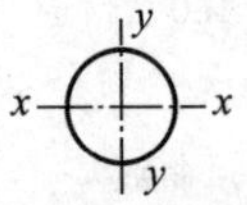 轧制		a 类	a 类
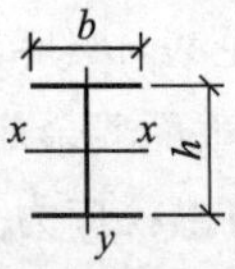 轧制	$b/h \leqslant 0.8$	a 类	b 类
	$b/h > 0.8$		
焊接,翼缘为焰切边 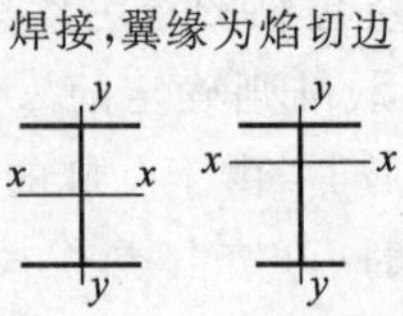	焊接 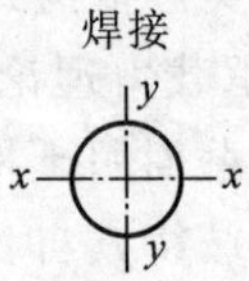	b 类	b 类
轧制等边角钢 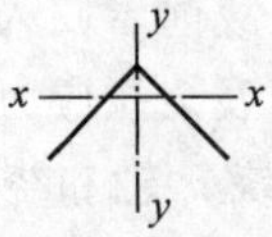		a 类	a 类

续表

截面形式		对 x 轴	对 y 轴
 轧制		b 类	b 类
 轧制,焊接(板件宽厚比大于 20)	 轧制或焊接		
 焊接	 轧制截面和翼缘为焰切边的焊接截面		
 格构式	 焊接,板件边缘焰切		
 焊接,翼缘为轧制或剪切边		b 类	c 类
 焊接,板件边缘轧制或剪切	 焊接,板件宽厚比≤20	c 类	c 类

表 4-5　轴心受压构件的截面分类(板厚 $t>40$ mm)

截面形式		对 x 轴	对 y 轴
轧制工字形或 H 形截面 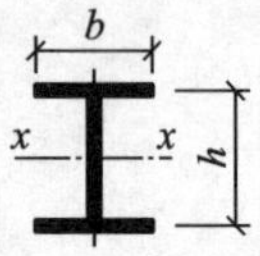	$t<80$ mm	b 类	c 类
	$t\geqslant 80$ mm	c 类	d 类
焊接工字形截面 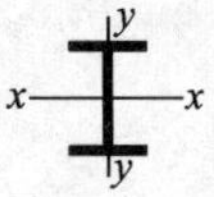	翼缘为焰切边	b 类	c 类
	翼缘为轧制或剪切边	c 类	d 类
焊接箱形截面 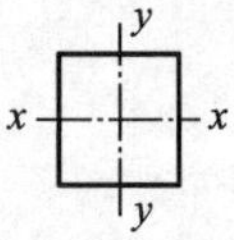	板件宽厚比>20	b 类	b 类
	板件宽厚比≤20	c 类	c 类

4.3.2　轴心受压构件的局部稳定

1. 均匀受压板件的屈曲

实腹式轴心受压构件一般由若干矩形平面板件组成,在轴心压力作用下,这些板件都承受均匀压力。如果这些板件的平面尺寸很大,而厚度又相对很薄(宽厚比较大)时,在均匀压力作用下,板件有可能在达到强度承载力之前先失去局部稳定。当轴心受压构件中板件的临界应力超过比例极限 f_p 进入弹塑性受力阶段时,可认为板件变为正交异性板。单向受压板沿受力方向的弹性模量 E 降为切线模量 $E_t=\eta E$,但与压力垂直的方向仍处于弹性阶段,其弹性模量仍为 E。这时可用 $E\sqrt{\eta}$ 按下列近似公式计算其临界应力 σ_{cr}。

$$\sigma_{cr}=\frac{\chi k\pi^2 E\sqrt{\eta}}{12(1-\nu^2)}\left(\frac{t}{b}\right) \tag{4-6}$$

根据轴心受压构件局部稳定的试验资料,取弹性模量修正系数 η 为

$$\eta=0.101\,3\lambda^2\frac{f_y}{E}\left(1-0.024\,8\lambda^2\frac{f_y}{E}\right) \tag{4-7}$$

式中　λ——构件两方向长细比的较大值。

2. 轴心受压构件局部稳定的计算方法

1)轴心受压构件板件宽(高)厚比的限值

(1)工字形截面。由于工字形截面腹板一般较翼缘板薄(见图 4-7),腹板对翼缘

板几乎没有嵌固作用,因此翼缘可视为三边简支一边自由的均匀受压板,取屈曲系数 $k=0.425$,弹性嵌固系数 $\chi=1.0$,而腹板可视为四边支承板,此时屈曲系数 $k=4$。当腹板发生屈曲时,翼缘板作为腹板纵向边的支承,对腹板将起一定的弹性嵌固作用,根据试验可取弹性嵌固系数 $\chi=1.3$。在弹塑性阶段,弹性模量修正系数 η 按式(4-7)计算。代入式(4-6)使其大于或等于 φf_y,可分别得到翼缘板悬伸部分的宽厚比 b'/t 及腹板高厚比 h_0/t_w 与长细比 λ 的关系曲线。这种曲线较为复杂,为了便于应用,当 $\lambda=30\sim100$ 时,采用下列简化的直线式表达。

翼缘

$$\frac{b'}{t}\leqslant(10+0.1\lambda)\sqrt{\frac{235}{f_y}} \tag{4-8}$$

腹板

$$\frac{h_0}{t_w}\leqslant(25+0.5\lambda)\sqrt{\frac{235}{f_y}} \tag{4-9}$$

对 λ 很小的构件,国外多按短柱考虑,使局部屈曲临界应力达到屈服应力,甚至有考虑应变强化影响的。当 λ 较大时,弹塑性阶段的公式不再适用,并且板件宽厚比也不宜过大。因此,《钢结构设计标准》(GB 50017—2017)规定:当 $\lambda\leqslant30$ 时,取 $\lambda=30$;当 $\lambda\geqslant100$ 时,取 $\lambda=100$,仍用式(4-8)和式(4-9)计算。

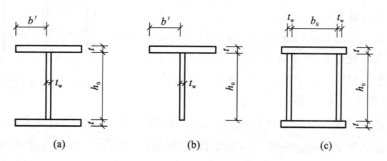

图 4-7 轴心受压构件板件

(2)T 形截面。T 形截面如图 4-7(b)所示,轴心受压构件的翼缘板悬伸部分的宽厚比 b'/t 限值与工字形截面一样,按式(4-8)计算。

T 形截面的腹板也是三边支承一边自由的板,但其宽厚比比翼缘大得多,它的屈曲受到翼缘一定程度的弹性嵌固作用,故腹板的宽厚比限值可适当放宽;又考虑到焊接 T 形截面几何缺陷和残余应力都比热轧 T 型钢大,采用了相对低一些的限值。

热轧 T 型钢

$$\frac{h_0}{t_w}\leqslant(15+0.2\lambda)\sqrt{\frac{235}{f_y}} \tag{4-10}$$

焊接 T 型钢

$$\frac{h_0}{t_w} \leqslant (13+0.17\lambda)\sqrt{\frac{235}{f_y}} \qquad (4\text{-}11)$$

(3)箱形截面。箱形截面轴心受压构件的翼缘和腹板均为四边支承板,如图 4-7(c)所示,但翼缘和腹板一般用单侧焊缝连接,嵌固程度较低,可取 $x=1$。《钢结构设计标准》(GB 50017—2017)借用箱形梁的宽厚比限值规定,即采用局部屈曲临界应力不低于屈服应力的准则,得到的宽厚比限值与构件的长细比无关,即

$$\frac{b_0}{t} \text{或} \frac{h_0}{t_w} \leqslant 40\sqrt{\frac{235}{f_y}} \qquad (4\text{-}12)$$

2)加强局部稳定的措施

当所选截面不满足板件宽(高)厚比规定要求时,一般应调整板件厚度或宽(高)度使其满足要求。但对工字形截面的腹板也可采用设置纵向加劲肋的方法予以加强,以缩减腹板计算高度,如图 4-8 所示。纵向加劲肋宜在腹板两侧成对配置,其一侧外伸宽度 $b_z \geqslant 10t_w$,厚度 $t_z \geqslant 0.75t_w$,纵向加劲肋通常在横向加劲肋间设置,横向加劲肋的尺寸应满足外伸宽度 $b_s \geqslant (h_0/30)+40$ mm,厚度 $t_s \geqslant b_s/15$。

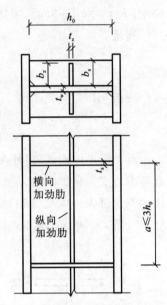

图 4-8 纵向加劲肋加强腹板

3)腹板的有效截面

大型工字形截面的腹板,由于高厚比 h_0/t_w 较大,在满足高厚比限值的要求时,需采用较厚的腹板,往往显得很不经济。为节省材料,仍然可采用较薄的腹板,听任腹板屈曲,考虑其屈曲后强度的利用,采用有效截面进行计算。在计算构件的强度和稳定性时,认为腹板中间部分退出工作,仅考虑腹板计算高度边缘范围内两侧宽度各为 $20t_w\sqrt{235/f_y}$ 的部分和翼缘作为有效截面,如图 4-9 所示。但在计算构件的长细比和整体稳定系数 φ 时,仍用全部截面。

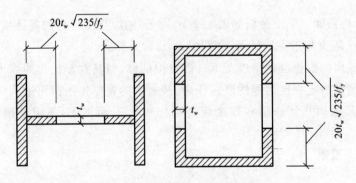

图 4-9 纵向加劲肋腹板有效截面

4.4　实腹式轴心受压构件的截面设计

4.4.1　截面设计原则

为了避免弯扭失稳,实腹式轴心受压构件一般采用双轴对称截面,其常用截面形式如图 4-1 所示。

为了获得经济与合理的设计效果,选择实腹式轴心受压构件的截面时,应考虑以下几个原则。

(1)等稳定性。使构件两个主轴方向的稳定承载力相同,即使 $\varphi_x = \varphi_y$,以达到经济的效果。

(2)宽肢薄壁。在满足板件宽(高)厚比限值的条件下,截面面积的分布应尽量展开,以增加截面的惯性矩和回转半径,提高构件的整体稳定性和刚度,达到用料合理。

(3)连接方便。一般选择开敞式截面,便于与其他构件进行连接;在格构式结构中,也常采用管形截面构件,此时的连接方法常采用螺栓球或焊接球节点,或直接相贯焊接节点等。

(4)制造省工。尽可能构造简单,加工方便,取材容易。如选择型钢或便于采用自动焊的工字形截面,这样做有时用钢量可能会增加一点,但因制造省工和型钢价格便宜,可能仍然比较经济。

4.4.2　截面选择

截面设计时,首先应根据上述截面设计原则、轴力大小和两方向的计算长度等情况综合考虑后,初步选择截面尺寸,然后进行强度、刚度、整体稳定和局部稳定验算。具体步骤如下。

(1)确定所需要的截面面积。假定构件的长细比 $\lambda = 50 \sim 100$,当压力大而计算长度小时取较小值,反之取较大值。根据 λ、截面分类和钢材级别可查得整体稳定系数 φ 值,则所需要的截面面积为

$$A_{req} = \frac{N}{\varphi f} \tag{4-13}$$

实际上,要准确假定构件的长细比是不容易的,往往要反复多次才能成功。但对每种截面形式,都可以推导出确定 λ 假设值的近似公式,例如对焊接工字形截面(通常 y 轴是弱轴),可采用如下公式。

$$\varphi = (0.417\,5 + 0.004\,919\lambda_y)\lambda_y^2 \frac{N}{l_0^2 f}\sqrt{\frac{235}{f_y}} \tag{4-14}$$

截面设计时,只需任意假设一个满足刚度要求的 λ_y,然后由式(4-14)求出对应的 φ 值。若能从 φ 值表中找到这一对 λ_y 和 φ,则所假设的 λ_y 就是正确的,否则要重

新假设 λ_y。

(2)确定两个主轴所需要的回转半径。$i_{xreq}=l_{0x}/\lambda$，$i_{yreq}=l_{0y}/\lambda$。对于焊接组合截面，根据所需回转半径 i_{req} 与截面高度 h、宽度 b 之间的近似关系，即 $i_x\approx\alpha_1 h$ 和 $i_y\approx\alpha_2 b$（系数 α_1、α_2 的近似值见附表 11），求出所需截面的轮廓尺寸，即

$$h=\frac{i_{xreq}}{\alpha_1} \tag{4-15}$$

$$b=\frac{i_{yreq}}{\alpha_2} \tag{4-16}$$

对于型钢截面，根据所需要的截面面积 A_{req} 和所需要的回转半径 i_{req} 选择型钢的型号（通过附表 12~附表 15）。

(3)确定截面各板件尺寸。对于焊接组合截面，根据所需的 A_{req}、b、h 并考虑局部稳定和构造要求（例如自动焊工字形截面 $h\approx b$），初选截面尺寸。由于假定的 λ 值不一定恰当，完全按照所需要的 A_{req}、b、h 配置的截面可能会使板件厚度太大或太小，这时可适当调整 h 或 b。h 和 b 宜取 10 mm 的倍数，t 和 t_w 宜取 2 mm 的倍数且应符合钢板规格，t_w 应比 t 小，但一般不小于 4 mm。

4.4.3　截面验算

按照上述步骤初选截面后，按式(4-3)、式(4-5)、式(4-8)和式(4-9)等进行刚度、整体稳定和局部稳定验算。如有孔洞削弱，还应按式(4-2)进行强度验算。如验算结果不完全满足要求，应调整截面尺寸后重新验算，直到满足要求为止。

4.4.4　构造要求

当实腹式构件的腹板高厚比 $h_0/t_w>80$ 时，为防止腹板在施工和运输过程中发生扭转变形，提高构件的抗扭刚度，应设置横向加劲肋，其间距不得大于 $3h_0$，在腹板两侧成对配置，截面尺寸应满足局部稳定的要求，如图 4-8 所示。

为了保证构件截面几何形状不变、提高构件抗扭刚度，以及传递必要的内力，对大型实腹式构件，在受有较大横向力处和每个运送单元的两端，还应设置横隔，如图 4-10 所示。构件较长时应设置中间横隔，横隔的间距不得大于构件截面较大宽度的 9 倍或 8 m。

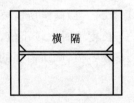

图 4-10　横隔

轴心受压实腹式构件的翼缘与腹板的纵向连接焊缝受力很小，不必计算，可按构造要求确定焊缝尺寸 $h_f=4\sim8$ mm。

【例题 4-2】　如图 4-11(a)所示为一管道支架，其支柱的轴心压力(包括自重)设计值为 $N=1\,450$ kN，柱两端铰接，钢材为 Q345 钢，截面无孔洞削弱。试设计此支柱的截面：①用轧制普通工字钢；②用焊接工字形截面，翼缘板为焰切边；③钢材改为 Q235 钢，以上所选截面是否可以安全承载。

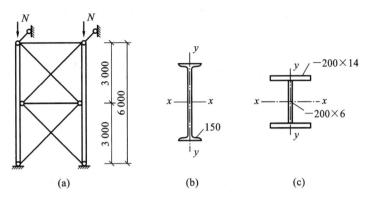

图 4-11　例题 4-2 图

解:设截面的强轴为 x 轴,弱轴为 y 轴,柱在两个方向的计算长度分别为

$$l_{0x} = 600 \text{ cm}, \quad l_{0y} = 300 \text{ cm}$$

(1)轧制工字钢,见图 4-11(b)。

①试选截面。假定 $\lambda = 100$,对于 $b/h \leqslant 0.8$ 的轧制工字钢,当绕 x 轴屈曲时属于 a 类截面,绕 y 轴屈曲时属于 b 类截面,由附表 8 查得 $\varphi_{\min} = \varphi_y = 0.431$,当计算点钢材厚度 $t < 16$ mm 时,取 $f = 310$ N/mm²。则所需截面面积和回转半径为

$$A_{\text{req}} = \frac{N}{\varphi_{\min} f} = \frac{1\ 450 \times 10^3}{0.431 \times 310 \times 10^2} = 108.52\ (\text{cm}^2)$$

$$i_{x\text{req}} = \frac{l_{0x}}{\lambda} = \frac{600}{100} = 6\ (\text{cm})$$

$$i_{y\text{req}} = \frac{l_{0y}}{\lambda} = \frac{300}{100} = 3\ (\text{cm})$$

在附表 12 中不可能选出同时满足 A_{req}、$i_{x\text{req}}$ 和 $i_{y\text{req}}$ 的型号,可以 A_{req} 和 $i_{y\text{req}}$ 为主,适当考虑 $i_{x\text{req}}$ 进行选择。现试选 I50a,$A = 119.2$ cm²,$i_x = 19.7$ cm,$i_y = 3.07$ cm。

②截面验算。因截面无孔洞削弱,可不验算强度。又因轧制工字钢的翼缘和腹板均较厚,可不验算局部稳定,只需进行刚度和整体稳定验算。

$$\lambda_x = \frac{l_{0x}}{i_x} = \frac{600\ \text{cm}}{19.7\ \text{cm}} = 30.46 < [\lambda] = 150$$

满足刚度要求。

$$\lambda_y = \frac{l_{0y}}{i_y} = \frac{300\ \text{cm}}{3.07\ \text{cm}} = 97.72 < [\lambda] = 150$$

满足刚度要求。

λ_y 远大于 λ_x,绕 y 轴屈曲时属于 b 类截面,故由 λ_y 查附表 8 得 $\varphi = 0.445$。

$$\frac{N}{\varphi A} = \frac{1\ 450 \times 10^3\ \text{N}}{0.445 \times 119.2 \times 10^2\ \text{mm}^2} = 273\ \text{MPa} < f = 310\ \text{MPa}$$

满足整体刚度要求。

(2)焊接工字形截面,见图 4-11(c)。

①试选截面:翼缘 2 — 200×14,腹板 1 — 200×6,其截面面积为

$$A=2\times20\ cm\times1.4\ cm+20\ cm\times0.6\ cm=68\ cm^2$$

$$I_x=\frac{1}{12}(20\ cm\times22.8^3\ cm^3-19.4\ cm\times20^3\ cm^3)=6\ 821\ cm^4$$

$$I_y=2\times\frac{1}{12}\times1.4\ cm\times20^3\ cm^3=1\ 867\ cm^4$$

$$i_x=\sqrt{\frac{6\ 821\ cm^4}{68\ cm^2}}=10.02\ cm$$

$$i_y=\sqrt{\frac{1\ 867\ cm^4}{68\ cm^2}}=5.24\ cm$$

②刚度和整体稳定验算。

$$\lambda_x=\frac{l_{0x}}{i_x}=\frac{600\ cm}{10.02\ cm}=59.88<[\lambda]=150$$

满足刚度要求。

$$\lambda_y=\frac{l_{0y}}{i_y}=\frac{300\ cm}{5.24\ cm}=57.25<[\lambda]=150$$

满足刚度要求。

因绕 x 轴和 y 轴屈曲均属 b 类截面,故由长细比的较大值 $\lambda_x=59.88$ 查附表 8 得 $\varphi=0.735$,则

$$\frac{N}{\varphi A}=\frac{1\ 450\times10^3\ N}{0.735\times68\times10^2\ mm}=290\ MPa<f=310\ MPa$$

满足整体稳定要求。

③局部稳定验算。翼缘外伸部分 $\dfrac{b'}{t}=\dfrac{9.7}{1.4}=6.93<(10+0.1\lambda_{max})\sqrt{\dfrac{235}{f_y}}=$

$(10+0.1\times59.88)\sqrt{\dfrac{235}{345}}=13.20$,满足要求。

腹板 $\dfrac{h_0}{t_w}=\dfrac{20}{0.6}=33.33<(25+0.5\lambda_{max})\sqrt{\dfrac{235}{f_y}}=(25+0.5\times59.88)\sqrt{\dfrac{235}{345}}=$

45.34,满足要求。

截面无孔洞削弱,不必验算强度。

④构造。因腹板高厚比小于 80,故不必设置横向加劲肋。翼缘与腹板的连接焊缝最小焊脚尺寸,$h_{fmin}=1.5\ \sqrt{t_{max}}=1.5\times\sqrt{14}=5.6\ mm$,采用 $h_f=6\ mm$。

(3)原截面改用 Q235 钢。

①轧制工字钢。绕 y 轴屈曲时属于 b 类截面,由 $\lambda_y=97.72$ 查附表 8 得 $\varphi=0.570$,则

$$\frac{N}{\varphi A}=\frac{1\ 450\times10^3 N}{0.570\times119.2\times10^2\ mm^2}=213\ MPa<f=215\ MPa$$

满足整体稳定要求。

②焊接工字形截面。绕 x 轴和 y 轴屈曲均属 b 类截面,故由长细比的较大值 $\lambda_x = 59.88$ 查附表 8 得 $\varphi = 0.808$,则

$$\frac{N}{\varphi A} = \frac{1\ 450 \times 10^3\,\text{N}}{0.808 \times 68 \times 10^2\,\text{mm}^2} = 264\ \text{MPa} > f = 215\ \text{MPa}$$

不满足整体稳定要求。

4.5 格构式轴心受压构件的截面设计

4.5.1 格构式轴心受压构件绕实轴的整体稳定

格构式轴心受压构件也称为格构式柱,其分肢通常采用槽钢和工字钢,构件截面具有对称轴,如图 4-1 所示。当构件轴心受压丧失整体稳定时,不大可能发生扭转屈曲和弯扭屈曲,往往发生绕截面主轴的弯曲屈曲。因此计算格构式轴心受压构件的整体稳定时,只需计算绕截面实轴和虚轴抵抗弯曲屈曲的能力。

格构式轴心受压构件绕实轴的弯曲屈曲情况与实腹式轴心受压构件没有区别,因此其整体稳定计算也相同。

4.5.2 格构式轴心受压构件绕虚轴的整体稳定

根据弹性稳定理论分析,当缀件采用缀条时,两端铰接等截面格构式构件绕虚轴弯曲屈曲的临界应力为

$$\sigma_{cr} = \frac{\pi^2 E}{\lambda_x^2 + \dfrac{\pi^2}{\sin^2\theta\cos\theta} \times \dfrac{A}{A_{1x}}} \tag{4-17}$$

即

$$\sigma_{cr} = \frac{\pi^2 E}{\lambda_{0x}^2} \tag{4-18}$$

其中:

$$\lambda_{0x} = \sqrt{\lambda_x^2 + \frac{\pi^2}{\sin^2\theta\cos\theta} \cdot \frac{A}{A_{1x}}} \tag{4-19}$$

式中 λ_x——整个构件对虚轴的长细比;

A——整个构件的毛截面面积;

A_{1x}——一个节间内两侧斜缀条毛截面面积之和;

θ——缀条与构件轴线间的夹角。

式(4-18)与实腹式轴心受压构件欧拉临界应力计算公式的形式完全相同。由此可见,如果用 λ_{0x} 代替 λ_x,则可采用与实腹式轴心受压构件相同的公式,计算格构式构件绕虚轴的稳定性,因此,称 λ_{0x} 为换算长细比。

一般斜缀条与构件轴线间的夹角 θ 在 $40° \sim 70°$ 范围内,在此常用范围,$\pi^2/(\sin^2\theta \cdot \cos\theta) = 25.6 \sim 32.7$,其值变化不大。为了简便,按 $\theta = 45°$ 计算,即取值

为常数 27。由此换算长细比公式(4-19)简化为

$$\lambda_{0x} = \sqrt{\lambda_x^2 + 27\frac{A}{A_{1x}}} \qquad (4\text{-}20)$$

当缀件为缀板时,用同样的原理可得格构式轴心受压构件的换算长细比为

$$\lambda_{0x} = \sqrt{\lambda_x^2 + \frac{\pi^2}{12}\left(1 + \frac{2}{k}\right)\lambda_1^2} \qquad (4\text{-}21)$$

式中　λ_1——相应分肢长细比,$\lambda_1 = l_1/i_1$;

　　　k——缀板与分肢线刚度比值,$k = (I_b/b)/(I_1/l_1)$;

　　　l_1——相邻两缀板间的中心距;

　　　I_1、i_1——每个分肢绕其平行于虚轴方向形心轴的惯性矩和回转半径;

　　　I_b——构件截面中垂直于虚轴的各缀板的惯性矩之和。

通常情况下,k 值较大(两分肢不相等时,k 按较大分肢计算)。当 $k = 6 \sim 20$ 时,$\pi^2(1+2/k)/12 = 1.097 \sim 0.905$,即在 $k \geqslant 6$ 的常用范围,接近于 1,为简化起见,规定换算长细比按以下简化式计算。

$$\lambda_{0x} = \sqrt{\lambda_x^2 + \lambda_1^2} \qquad (4\text{-}22)$$

式中　λ_1——分肢对最小刚度轴的长细比,$\lambda_1 = l_{01}/i_1$。

缀板式构件分肢在缀板连接范围内刚度较大而变形很小,因此当缀板与分肢焊接时,计算长度 l_{01} 为相邻两缀板间的净距;当缀板与分肢螺栓连接时,计算长度 l_{01} 为最近边缘螺栓间的距离。

当 $k = 2 \sim 6$ 时,$\pi^2(1+2/k)/12 = 1.645 \sim 1.097$,按式(4-22)计算 λ_{0x},误差较大。因此,当 $k \leqslant 6$ 时宜用式(4-21)计算。

4.5.3　格构式轴心受压构件分肢的稳定和强度计算

由于初弯曲等缺陷的影响,格构式轴心受压构件受力时呈弯曲变形,故各分肢内力并不相同,其强度或稳定计算是相当复杂的。为简化起见,经对各类型实际构件(取初弯曲 $l/500$)进行计算和综合分析,规定分肢的长细比满足下列条件时可不计算分肢的强度、刚度和稳定。

当缀件为缀条时

$$\lambda_1 \leqslant 0.7\lambda_{\max} \qquad (4\text{-}23)$$

当缀件为缀板时

$$\lambda \leqslant 0.5\lambda_{\max} \text{且不大于} 40 \qquad (4\text{-}24)$$

式中　$\lambda_{\max}$——构件两方向长细比(对虚轴取换算长细比)的较大值,当 $\lambda < 50$ 时,取 $\lambda = 50$;为按式(4-22)的规定计算,当缀件采用缀条时,l_{01} 取缀条节点间距,如图 4-1 所示。

4.5.4　格构式轴心受压构件分肢的局部稳定

格构式轴心受压构件的分肢承受压力,应进行板件的局部稳定计算。分肢常采

用轧制型钢,其翼缘和腹板一般都能满足局部稳定要求。当分肢采用焊接组合截面时,其翼缘和腹板宽厚比应按式(4-8)、式(4-9)进行验算,以满足局部稳定要求。

4.5.5　格构式轴心受压构件的缀件设计

1. 格构式轴心受压构件的剪力

格构式轴心受压构件绕虚轴弯曲时将产生剪力 $V = \mathrm{d}M/\mathrm{d}z$,其中 $M = Ny$,如图4-12所示。考虑初始缺陷的影响,经理论分析,采用以下实用公式计算格构式轴心受压构件中可能发生的最大剪力设计值 V,即

$$V = \frac{Af}{85}\sqrt{\frac{f_y}{235}} \qquad (4\text{-}25)$$

为了设计方便,此剪力 V 可认为沿构件全长不变,方向可以是正或负,如图4-12(d)所示实线,由承受该剪力的各缀件面共同承担。双肢格构式构件有两个缀件面,每面承担 $V_1 = V/2$。

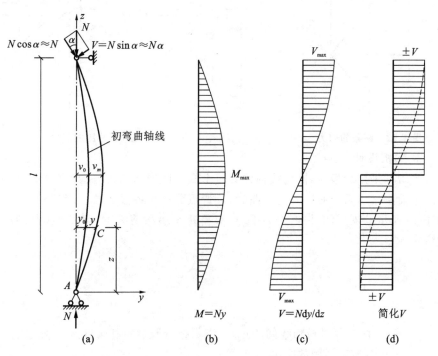

图 4-12　格构式轴心受压构件的弯矩和剪力

2. 缀条设计

当缀件采用缀条时,格构式构件的每个缀件面如同缀条与构件分肢组成的平行弦桁架体系,缀条可看作桁架的腹杆,其内力可按铰接桁架进行分析。如图 4-13 所示的斜缀条所承受的压力为

$$N_{d1} = V_1 / \sin\theta \qquad (4\text{-}26)$$

式中　V_1——每面缀条所承受的剪力;

θ——斜缀条与构件轴线间的夹角(见图4-13)。

缀条的最小尺寸不宜小于 L 45×4 或 L 56×36×4 的角钢。不承受剪力的横缀条主要用来减少分肢的计算长度,其截面尺寸通常取与斜缀条相同。

缀条的轴线与分肢的轴线应尽可能交于一点,设有横缀条时,还可加设节点板,如图4-14所示。有时为了保证必要的焊缝长度,节点处缀条轴线交汇点可稍向外移至分肢形心轴线以外,但不应超出分肢翼缘的外侧。为了减小斜缀条两端受力角焊缝的搭接长度,缀条与分肢可采用三面围焊相连。

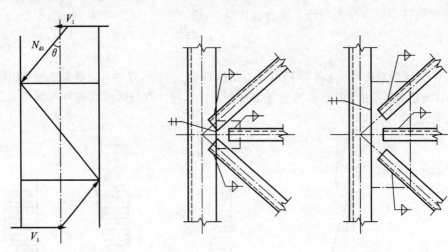

图 4-13 缀条的内力   图 4-14 缀条与分肢的连接

3. 缀板设计

当缀件采用缀板时,格构式构件的每个缀件面如同缀板与构件分肢组成的单跨多层平面刚架体系。假定受力弯曲时,反弯点分布在各段分肢和缀板的中点。取如图4-15所示的隔离体,根据内力平衡,可得每个缀板剪力 V_{b1} 和缀板与分肢连接处的弯矩 M_{b1}。

$$V_{b1} = \frac{V_1 l_1}{c} \qquad (4\text{-}27)$$

$$M_{b1} = \frac{V_1 l_1}{2} \qquad (4\text{-}28)$$

式中 l_1——两相邻缀板轴线间的距离,需根据分肢稳定和强度条件确定;

c——分肢轴线间的距离。

根据 M_{b1} 和 V_{b1} 可验算缀板的弯曲强度、剪切强度以及缀板与分肢的连接强度。由于角焊缝强度设计值低于缀板强度设计值,故一般只需计算缀板与分肢的角焊缝连接强度。

缀板的尺寸由刚度条件确定,为了保证缀板的刚度,规定在同一截面处各缀板的线刚度之和不得小于构件较大分肢线刚度的6倍,即 $\sum (I_b/c) \geqslant 6(I_1/l_1)$,式中 I_b、I_1 分别为缀板和分肢的截面惯性矩。若取缀板的宽度 $h_b \geqslant 2c/3$,厚度 $t_b \geqslant c/40$

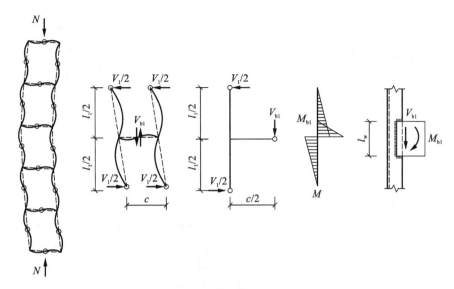

图 4-15　缀板的内力计算

和 6 mm，一般可满足上述线刚度比、受力和连接等要求。

缀板与分肢的搭接长度一般取 20～30 mm，可以采用三面围焊，或只用缀板端部纵向焊缝与分肢相连。

4.5.6　格构式轴心受压构件的横隔和缀件连接构造

为了提高格构式构件的抗扭刚度，保证运输和安装过程中截面几何形状不变，以及传递必要的内力，在受有较大水平力处和每个运送单元的两端，应设置横隔，构件较长时还应设置中间横隔。横隔的间距不得大于构件截面较大宽度的 9 倍或 8 m。格构式构件的横隔可用钢板或交叉角钢做成，如图 4-16 所示。

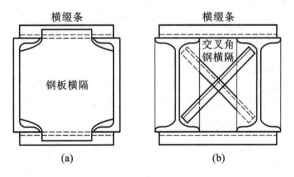

图 4-16　格构式构件的横隔

4.5.7　格构式轴心受压构件的截面设计

现以如图 4-17 所示的两个相同实腹式分肢组成的格构式轴心受压构件为例，来说明其截面选择和设计问题。

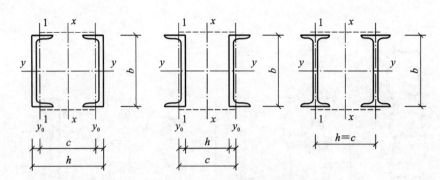

图 4-17 格构式构件截面设计

1. 截面选择

当格构式轴心受压构件的压力设计值 N、计算长度 l_{0x} 和 l_{0y}、钢材强度设计值 f 及截面类型都已知时,截面选择分为两个步骤:首先,按实轴稳定要求选择截面两分肢的尺寸,其次,按绕虚轴与实轴等稳定条件确定分肢间距。

1)按实轴(设为 y 轴)稳定条件选择截面尺寸

假定绕实轴长细比 $\lambda_y = 60 \sim 100$,当 N 较大而 l_{0y} 较小时取较小值,反之取较大值。根据 λ_y、钢号和截面类别查得整体稳定系数 φ 值,按式(4-13)求所需截面面积 A_{req}。求绕实轴所需要的回转半径 $i_{yreq} = l_{0y}/\lambda_y$,如分肢为组合截面时,则还应由 i_{yreq} 按附表12~附表15的近似值求所需截面宽度($b = i_{yreq}/a_1$)。

根据所需 A_{req}、i_{yreq}(或 b)初选分肢型钢规格(或截面尺寸),并进行实轴整体稳定和刚度验算,必要时还应进行强度验算和板件宽厚比验算。若验算结果不完全满足要求,应重新假定 λ_y 再试选截面,直至满意为止。

2)按虚轴(设为 x 轴)与实轴等稳定原则确定两分肢间距

根据换算长细比 $\lambda_{0x} = \lambda_y$,则可求得所需要的 λ_{xreq}。

对缀条格构式构件:

$$\lambda_{xreq} = \sqrt{\lambda_{0x}^2 - 27A/A_{1x}} \qquad (4-29)$$

对缀板格构式构件:

$$\lambda_{xreq} = \sqrt{\lambda_{0x}^2 - \lambda_1^2} = \sqrt{\lambda_y^2 - \lambda_1^2} \qquad (4-30)$$

由 λ_{xreq} 可求所需 $i_{xreq} = l_{0x}/\lambda_{xreq}$,从而按附表12~附表15确定分肢间距 $h = i_{xreq}/a_2$。

在按式(4-29)计算 λ_{xreq} 时,需先假定 A_{1x},可按 $A_{1x} = 0.1A$ 预估缀条角钢型号;在按式(4-30)计算 λ_{xreq} 时,需先假定 λ_1,λ_1 可按式(4-24)的最大值取用。

两分肢翼缘间的净空应大于 $100 \sim 150$ mm,以便于涂油漆。h 的实际尺寸应调整为 10 mm 的倍数。

2. 截面验算

按照上述步骤初选截面后,按式(4-3)、式(4-5)、式(4-23)和式(4-24)等进行刚度、整体稳定和分肢稳定验算;如有孔洞削弱,还应按式(4-2)进行强度验算;缀件设计按4.5.5节进行。如验算结果不完全满足要求,应调整截面尺寸后重新验算,直到满足要求为止。

【例题 4-3】　将例题 4-2 的支柱设计成格构式轴心受压柱,分别为:①缀条柱;②缀板柱。如图 4-18、图 4-19 所示。钢材为 Q235 钢,焊条为 E50 型,截面无削弱。

解:(1)缀条柱。

①按实轴(y 轴)的稳定条件确定分肢截面尺寸。

假定 $\lambda_y=40$,按 Q235 钢、b 类截面从附表 8 查得 $\varphi=0.863$。所需截面面积和回转半径分别为

$$A_{\text{req}}=\frac{N}{\varphi f}=\frac{1\,450\times10^3\ \text{N}}{0.863\times310\times10^2\ \text{N/cm}^2}=54.20\ \text{cm}^2$$

$$i_{y\text{req}}=\frac{l_{0y}}{\lambda}=\frac{300\ \text{cm}}{40}=7.5\ \text{cm}$$

查附表 15 试选 2〔18b,截面形式如图 4-18 所示。实际 $A\approx2\times29.3=58.6$ cm²,$i_y=6.84$ cm,$i_1=1.95$ cm,$z_0=1.84$ cm,$I_1=111$ cm⁴。

验算绕实轴稳定:$\lambda_y=\dfrac{l_{0y}}{i_y}=\dfrac{300\ \text{cm}}{6.84\ \text{cm}}=43.86<[\lambda]=150$,满足。

查附表 8,得 $\varphi=0.841$(b 类截面)。

$$\frac{N}{\varphi A}=\frac{1\,450\times10^3\ \text{N}}{0.841\times58.6\times10^2\ \text{mm}^2}=294\ \text{N/mm}^2<f=310\ \text{N/mm}^2,满足要求。$$

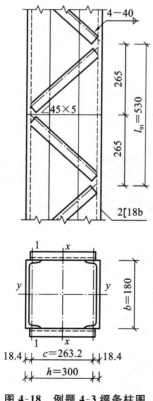

图 4-18　例题 4-3 缀条柱图

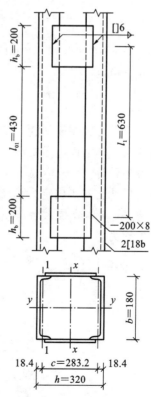

图 4-19　例题 4-3 缀板柱图

②按绕虚轴(x 轴)的稳定条件确定分肢间距。柱子轴力不大,缀条采用角钢 L 45×5,两个斜缀条毛截面面积之和 $A_{1x}=2×4.29\ \text{cm}^2=8.58\ \text{cm}^2$。

按等稳定条件 $\lambda_{0x}=\lambda_y$,得

$$\lambda_{xreq}=\sqrt{\lambda_y{}^2-27A/A_{1x}}=\sqrt{43.86^2-27×58.6/8.58}=41.70$$

$$i_{xreq}=l_{0x}/\lambda_{xreq}=600\ \text{cm}/41.70=14.39\ \text{cm}$$

$$h_{req}≈\frac{14.39\ \text{cm}}{0.44}=32.7\ \text{cm},取\ h=30\ \text{cm}$$

两槽钢翼缘间净距=300−2×70=160(mm)>100(mm),满足构造要求。

验算虚轴稳定。

$$I_x=2×(111\ \text{cm}^4+29.3\ \text{cm}^2×13.36^2\ \text{cm}^2)=10\ 682\ \text{cm}^4$$

$$i_x=\sqrt{\frac{I_x}{A}}=\sqrt{\frac{10\ 682\ \text{cm}^4}{58.6\ \text{cm}^2}}=13.50\ \text{cm}$$

$$\lambda_x=\frac{l_{0x}}{i_x}=\frac{600\ \text{cm}}{13.5\ \text{cm}}=44.44$$

$$\lambda_{0x}=\sqrt{\lambda_x{}^2+27\frac{A}{A_{1x}}}=\sqrt{44.44^2+27×58.6/8.58}=46.47<[\lambda]=150$$

查附表 8 得 $\varphi=0.827$(b 类截面)。

$$\frac{N}{\varphi A}=\frac{1\ 450×10^3\ \text{N}}{0.827×58.6×10^2\ \text{mm}^2}=299\ \text{MPa}<f=310\ \text{MPa},满足。$$

③分肢稳定。

$$\lambda_1=\frac{l_{01}}{i_1}=\frac{2×26.5\ \text{cm}}{1.95\ \text{cm}}=27.18<0.7\lambda_{max}=0.7×46.47=32.53,满足规范规定,$$

所以无须验算分肢刚度、强度和整体稳定;分肢采用型钢,也不必验算其局部稳定。至此可认为所选截面满足要求。

④缀条设计。

缀条尺寸已初步确定为 L 45×5,$A_{d1}≈4.29\ \text{cm}^2$,$i_{min}=0.88\ \text{cm}$,采用人字形单缀条体系,$\theta=45°$,分肢 $l_{01}=53\ \text{cm}$,斜缀条长度 $l_d=26.32/\sin 45°=37.22\ \text{cm}$。

柱的剪力为

$$V=\frac{Af}{85}\sqrt{\frac{f_y}{235}}=\frac{58.6×10^2\ \text{mm}^2×315\ \text{N/mm}^2}{85}\sqrt{\frac{345}{235}}=26\ 313\ \text{N}$$

$$V_1=\frac{V}{2}=\frac{26\ 313\ \text{N}}{2}=13\ 157\ \text{N}$$

斜缀条内力

$$N_{d1}=\frac{V_1}{\sin\theta}=\frac{13\ 157\ \text{N}}{\sin 45°}=18\ 605\ \text{N}$$

$$\lambda_1=\frac{l_{01}}{i_{min}}=\frac{37.22\ \text{cm}}{0.88\ \text{cm}}=42.30<[\lambda]=150$$

查附表 8 得 $\varphi=0.851$(b 类截面),强度设计值折减系数为

$$\gamma_R=0.6+0.001\ 5\lambda=0.6+0.001\ 5×42.30=0.664$$

斜缀条的稳定

$$\frac{N_{d1}}{\varphi A}=\frac{18\ 605\ \text{N}}{0.851\times4.29\times10^2\ \text{mm}^2}=50.96\ \text{MPa}<\gamma_R f$$

$$=0.664\times310\ \text{MPa}=206\ \text{MPa}$$

满足缀条无孔洞削弱，不必验算强度。缀条的连接角焊缝采用两面侧焊，按构造要求取 $h_f=4$ mm；单面连接的单角钢按轴心受力计算连接时，$\gamma_R=0.85$。

肢背焊缝所需长度为

$$l_{w1}=\frac{k_1 N_{d1}}{0.7 h_f \gamma_R f_f^w}=\frac{0.7\times18\ 605\ \text{N}}{0.7\times0.4\ \text{cm}\times0.85\times200\times10^2\ \text{N/cm}^2}+0.8\ \text{cm}=3.5\ \text{cm}$$

肢尖焊缝所需长度为

$$l_{w2}=\frac{k_2 N_{d1}}{0.7 h_f \gamma_R f_f^w}=\frac{0.3\times18\ 605\ \text{N}}{0.7\times0.4\ \text{cm}\times0.85\times200\times10^2\ \text{N/cm}^2}+0.8\ \text{cm}=2.0\ \text{cm}$$

肢背与肢尖焊缝长度均取 4 cm。

⑤横隔。柱截面最大宽度为 30 cm，要求横隔间距$\leqslant9\times0.30=2.7$ m 和 8 m。柱高 6 m，上下两端有柱头、柱脚，中间三分点处设两道钢板横隔，与斜缀条节点配合设置，如图 4-16 所示。

(2)缀板柱。

①按实轴(y 轴)的稳定条件确定分肢截面尺寸。

同缀条柱，选用 2[18b(见图 4-19)，$\lambda_y=43.86$。

②按绕虚轴(x 轴)的稳定条件确定分肢间距。

取 $\lambda_1=22$，基本满足 $\lambda_1\leqslant0.5\lambda_{max}=0.5\times43.86=21.93$ 且不大于 40 的分肢稳定要求。按等稳定原则 $\lambda_{0x}=\lambda_y$ 得

$$\lambda_{xreq}=\sqrt{\lambda_y^2-\lambda_1^2}=\sqrt{43.86^2-22^2}=37.94$$

$$i_{xreq}=\frac{l_{0x}}{\lambda_{xreq}}=\frac{600\ \text{cm}}{37.94}=15.81\ \text{cm}$$

$$h_{req}\approx\frac{15.81\ \text{cm}}{0.44}=35.93\ \text{cm},\text{取}\ h=32\ \text{cm}$$

两槽钢翼缘间净距$=320-2\times70=180$（mm）>100（mm）

满足构造要求。

验算虚轴稳定：

缀板净距 $l_{01}=\lambda_1 i_1=22\times1.95\ \text{cm}=42.9$（cm），取 43 cm，则

$$\lambda_1=\frac{43\ \text{cm}}{1.95\ \text{cm}}=22.05$$

$$I_x=2\times(111\ \text{cm}^4+29.3\ \text{cm}^2\times14.16^2\ \text{cm}^2)=11\ 972\ \text{cm}^4$$

$$i_x=\sqrt{\frac{I_x}{A}}=\sqrt{\frac{11\ 972\ \text{cm}^4}{58.6\ \text{cm}^2}}=14.29\ \text{cm}$$

$$\lambda_x=\frac{l_{0x}}{i_x}=\frac{600\ \text{cm}}{14.29\ \text{cm}}=41.99$$

$$\lambda_{0x} = \sqrt{\lambda_x^2 + \lambda_1^2} = \sqrt{41.99^2 + 22.05^2} = 47.43^2 < [\lambda] = 150$$

查附表8,得 $\varphi = 0.826$(b 类截面)

$$\frac{N}{\varphi A} = \frac{1\,450 \times 10^3\ \text{N}}{0.826 \times 58.6 \times 10^2\ \text{mm}^2} = 300\ \text{MPa} < f = 310\ \text{MPa}$$

满足规范要求。

$$\lambda_{max} = 47.43, \lambda_1 = 22.05 < 0.5\lambda_{max} = 23.72\ \text{和}\ 40$$

满足规范规定。

所以无须验算分肢刚度、强度和整体稳定;分肢采用型钢,也不必验算其局部稳定。至此可认为所选截面满足要求。

③缀板设计。

初选缀板尺寸:纵向高度 $h_b \geqslant \frac{2}{3}c = \frac{2}{3} \times 28.32\ \text{cm} = 18.88\ \text{cm}$,厚度 $t_b = c/40 = 28.32\ \text{cm}/40 = 0.71\ \text{cm}$,取 $h_b \times t_b = 200\ \text{mm} \times 8\ \text{mm}$。

相邻缀板净距 $l_{01} = 43\ \text{cm}$,相邻缀板中心距 $l_1 = l_{01} + h_b = 43\ \text{cm} + 20\ \text{cm} = 63\ \text{cm}$。

缀板线刚度之和与分肢线刚度比值为

$$\frac{\sum I_b/c}{I_1/l_1} = \frac{2 \times (0.8\ \text{cm} \times 20^3\ \text{cm}^3/12)/28.32\ \text{cm}}{111\ \text{cm}^4/63\ \text{cm}} = 21.38 > 6$$

满足缀板的刚度要求。

柱的剪力为

$$V = 26\,313\ \text{N,每个缀板面剪力}\ V_1 = 13\,157\ \text{N}$$

弯矩:

$$M_{b1} = \frac{V_1 l_1}{2} = 13\,157\ \text{N} \times \frac{63\ \text{cm}}{2} = 414\,446\ \text{N} \cdot \text{cm}$$

剪力:

$$V_{b1} = \frac{V_1 l_1}{c} = 13\,157\ \text{N} \times \frac{63\ \text{cm}}{28.32\ \text{cm}} = 29\,269\ \text{N}$$

$$\sigma = \frac{6M_{b1}}{t_b h_b} = \frac{6 \times 414\,446 \times 10\ \text{N} \cdot \text{mm}}{0.8 \times 10\ \text{mm} \times (20 \times 10)^2\ \text{mm}^2} = 78\ \text{MPa} < f = 215\ \text{MPa}$$

$$\tau = \frac{1.5 \times V_{b1}}{t_b h_b} = \frac{1.5 \times 29\,269\ \text{N}}{0.8 \times 20 \times 10^2\ \text{mm}^2} = 27\ \text{MPa} < f_v = 125\ \text{MPa}$$

满足缀板的强度要求。

④缀板焊缝计算。采用三面围焊角焊缝。计算时可偏于安全地仅考虑端部纵向焊缝,按构造要求取焊脚尺寸 $h_f = 6\ \text{mm},l_w = 200\ \text{mm}$,则

$$A_f = 0.7 \times 0.6\ \text{cm} \times 20\ \text{cm} = 8.4\ \text{cm}^2$$

$$W_f = \frac{1}{6} \times 0.7 \times 0.6\ \text{cm} \times 20^2\ \text{cm}^2 = 28\ \text{cm}^3$$

在弯矩 M_{b1} 和剪力 V_{b1} 共同作用下焊缝的应力为

$$\sqrt{\left(\frac{\delta_f}{\beta_f}\right)^2 + \tau_f^2} = \sqrt{\left(\frac{414\ 446 \times 10\ \text{N} \cdot \text{mm}}{1.22 \times 28 \times 10^3\ \text{mm}^3}\right)^2 + \left(\frac{29\ 269\ \text{N}}{8.4 \times 10^2\ \text{mm}^2}\right)^2}$$

$$= 126\ \text{MPa} < f_f^w = 200\ \text{MPa}$$

4.6　柱头、柱脚的构造与设计

4.6.1　梁与柱的连接节点

1. 梁与柱的铰接连接

1)梁支承于柱顶的铰接连接

图 4-20 所示为梁支承在柱顶的铰接构造。梁的支座反力通过柱顶板传给柱身,顶板与柱身采用焊缝连接。每个梁端与柱采用螺栓连接,使其位置固定在柱顶板上。顶板厚度一般取 16~20 mm。

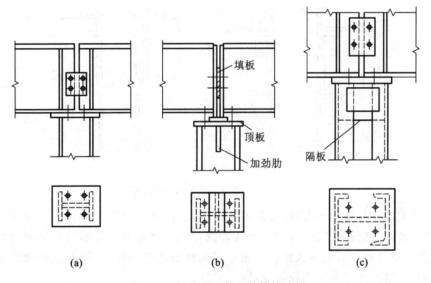

图 4-20　梁支承于柱顶的铰接连接

在图 4-20(a)中,梁端加劲肋对准柱的翼缘板,使梁的支座反力通过梁端加劲肋直接传给柱的翼缘。这种连接形式构造简单,施工方便,适用于相邻梁的支座反力相等或差值较小的情况。当两相邻梁支座反力不等且相差较大时(例如左跨梁有活荷载,右跨梁无活荷载),柱将产生较大的偏心弯矩。设计时柱身除按轴心受压构件计算外,还应按压弯构件进行验算。两相邻梁在调整、安装就位后,用连接板和螺栓在靠近梁下翼缘处连接起来。

在图 4-20(b)中,梁端采用突缘支座,突缘板底部刨平(或铣平),与柱顶板直接顶紧,梁的支座反力通过突缘板作用在柱身的轴线附近。这种连接即使两相邻梁支座反力不相等时,对柱所产生的偏心弯矩也很小,柱仍接近轴心受压状态。梁的支座反力主要由柱的腹板来承受,所以柱腹板不能太薄。在柱顶板之下的柱腹板上应设置一对加劲肋以加强腹板。加劲肋与柱腹板的竖向焊缝连接要按同时传递剪力和弯矩计算,因此加劲肋要有足够的长度,以满足焊缝强度和应力均匀扩散的要求。加劲肋与顶板的水平焊缝连接应按传力需要计算。为了加强柱顶板的抗弯刚度,在柱顶板中心部位加焊一块垫板。为了便于制造和安装,两相邻梁之间预留 10~20 mm 间隙。在靠近梁下翼缘处的梁支座突缘板间填以合适的填板,并用螺栓相连。

如图 4-20(c)所示为梁支承在格构式柱顶的铰接连接构造。为了保证格构式柱两单肢受力均匀,不论是缀条式还是缀板式柱,在柱顶处应设置端缀板,并在两个单肢的腹板内侧中央处设置竖向隔板,使格构式柱在柱头一段变为实腹式。这样,梁支承在格构式柱顶的连接构造可与实腹式柱同样处理。

2)梁支承于柱侧面的铰接连接

梁连接在柱的侧面上,在柱侧面设置承托,以支承梁的支座反力,其铰接构造如图 4-21 所示。

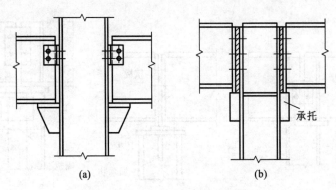

图 4-21　梁支承于柱侧面的铰接

当梁的支座反力不大时,可采用如图 4-21(a)所示的连接构造。梁端可不设支承加劲肋,直接放在柱的承托上,用普通螺栓固定其位置。梁端与柱侧面预留一定间隙,在梁腹板靠近上翼缘处设一短角钢和柱身相连,以防止梁端向平面外方向产生偏移。这种连接形式比较简单,施工方便。

当梁的支座反力较大时,可采用如图 4-21(b)所示的连接构造。梁的支座反力由突缘板传给承托,承托一般用厚钢板制作,有时为了安装方便,也可采用加劲后的角钢。承托的厚度应比梁端突缘板的厚度大 10~12 mm,承托的宽度应比梁端突缘板的宽度大 10 mm。承托与柱侧面用焊缝相连。承托的顶面应刨平,和梁端突缘板顶紧并以局部承压传力。考虑到梁端支座反力偏心的不利影响,承托与柱的连接焊缝按 1.25 倍梁端支座反力来计算。为了便于安装,梁端与柱侧面应预留 5~10 mm 的间隙,安装时加填板并设置构造螺栓,以固定梁的位置。当两相邻梁的支座反力相差较大时,应考虑偏心影响,对柱身应按压弯构件进行验算。

2. 梁与柱的刚性连接

框架梁与柱的连接节点做成刚性连接,可以增强框架的抗侧移刚度,减小框架横梁的跨中弯矩。在多、高层框架中梁与柱的连接节点一般都是采用刚性连接。梁与柱节点的刚性连接就是要保证有效地将梁端的弯矩和剪力传给柱子。如图 4-22 所示是梁与柱的刚性连接构造图。

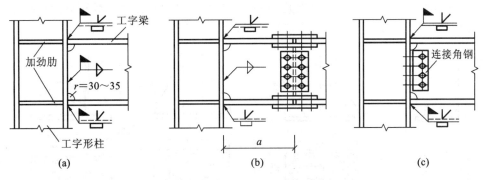

图 4-22　梁与柱的刚性连接

如图 4-22(a)所示为多层框架工字形梁和工字形柱全焊接刚性连接。梁翼缘与柱翼缘采用坡口对接焊缝连接。为了便于梁翼缘处坡口焊缝的施焊和设置衬板,在梁腹板两端上、下角处各开 $r=30\sim35$ mm 的半圆孔。梁翼缘焊缝承受由梁端弯矩产生的拉力和压力;梁腹板与柱翼缘采用角焊缝连接以传递梁端剪力。这种全焊接节点的优点是省工省料,缺点是梁需要现场定位、工地高空施焊,不便于施工。为了消除上述缺点,可以将框架横梁做成两段,并把短梁段在工厂制造时先焊在柱子上,如图 4-22(b)所示,在施工现场再采用高强度摩擦型螺栓连接将横梁的中间段拼接起来。框架横梁拼接处的内力比梁端处小,因而有利于高强度螺栓连接的设计。图 4-22(c)所示为梁腹板与柱翼缘采用连接角钢和高强度螺栓连接,并利用高强度螺栓兼作安装螺栓。横梁安装就位后再将梁的上、下翼缘与柱的翼缘用坡口对接焊缝连接。这种节点连接包括高强度螺栓和焊缝两种连接件,要求它们联合或分别承受梁端的弯矩和剪力,常称为混合连接。

4.6.2　柱脚节点

1. 柱脚的形式与构造

如图 4-23 所示是几种常用的铰接柱脚形式,主要用于轴心受压柱。图4-23(a)所示柱脚在柱子下端直接与底板焊接。柱子压力由焊缝传给底板,由底板扩散并传给基础。由于底板在各方向均为悬臂,在基础反力作用下,底板抗弯刚度较弱。所以这种柱脚形式只适用于柱子轴力较小的情况。当柱子轴力较大时,通常采用图 4-23(b)、(c)、(d)所示的柱脚形式。在柱子底板上设置靴梁、隔板和肋板,底板被分隔成若干小的区格。底板上的靴梁、隔板和肋板相当于这些小区格板块的边界支座,改变了底板的支承条件。在基础反力作用下,底板的最大弯矩值变小了。柱子轴力通过竖向角焊缝传给靴梁,靴梁再通过水平角焊缝传给底板。图 4-23(b)中,靴梁焊在柱翼缘的两侧,在靴梁之间设置隔板,以增加靴梁的侧向刚度;同时,底板被进一步分成更小的区格,底板中的弯矩也因此而减小。图 4-23(c)是格构柱仅采用靴梁的柱脚形式。图 4-23(d)在靴梁外侧设置肋板,使柱子轴力向两个方向扩散,通常在柱的一个方向采用靴梁,另一方向设置肋板,底板宜做成正方形或接近正方形。此外,在设计柱脚中的连接焊缝时,要考虑施焊的方便与可能性。

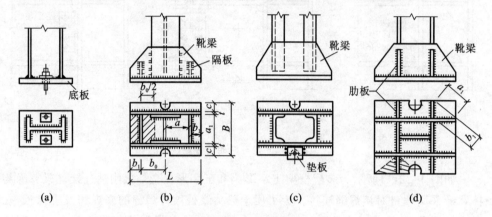

(a)　　　　　(b)　　　　　(c)　　　　　(d)

图 4-23　铰接柱脚

柱脚的剪力主要依靠底板与基础之间的摩擦力来传递。当仅靠摩擦力不足以承受水平剪力时,应在柱脚底板下面设置抗剪键,如图 4-24 所示,抗剪键可用方钢、短 T 型钢做成。也可将柱脚底板与基础上的预埋件用焊接连接。

将钢柱直接插入混凝土基础杯口内,用二次浇注混凝土将其固定的插入式柱脚形式,在单层工业厂房工程中应用,效果较好。这种柱脚构造简单、节约钢材、安装调整快捷、安全可靠。

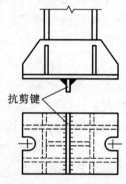

图 4-24　柱脚的抗剪键

2. 轴心受压柱的柱脚计算

1)底板的计算

底板的平面尺寸取决于基础材料的抗压能力,假设基础对底板的压应力是均匀分布的,则底板的面积(见图 4-23(b))按下式计算:

$$A = L \times B \geqslant \frac{N}{f_c} + A_0 \tag{4-31}$$

式中　L、B——底板的长度和宽度;

　　　N——柱的轴心压力;

　　　f_c——基础所用混凝土的抗压强度设计值;

　　　A_0——锚栓孔的面积。

根据构造要求定出底板的宽度:

$$B = a_1 + 2t + 2c \tag{4-32}$$

式中 a_1——柱截面已选定的宽度或高度;

t——靴梁厚度,通常取 $10\sim14$ mm;

c——底板悬臂部分的宽度,通常取锚栓直径的 $3\sim4$ 倍;锚栓常用直径为 $20\sim24$ mm。

底板的长度为 $L=\dfrac{A}{B}$,底板的平面尺寸 L、B 应取整数。根据柱脚的构造形式,可以取 L 与 B 大致相同。

底板的厚度由板的抗弯强度决定。可以把底板看作是一块支承在靴梁、隔板、肋板和柱端的平板,承受从基础传来的均匀反力。靴梁、隔板、肋板和柱端面看作是底板的支承边,并将底板分成不同支承形式的区格,其中有四边支承、三边支承、两相邻边支承和一边支承。在均匀分布的基础反力作用下,各区格单位宽度上最大弯矩为

四边支承板

$$M=\alpha\times q\times a^2 \tag{4-33}$$

三边支承板及两相邻边支承板

$$M=\beta\times q\times a_1^2 \tag{4-34}$$

一边支承(悬臂)板

$$M=\frac{1}{2}q\times c^2 \tag{4-35}$$

式中 q——作用于底板单位面积上的压力;

a——四边支承板中短边的长度;

α——系数,板的长边 b 与短边 a 之比,查表 4-6;

a_1——三边支承板中自由边的长度,两相邻支承板中对角线的长度(见图 4-23(b)、(d));

β——系数,b_1/a_1 的值,查表 4-7,b_1 为三边支承板中垂直于自由边方向的长度或两相邻边支承板中的内角顶点至对角线的垂直距离(见图 4-23(b)、(d)),当三边支承板 b_1/a_1 小于 0.3 时,可按悬臂长为 b_1 的悬臂板计算;

c——悬臂长度。

表 4-6 四边支承板弯矩系数 α

b/a	1.0	1.1	1.2	1.3	1.4	1.5	1.6	1.7	1.8	1.9	2.0	3.0	$\geqslant4.0$
α	0.048	0.055	0.063	0.069	0.075	0.081	0.086	0.091	0.095	0.099	0.102	0.119	0.125

表 4-7 三边支承板及两相邻边支承板弯矩系数 β

b_1/a_1	0.3	0.4	0.5	0.6	0.7	0.8	0.9	1.0	1.2	$\geqslant1.4$
β	0.026	0.042	0.058	0.072	0.085	0.092	0.104	0.111	0.120	0.125

经过计算,取各区格板中的最大弯矩 M_{max},按公式 $t \geqslant \sqrt{\dfrac{6M}{f}}$ 来确定底板的厚度 t。合理的设计应使各区格板的弯矩值基本相近;如果区格板的弯矩值相差很大,则应调整底板尺寸或重新划分区格。

为了使底板具有足够的刚度,以满足基础反力均匀分布的假设,底板厚度一般为 $20\sim40$ mm,最小厚度不宜小于 14 mm。

2)靴梁的计算

在柱脚制造时,柱身往往做得稍短一些(见图 4-23(c)),在柱身与底板之间仅采用构造焊缝相连。在焊缝计算时,假定柱端与底板之间的连接焊缝不受力,柱端对底板只起划分底板区格支承边的作用。柱压力 N 是由柱身通过竖向焊缝传给靴梁,再传给底板。焊缝计算包括:柱身与靴梁之间竖向连接焊缝承受柱压力 N 作用的计算;靴梁与底板之间水平连接焊缝承受柱压力 N 作用的计算。同时要求每条竖向焊缝的计算长度不应大于 $60h_f$。

靴梁的高度根据靴梁与柱身之间的竖向焊缝长度来确定,其厚度略小于柱翼缘板厚度。

在底板均布反力作用下,靴梁按支承于柱侧边的双悬臂简支梁计算。根据靴梁所承受的最大弯矩和最大剪力,验算其抗弯和抗剪强度。

3)隔板、肋板的计算

隔板应具有一定的刚度,才能起支承底板和侧向支撑靴梁的作用。为此,隔板的厚度不得小于宽度的 1/50,且厚度不小于 10 mm。

隔板按支承在靴梁侧边的简支梁计算,承受由底板传来的基础反力作用,荷载按图 4-23(b)所示阴影面积的底板反力计算。根据其承受的荷载,计算隔板与底板之间的连接焊缝(隔板内侧不易施焊,仅有外侧焊缝)、验算隔板强度、计算隔板与靴梁之间的焊缝。隔板的高度由其与靴梁连接的焊缝长度决定。

肋板按悬臂梁计算,荷载按图 4-23(d)所示的阴影面积的底板反力计算。应计算肋板及其连接的强度。

【例题 4-4】 试设计轴心受压柱的柱脚。

已知:柱子采用热轧型钢,截面为 HW250×250×9×14,轴心压力设计值为 1 650 kN,柱脚钢材选用 Q235,焊条为 E43 型。基础混凝土强度等级为 C15,$f_c = 7.5$ N/mm²。

锚栓采用 $d=20$ mm,锚栓孔面积 A_0 约为 5 000 mm²,靴梁厚度取 10 mm,悬臂 $c=4d \approx 76$ mm。

解:选用带靴梁的柱脚,如图 4-25 所示。

(1)底板尺寸。

需要的底板面积为

$$A = B \times L = \frac{N}{f_c} + A_0 = \frac{1\ 650 \times 10^3\ N}{7.5\ N/mm^2} + 5\ 000\ mm^2$$
$$= 22.5 \times 10^4\ mm^2$$

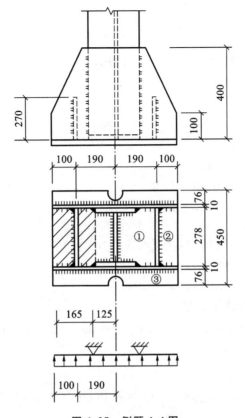

图 4-25　例题 4-4 图

$$B = a_1 + 2t + 2c = 278 \text{ mm} + 2(10 \text{ mm} + 76 \text{ mm}) = 450 \text{ mm}$$

$$L = \frac{A}{B} = \frac{22.5 \times 10^4}{450} \text{ mm} = 500 \text{ mm}$$

采用 $B \times L = 450 \text{ mm} \times 580 \text{ mm}$。

底板承受的均匀压应力为

$$q = \frac{N}{B \times L - A_0} = \frac{1\ 650 \times 10^3 \text{ N}}{450 \text{ mm} \times 580 \text{ mm} - 5\ 000 \text{ mm}^2} = 6.45 \text{ N/mm}^2$$

四边支承板（区格①）的弯矩为

$$b/a = 278 \text{ mm}/190 \text{ mm} = 1.46$$

查表 4-6，$\alpha = 0.078\ 6$，则

$$M = \alpha \times q \times a^2 = 0.078\ 6 \times 6.45 \text{ N/mm}^2 \times 190^2 \text{ mm} = 18\ 302 \text{ N} \cdot \text{mm}$$

三边支承板（区格②）的弯矩为

$$b_1/a_1 = 100 \text{ mm}/278 \text{ mm} = 0.36$$

查表 4-7，$\beta = 0.035\ 6$，则

$$M = \beta \times q \times a_1^2 = 0.035\ 6 \times 6.45 \text{ N/mm}^2 \times 278^2 \text{ mm} = 17\ 746 \text{ N} \cdot \text{mm}$$

悬臂板(区格③)的弯矩为

$$M = \frac{1}{2} \times q \times c^2 = \frac{1}{2} \times 6.45 \text{ N/mm}^2 \times 76^2 \text{ mm}^2 = 18\ 628 \text{ N} \cdot \text{mm}$$

各区格板的弯矩值相差不大,最大弯矩为

$$M_{max} = 18\ 628 \text{ N} \cdot \text{mm}$$

底板厚度为

$$t \geqslant \sqrt{\frac{6 \times M_{max}}{f}} = \sqrt{\frac{6 \times 18\ 628 \text{ N} \cdot \text{mm}}{205 \text{ N/mm}^2}} = 23.3 \text{ mm}$$

取底板厚度为 24 mm。

(2)靴梁与柱身间竖向焊缝计算。

连接焊缝取 $h_f = 10$ mm,则焊缝长度 L_w 为

$$L_w = \frac{N}{4 \times 0.7 h_f \times f_f^w} = \frac{1\ 650 \times 10^3 \text{ N}}{4 \times 0.7 \times 10 \text{ mm} \times 160 \text{ N/mm}^2} = 368 \text{ mm} < 60 h_f$$

靴梁高度取 400 mm。

(3)靴梁与底板的焊缝计算。

靴梁与底板的焊缝长度为

$$\sum L_w = 580 \text{ mm} \times 4 - 250 \text{ mm} \times 2 = 1\ 820 \text{ mm}$$

所需焊缝尺寸 h_f 为

$$h_f = \frac{N}{0.7 \times \left(\sum L_w - 6 \times 2 \times 10 \right) \times f_f^w \times 1.22}$$

$$= \frac{1\ 650 \times 10^3 \text{ N}}{0.7 \times 1\ 700 \text{ mm} \times 160 \text{ N/mm}^2 \times 1.22} = 7.10 \text{ mm}$$

选用 $h_f = 10$ mm。

(4)靴梁强度计算。

靴梁按双悬臂简支梁计算,悬伸部分长度 $l = 165$ mm。靴梁厚度取 $t = 10$ mm。

底板传给靴梁的荷载 q_1 为

$$q_1 = \frac{B}{2} \times q = \frac{450 \text{ mm}}{2} \times 6.45 \text{ N/mm}^2 = 1\ 451 \text{ N/mm}$$

靴梁支座处最大剪力 V_{max} 为

$$V_{max} = q_1 \times l = 1\ 451 \text{ N/mm} \times 165 \text{ mm} = 2.4 \times 10^5 \text{ N}$$

靴梁支座处最大弯矩 M_{max} 为

$$M_{max} = \frac{1}{2} q_1 l^2 = \frac{1}{2} \times 1\ 451 \text{ N/mm} \times 165^2 \text{ mm}^2 = 19.8 \times 10^6 \text{ N} \cdot \text{mm}$$

靴梁强度为

$$\tau = 1.5 \times \frac{V_{max}}{t \times h} = 1.5 \times \frac{2.4 \times 10^5 \text{ N}}{10 \text{ mm} \times 400 \text{ mm}} = 90 \text{ N/mm}^2 < f_v = 125 \text{ N/mm}^2$$

$$\sigma = \frac{M_{max}}{W} = \frac{6 \times 19.8 \times 10^6 \text{ N} \cdot \text{mm}}{10 \text{ mm} \times 400^2 \text{ mm}^2} = 74.3 \text{ N/mm}^2 < f = 215 \text{ N/mm}^2$$

(5)隔板计算。

隔板按简支梁计算,隔板厚度取 $t = 8$ mm。

底板传给隔板的荷载为

$$q_2 = \left(100\ mm + \frac{190\ mm}{2}\right) \times 6.45\ N/mm^2 = 1\ 258\ N/mm$$

隔板与底板的连接焊缝强度验算(只有外侧焊缝):连接焊缝取 $h_f = 10$ mm,焊缝长度为 L_w。

$$\sigma_1 = \frac{q_2 \times L_w}{0.7 \times h_f \times L_w \times 1.22} = \frac{1\ 258\ N/mm}{0.7 \times 10\ mm \times 1.22} = 147\ N/mm^2 < f_f^w = 160\ N/mm^2$$

隔板与靴梁的连接焊缝计算:取 $h_f = 8$ mm。

隔板的支座反力 R 为

$$R = \frac{1}{2} \times 1\ 258\ N/mm \times 278\ mm = 174\ 862\ N$$

焊缝长度为

$$L_w = \frac{R}{0.7 h_f \times f_f^w} = \frac{174\ 862\ N}{0.7 \times 8\ mm \times 160\ N/mm^2} = 195\ mm$$

取隔板高度 $h = 270$ mm,取隔板厚度 $t = 8\ mm > \frac{b}{50} = \frac{278\ mm}{50} = 5.6\ mm$。

隔板强度验算为

$$V_{max} = R = 17.5 \times 10^4\ N$$

$$M_{max} = \frac{1}{8} \times \frac{V_{max}}{t \times h} = 1.5 \times \frac{17.5 \times 10^4\ N}{8\ mm \times 270\ mm} = 122\ N/mm^2 < f_v = 125\ N/mm^2$$

$$\tau = 1.5 \times \frac{V_{max}}{t \times h} = 1.5 \times \frac{17.5 \times 10^4\ N}{8\ mm \times 270\ mm} = 122\ N/mm^2 < f_v = 125\ N/mm^2$$

$$\sigma = \frac{M_{max}}{W} = \frac{6 \times 12.2 \times 10^6\ N \cdot mm}{8\ mm \times 270^2\ mm^2} = 126\ N/mm^2 < f = 215\ N/mm^2$$

柱脚与基础的连接按构造要求选用两个直径 $d = 20$ mm 的锚栓。

【本章小结】

1. 轴心受拉构件应计算强度和刚度;轴心受压构件除计算强度和刚度外,还应计算整体稳定,其中组合柱还应计算翼缘和腹板的局部稳定。

2. 轴心受压构件强度计算要求净截面平均压力不超过设计强度,即 $\sigma = N/A_n \leqslant f$。

3. 轴心受压构件刚度计算要求构件长细比不超过容许长细比,即 $\lambda \leqslant [\lambda]$。

4. 本书涉及的稳定问题有轴心受压构件、梁(受弯构件)、偏心受压构件、框架的整体稳定,以及组合梁、柱的翼缘和腹板的局部稳定。学习时应着重了解稳定问题基本概念及保证稳定的措施,以便能在实际工作中妥善处理稳定问题。

5. 实腹式轴心受压构件弯曲屈曲的计算,是取实际(计入弹塑性、初偏心、残余应力)的轴心压杆,按二阶弹塑性理论,经统计分析定出轴心受压构件稳定系数 φ。φ 值与截面类型、钢材等级及杆件长细比有关。

6. 实腹式轴心受压构件扭转屈曲和弯扭屈曲的计算,是取理想轴心受压构件按二阶弹性分析导出弹性扭转屈曲和弯扭屈曲临界荷载,将其与弯曲屈曲承载力即欧拉荷载比较,得到相应的换算长细比,然后代入式(4-17)计算,由此间接地计入弹塑性、初偏心、残余应力的影响。

7. 格构式轴心受压构件对虚轴的弯曲屈曲计算,是取理想格构式轴心受压构件,计入缀件变形影响,按二阶弹性分析导出其弹性弯曲屈曲临界荷载,将它与实腹式轴心受压构件弯曲屈曲荷载即欧拉荷载比较,得到相应的换算长细比 λ_{0x},然后将 λ_{0x} 代入式(4-17)计算,由此间接地计入弹塑性、初偏心、残余应力的影响。除整体稳定计算外,格构式轴心受压构件还要控制单肢长细比,保证单肢不先于整体构件失稳,并对缀件及其与分肢的连接进行计算。

8. 轴心受压实腹组合柱的翼缘和腹板是通过控制板件的宽厚比,来保证其局部稳定的。

9. 轴心受压柱与梁的连接或地基的连接(柱脚)均为铰接,只承受剪力和轴心压力,其构造布置应保证传力要求,并进行必要的计算,设计应使构造简单,便于制造安装。

【复习思考题】

4-1 轴心受力构件强度以什么为计算强度的极限?受压构件的承载力又由什么因素决定?

4-2 轴心受压构件的整体稳定系数 φ 需要根据哪几个因素确定?

4-3 什么是残余应力?残余应力和杆件初弯曲对轴心压杆承载力有什么影响?

4-4 两端铰接柱若整体稳定不满足时,除增加柱截面尺寸外,还可以采取哪些措施以提高柱的稳定性?

【习题】

4-1 验算图 4-26 所示轴心拉杆的强度和刚度。轴心拉力设计值为 250 kN,计算长度为 3 m,螺杆直径为 20 mm,钢材为 Q235,计算时可忽略连接偏心和杆件自重的影响(双角钢规格为 2 L70×5)。

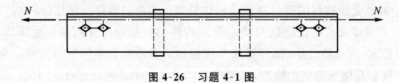

图 4-26 习题 4-1 图

4-2　试计算图 4-27 所示两种焊接工字钢截面（截面面积相等）轴心受压柱所能承受的最大轴心压力设计值和局部稳定，并作比较说明。柱高 10 m，两端铰接，翼缘为焰切边，钢材为 Q235。

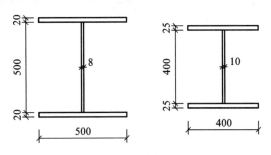

图 4-27　习题 4-2 图

4-3　试设计一工作平台柱。柱的轴心压力设计值为 4 500 kN（包括自重），柱高 6 m，两端铰接，采用焊接工字形截面（翼缘为轧制边）或 H 型钢，截面无削弱，钢材为 Q235。

4-4　在习题 4-3 所述平台柱的中点增加一侧向支撑（即 $l_{0y}=3$ m），试重新设计。

4-5　试设计一桁架的轴心受压杆件。杆件采用等边角钢组成的 T 形截面（对称轴为 y 轴），角钢间距为 12 m。轴心压力设计值为 400 kN，杆件的计算长度为 $l_{0x}=230$ cm，$l_{0y}=290$ cm，钢材为 Q235。

4-6　试设计两槽钢组成的缀板柱。柱的轴心压力设计值为 2 400 kN（包括自重），柱高 7.5 m，上端铰接，下端固定，钢材为 Q235。

4-7　条件与习题 4-6 相同，试设计成缀条柱。

4-8　试确定某轴心受压缀板柱所能承受的轴心压力设计值。柱高为 6 m，两端铰接，单肢长细比为 35，截面如图 4-28 所示，钢材为 Q235。

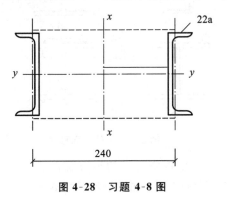

图 4-28　习题 4-8 图

第5章　受弯构件

5.1　概述

5.1.1　梁的类型

在工业与民用建筑中钢梁主要用作楼盖梁、工作平台梁、吊车梁、墙架梁及檩条等。按梁的支承情况可将梁分为简支梁、连续梁、悬臂梁等。按梁在结构中的作用不同可将梁分为主梁与次梁。按截面是否沿构件轴线方向变化可将梁分为等截面梁与变截面梁。改变梁的截面会增加一些制作成本,但可达到节省材料的目的。

钢梁按制作方法的不同分为型钢梁和焊接组合梁。型钢梁又分为热轧型钢梁和冷弯薄壁型钢梁两种。目前常用的热轧型钢有普通工字钢、槽钢、热轧 H 型钢等,如图 5-1(a)~(c)所示。冷弯薄壁型钢梁截面种类较多,但在我国目前常用的有 C 型槽钢(见图 5-1(d))和 Z 型钢(见图 5-1(e))。冷弯薄壁型钢是通过冷轧加工成型的,板壁都很薄,截面尺寸较小。在梁跨较小、承受荷载不大的情况下采用比较经济,例如屋面檩条和墙梁。型钢梁具有加工方便、成本低廉的优点,在结构设计中应优先选用。但由于型钢规格型号所限,在大多情况下,用钢量要多于焊接组合梁。

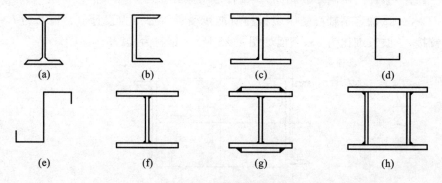

图 5-1　梁的截面形式

如图 5-1(f)、(g)所示,由钢板焊成的组合梁在工程中应用较多,当抗弯承载力不足时可在翼缘加焊一层翼缘板。如果梁所受荷载较大,而梁高受限或者截面抗扭刚度要求较高时可采用箱形截面(见图 5-1(h))。

蜂窝梁在工程实践中也有较多应用,该梁能够有效节省钢材,而且腹板空洞可作为设备通道,如图 5-2 所示。将工字钢、H 型钢或焊接组合工字钢沿腹板折线状切开,然后错动半个折线或颠倒重新焊连即可制成蜂窝梁。

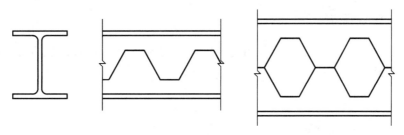

图 5-2　蜂窝梁

5.1.2　梁格布置

在设计梁式楼板结构或其他类似结构时必须选择承重梁体系,称之为梁格。梁格可分为三种主要形式,即简单式、普通式和复式梁格。

1. 简单式梁格

如图 5-3(a)所示的简单式梁格中,荷载由楼板传至主梁,并经主梁传至墙壁或柱等承重结构上。由于板的承载力不大,所以梁布置得较密,这只有在梁跨度不大时才合理。

2. 普通式梁格

如图 5-3(b)所示的布置中,荷载由楼板传至次梁,次梁再将荷载传至主梁,主梁支承在柱或墙等承重结构上。这是一种常用的梁格布置方式。

3. 复式梁格

如图 5-3(c)所示的复式梁格中,主梁间加设纵向次梁,纵向次梁间设横向次梁。荷载由楼板传至横向次梁,再由横向次梁传至纵向次梁,经纵向次梁传给主梁。荷载传递路径长,构造复杂,只适用于主梁跨度大、荷载重的情况。

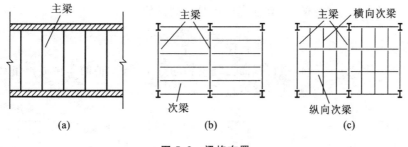

图 5-3　梁格布置

5.2　受弯构件的强度和刚度

在结构中受弯构件——梁的主要作用是承受楼板等构件传来的横向荷载,在框架结构中还承受水平力的作用。这些荷载或作用在受弯构件中产生弯矩和剪力,如果剪力没有作用在构件截面的剪心上,构件除产生弯曲变形外还要产生扭矩。本节讲述弯矩、剪力作用下受弯构件截面的强度和刚度问题。

5.2.1　弯曲强度

由材料力学知:在弹性阶段当构件截面作用着绕形心主轴 x 轴的弯矩时,构件截面边缘最大正应力为

$$\sigma = \frac{M_x}{W_{nx}} \tag{5-1}$$

式中　M_x——绕 x 轴的弯矩;

　　　W_{nx}——截面对 x 轴的净截面模量。

当 σ 达到钢材屈服点 f_y 时,构件截面处于弹性极限状态,如图 5-4(b)所示,其上作用的弯矩为屈服弯矩 $M_y = W_x f_y$。随着 M_x 进一步增大,构件截面开始向内发展塑性,进入弹塑性状态,此时应力状态如图 5-4(c)所示。如图 5-4(d)所示,当整个构件截面完全进入塑性状态,截面达到最大抗弯承载力时,称为塑性弯矩 $M_p = W_p f_y$,这时此截面形成塑性铰,达到塑性极限状态。W_p 为截面对 x 轴的截面塑性模量。通常定义 $\gamma_{xp} = M_p/M_y$ 为截面的绕 x 轴的塑性系数。在钢梁设计中,如按截面形成塑性铰进行设计,虽可节省钢材,但变形比较大,有时会影响正常使用。因此,规定可通过限制塑性发展区有限制地利用塑性,一般限制图 5-4(c)中的 a 在 $h/8 \sim h/4$ 之间,根据这一工作阶段定出塑性发展系数 γ_x。表 5-1 给出了常用截面的塑性发展系数,如对于双轴对称工字形截面 $\gamma_x = 1.05$,当绕 y 轴弯曲时 $\gamma_y = 1.2$;对于箱形截面 $\gamma_x = \gamma_y = 1.05$。这时梁的抗弯强度应满足以下条件。

$$\frac{M_x}{\gamma_x W_{nx}} \leqslant f_y/\gamma_R = f \tag{5-2}$$

式中　γ_R——材料抗力分项系数,对 Q235 钢取 1.087;对 Q235、Q390、Q420 钢取 1.111。

同理,对双向受弯的梁,其强度应满足下列条件。

$$\frac{M_x}{\gamma_x W_{nx}} + \frac{M_y}{\gamma_y W_{ny}} \leqslant f \tag{5-3}$$

式中　M_y、W_{ny}、γ_y——作用在截面上绕 y 轴的弯矩、绕 y 轴的净截面模量和相应的塑性发展系数。

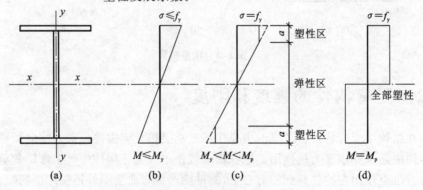

图 5-4　各荷载阶段梁截面上的正应力分布

对于需要计算疲劳的梁不宜考虑塑性的发展,这时在式(5-2)、式(5-3)中 γ_x、γ_y 取 1.0。

表 5-1　截面塑性发展系数 γ_x、γ_y

项次	截面形式	γ_x	γ_y
1			1.2
2		1.05	1.05
3		$\gamma_{x1}=1.05$ $\gamma_{x2}=1.2$	1.2
4			1.05
5		1.2	1.2
6		1.15	1.15
7		1.0	1.05
8			1.0

5.2.2 抗剪强度

1. 剪力中心

在构件截面上可以找到一点,当外力产生的剪力作用在这一点时构件只产生线位移,不产生扭转,这一点称为构件的剪力中心。图 5-5 给出常见截面剪力中心的位置。

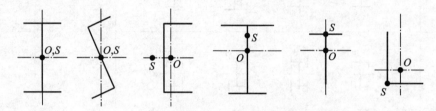

图 5-5 开口截面剪心位置示意图

O—截面形心;S—截面剪心

2. 弯曲剪应力计算

按照材料力学知识,实腹梁截面上的剪应力分布如图 5-6 所示,截面上任一点的剪应力为

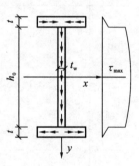

$$\tau = \frac{V_y S_x}{I_x t} \tag{5-4}$$

式中　V_y——计算截面沿 y 轴主平面内的剪力;

　　　S_x——计算剪应力处以上(或以下)截面对中和轴 x 轴的面积矩;

　　　I_x——绕 x 轴的毛截面惯性矩;

　　　t——计算点处板件的厚度。

图 5-6 剪应力

当构件在两个主轴方向均作用剪力时,按下式计算剪应力。

$$\tau = \frac{V_y S_x}{I_x t} + \frac{V_x S_y}{I_y t} \tag{5-5}$$

式中　V_x——计算截面沿 x 轴主平面内的剪力;

　　　S_y——计算剪应力处以左(或以右)截面对中和轴 y 轴的面积矩;

　　　I_y——绕 y 轴的毛截面惯性矩。

按弹性设计时,截面最大剪应力达到钢材抗剪屈服点时为极限状态。因此设计时应满足下式。

$$\tau_{max} \leqslant f_v \tag{5-6}$$

5.2.3 局部压应力

如图 5-7 所示,在梁的固定集中荷载(包括支座反力)作用处无支承加劲肋,或有移动的集中荷载(如吊车轮压),这时梁的腹板将承受集中荷载产生的局部压应力。局部压应力在梁腹板与上翼缘交界处最大,到下翼缘处减为零,如图 5-7(b)所示。为简化计算,假设在 l_z 范围内局部压应力均匀分布,并按下式计算腹板边缘的局部压应力。

$$\sigma_c = \frac{\psi F}{t_w l_z} \leqslant f \tag{5-7}$$

式中　F——集中荷载,对动力荷载应考虑动力系数;

　　　ψ——集中荷载放大系数,对重级工作制吊车梁,$\psi=1.35$,对其他梁,$\psi=1.0$;

　　　l_z——集中荷载在腹板计算高度上边缘的假定分布长度,按下式计算。

跨中集中荷载:

$$l_z = a + 5h_y + 2h_R \tag{5-8}$$

梁端支反力处:

$$l_z = a + 2.5h_y + b \tag{5-9}$$

其中,a 为集中荷载沿梁跨度方向的支承长度,对钢轨上的轮压可取为 50 mm;h_y 为自梁顶面至腹板计算高度上边缘的距离;h_R 为轨道的高度,对梁顶无轨道的梁 $h_R=0$;b 为梁端到支座板外边缘距离,如果 b 大于 $2.5h_y$,取 $2.5h_y$。

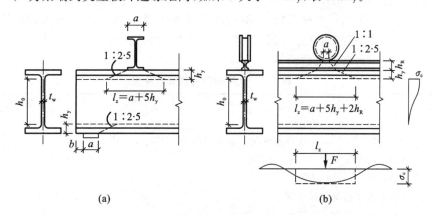

图 5-7　腹板边缘局部压应力分布

5.2.4　折算应力

梁上一般同时作用有剪力和弯矩,有时还作用有局部集中力。根据第四强度理论,在复杂应力状态下,若某一点的折算应力达到钢材单向拉伸的屈服点,则该点进入塑性状态。在设计中危险点处的折算应力 σ_{zs} 应满足下式。

$$\sigma_{zs} = \sqrt{\sigma^2 + \sigma_c^2 - \sigma\sigma_c + 3\tau^2} \leqslant \beta_1 f \tag{5-10}$$

式中　σ、τ、σ_c——腹板计算高度边缘同一点上同时产生的正应力、剪应力和局部压应力,σ 和 σ_c 以拉应力为正,压应力为负;

　　　β_1——计算折算应力时的强度设计值增大系数,考虑到梁的某一截面处腹板边缘的折算应力达屈服点时,仅限于局部,所以设计强度予以提高,同时也考虑到异号应力场将增加钢材的塑性性能,因而 β_1 可取得大一些,故当 σ 和 σ_c 异号时,取 $\beta_1=1.2$;当 σ 和 σ_c 同号或 $\sigma_c=0$ 时,取 $\beta_1=1.1$。

τ、σ_c 分别按式(5-4)、式(5-7)计算,σ 按下式计算。

$$\sigma=\frac{M_x}{I_n}y_1 \tag{5-11}$$

式中　I_n——梁净截面惯性矩;

　　　y_1——所计算点至梁中和轴的距离。

5.2.5　受弯构件的刚度

梁的刚度用标准荷载作用下的挠度大小来度量。梁的刚度不足将影响正常使用或外观。所谓正常使用指设备的正常运行、装饰物与非结构构件不受损坏以及保证人的舒适感等。一般梁在动力影响下发生的振动亦可以通过限制梁的变形来控制。因此,梁的刚度可按下式验算。

$$v=[v] \tag{5-12}$$

式中　v——由荷载的标准值(不考虑荷载的分项系数和动力系数)引起的梁中最大挠度;

　　　$[v]$——梁的容许挠度值,一般情况下可参照表 5-2 采用;当有实践经验或有特殊要求时,可根据不影响正常使用和观感的原则,对表 5-2 的规定进行适当的调整。

表 5-2　受弯构件的挠度容许值

项次	构件类别	挠度容许值	
		$[v_T]$	$[v_Q]$
1	吊车梁和吊车桁架(按自重和起重量最大的一台吊车计算挠度)		
	(1)手动吊车和单梁吊车(含悬挂吊车)	$l/500$	
	(2)轻级工作制桥式吊车	$l/800$	—
	(3)中级工作制桥式吊车	$l/1\,000$	
	(4)重级工作制桥式吊车	$l/1\,200$	
2	手动或电动葫芦的轨道梁	$l/400$	—
3	有重轨(重量等于或大于 38 kg/m)轨道的工作平台梁	$l/600$	
	有轻轨(重量等于或小于 24 kg/m)轨道的工作平台梁	$l/400$	
4	楼(屋)盖梁或桁架、工作平台梁(第 3 项除外)和平台板		
	(1)主梁或桁架(包括设有悬挂起重设备的梁和桁架)	$l/400$	$l/500$
	(2)抹灰顶棚的次梁	$l/250$	$l/350$
	(3)除(1)(2)款外的其他梁(包括楼梯梁)	$l/250$	$l/300$
	(4)屋盖檩条		
	支承无积灰的瓦楞铁和石棉瓦屋面者	$l/150$	—
	支承压型金属板、有积灰的瓦楞铁和石棉瓦等屋面者	$l/200$	—
	支承其他屋面材料者	$l/200$	—
	(5)平台板	$l/150$	—

续表

项次	构　件　类　别	挠度容许值	
		$[v_T]$	$[v_Q]$
5	墙架构件(风荷载不考虑阵风系数) (1)支柱 (2)抗风桁架(作为连续支柱的支承时) (3)砌体墙的横梁(水平方向) (4)支承压型金属板、瓦楞铁和石棉瓦墙面的横梁(水平方向) (5)带有玻璃窗的横梁(竖直和水平方向)	— — — — $l/200$	$l/400$ $l/1\ 000$ $l/300$ $l/200$ $l/200$

注:①l 为受弯构件的跨度(对悬臂梁和伸臂梁为悬伸长度的 2 倍)。

②$[v_T]$ 为永久和可变荷载标准值产生的挠度(如有起拱应减去拱度)的容许值;$[v_Q]$ 为可变荷载标准值产生的挠度的容许值。

5.3　梁的稳定

5.3.1　梁的整体稳定

1. 双轴对称工字形截面简支梁纯弯作用下的整体稳定

图 5-8 中的简支梁两端是夹支支座,即在支座处梁不能发生 x、y 方向的位移,也不能发生绕 z 轴的转动,可发生绕 x、y 轴的转动,梁端截面不受约束,可自由发生翘曲。梁端左支座不能发生 z 方向位移,右支座可以。双轴对称工字形截面梁整体失稳时的临界弯矩 M_{cr} 为

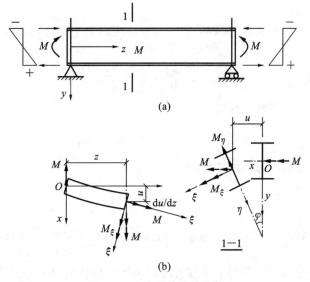

图 5-8　工字形截面简支梁

$$M_{cr} = \pi \sqrt{1 + \frac{EI}{GI_t}\left(\frac{\pi}{l}\right)^2} \frac{\sqrt{EI_yGI_t}}{l} \tag{5-13}$$

进一步得

$$M_{cr} = k \frac{\sqrt{EI_yGI_t}}{l} \tag{5-14}$$

$$k = \pi \sqrt{1 + \frac{EI_w}{GI_t}\left(\frac{\pi}{l}\right)^2} = \pi \sqrt{1 + \pi \frac{EI_y}{GI_t}\left(\frac{h}{2l}\right)^2} = \pi \sqrt{1 + \pi\psi} \tag{5-15}$$

式中 k——梁的弯扭屈曲系数;

I_w——截面翘曲扭转常数,又称翘曲惯性矩,对于双轴对称工字形截面 $I_w = \frac{h^2}{2}I_t \approx \frac{h^2}{4}I_y$; $I_t = \frac{k}{3}\sum_{i=1}^{n}b_it_i^3$(式中 b_i、t_i 为第 i 块板件的宽度和厚度;k 的值由试验确定,对角钢取 1.0,对 T 形截面取 1.15,槽形截面取 1.12,工字形截面取 1.25)为扭转常数,也称抗扭惯性矩。其中

$$\psi = \frac{EI_y}{GI_t}\left(\frac{h}{2l}\right)^2 \tag{5-16}$$

从 k 的表达式可以看出,其与梁的侧向抗弯刚度、抗扭刚度、梁的夹支跨度 l 及梁高有关。

为下面分析讨论方便,将式(5-13)变换成

$$M_{cr} = \frac{\pi EI_y}{l^2}\sqrt{\frac{I_w}{I_y}\left(1 + \frac{GI_tl^2}{\pi^2EI_w}\right)} \tag{5-17}$$

式中 $\dfrac{\pi EI_y}{l^2}$——将梁当作压杆时绕弱轴 y 的欧拉临界力。

2. 梁的整体稳定实用算法

1)单向受弯梁

为保证梁不发生整体失稳,梁中最大弯曲应力应不超过临界弯矩产生的临界应力,即

$$\sigma = \frac{M_x}{W_x} \leqslant \sigma_{cr} = \frac{M_{cr}}{W_x} \tag{5-18}$$

考虑材料抗力分项系数为

$$\sigma \leqslant \frac{\sigma_{cr}}{\gamma_R} = \frac{\sigma_{cr}f_y}{f_y\gamma_R} = \varphi_b f \quad 或 \quad \frac{M_x}{\varphi_b W_x} \leqslant f \tag{5-19}$$

式中 φ_b——梁的整体稳定系数,为

$$\varphi_b = \frac{\sigma_{cr}}{f_y} = \frac{M_{cr}}{M_y} \tag{5-20}$$

对于单轴对称工字形截面,应引入截面不对称修正系数 η_b,它和参数 $a_b = \dfrac{I_1}{I_1 + I_2}$ 有关。I_1、I_2 分别是受压翼缘和受拉翼缘对 y 轴的惯性矩:$I_1 = \frac{1}{12}t_1b_1^3$,$I_2 = \frac{1}{12}t_2b_2^3$。加

强受压翼缘时，$\eta_b=0.8(2a_b-1)$；加强受拉翼缘时，$\eta_b=2a_b-1$；双轴对称截面 $\eta_b=0$。

因此，整体稳定系数的通式为

$$\varphi_b=\beta_b\,\frac{4\,320}{\lambda_y^2}\left[\frac{Ah}{W_x}\sqrt{1+\left(\frac{\lambda_y t_1}{4.4h}\right)^2}+\eta_b\right]\cdot\frac{235}{f_y} \tag{5-21}$$

式中　β_b——梁整体稳定的等效临界弯矩系数，按表 5-3 和表 5-5 采用；

λ_y——梁在侧向支撑点间对截面弱轴 $y-y$ 的长细比，$\lambda_y=l_1/i_y$，l_1 为侧向支承点间的距离，i_y 为梁毛截面对 y 轴的截面回转半径；

A——梁的毛截面面积；

h、t_1——梁截面的全高和受压翼缘厚度。

表 5-3　型钢和等截面工字形简支梁的系数 β_b

项次	侧向支撑	荷　载	采用位置	$\xi\leqslant2.0$	$\xi>2.0$	适用范围
1	跨中无 侧向支承	均布荷载	上翼缘	$0.69+0.13\xi$	0.95	图 5-9(a)、 (b)和(d) 的截面
2			下翼缘	$1.73-0.20\xi$	1.33	
3		集中荷载	上翼缘	$0.73+0.18\xi$	1.09	
4			下翼缘	$2.23-0.28\xi$	1.67	
5	跨度中点 有一个侧向 支承点	均布荷载	上翼缘	1.15		图 5-9 中的所 有截面
6			下翼缘	1.14		
7		集中荷载作用在截面 高度上任意位置		1.40		
8	跨中有不少于 两个等距离 侧向支承点	任意荷载	上翼缘	1.20		
9			下翼缘	1.40		
10	梁端有弯矩，但跨中无荷载作用			$1.75-1.05\left(\dfrac{M_2}{M_1}\right)^2+0.3\left(\dfrac{M_2}{M_1}\right)^2$， 但 $\leqslant2.3$		

注：①ξ 为参数，$\xi=\dfrac{l_1 t_1}{b_1 h}$，其中 l_1 和 b_1 分别为 H 型钢或等截面工字形简支梁受压翼缘的自由长度和宽度。

②M_1、M_2 为梁的端弯矩，使梁产生同向曲率时 M_1 和 M_2 取同号，产生反向曲率时取异号，$|M_1|=|M_2|$。

③附表中项次 3、4 和 7 的集中荷载是指一个和少数几个集中荷载位于跨中央附近的情况，对其他情况的集中荷载，应按表中项次 1、2、5、6 内的数值采用。

④表中项次 8、9 的 β_b，当集中荷载作用在侧向支承点处时，取 $\beta_b=1.20$。

⑤荷载作用在上翼缘指荷载作用点在翼缘表面，方向指向截面形心；荷载作用在下翼缘指荷载作用点在翼缘表面，方向背向截面形心。

⑥对 $a_b>0.8$ 的加强受压翼缘工字形截面，下列情况的 β_b 值应乘以相应的系数：

项次 1：当 $\xi\leqslant1.0$ 时，乘以 0.95；

项次 2：当 $\xi\leqslant0.5$ 时，乘以 0.90；当 $0.5<\xi<1.0$ 时，乘以 0.95。

对于轧制普通工字钢,截面几何尺寸有一定的比例关系,因而可将公式简化,由型钢型号和侧向支承点间的距离 l_1 从表 5-4 中直接查得稳定系数 φ_b。

表 5-4 轧制普通工字钢简支梁的稳定系数 φ_b

项次	荷载情况			工字钢型号	自由长度 l_1/m								
					2	3	4	5	6	7	8	9	10
1	跨中无侧向支撑点的梁	集中荷载作用于	上翼缘	10~20	2.00	1.30	0.99	0.80	0.68	0.58	0.58	0.48	0.43
				22~32	2.40	1.48	1.09	0.86	0.72	0.62	0.54	0.49	0.45
				36~63	2.80	1.60	1.07	0.83	0.68	0.56	0.50	0.45	0.40
2			下翼缘	10~20	3.10	1.95	1.34	1.01	0.82	0.69	0.63	0.57	0.52
				22~40	5.50	2.80	1.84	1.37	1.07	0.86	0.73	0.64	0.56
				45~63	7.30	3.60	2.30	1.62	1.20	0.96	0.80	0.69	0.60
3		均布荷载作用于	上翼缘	10~20	1.70	1.12	0.84	0.68	0.57	0.50	0.45	0.41	0.37
				22~40	2.10	1.30	0.93	0.73	0.60	0.51	0.45	0.40	0.36
				45~63	2.60	1.45	0.97	0.73	0.59	0.50	0.44	0.38	0.35
4			下翼缘	10~20	2.50	1.55	1.08	0.83	0.68	0.56	0.52	0.47	0.42
				22~40	4.00	2.20	1.45	1.10	0.85	0.70	0.60	0.52	0.46
				45~63	5.60	2.80	1.80	1.25	0.95	0.78	0.65	0.55	0.49
5	跨中有侧向支撑点的梁(不论荷载作用点在界面高度上的位置)			10~20	2.20	1.39	1.01	0.79	0.66	0.57	0.52	0.47	0.42
				22~40	3.00	1.80	1.24	0.96	0.76	0.65	0.56	0.49	0.43
				45~63	4.00	2.20	1.38	1.01	0.80	0.66	0.56	0.49	0.43

注:①同表 5-3 的注③⑤。

②表中的 φ_b 适用于 Q235 钢。对其他钢号,表中数值应乘以 $235/f_y$。

对于轧制槽钢,《钢结构设计标准》(GB 50017—2017)按纯弯情况给出其稳定系数公式(5-22),偏于安全地用于各种载荷情况下、各种载荷位置情况下的计算。

$$\varphi_b = \frac{570bt}{l_1 h} \cdot \frac{235}{f_y} \tag{5-22}$$

式中 h、b、t——槽钢截面的高度、翼缘宽度和其平均厚度。

上述整体稳定系数是按弹性稳定理论求得的,如果考虑残余应力的影响,当 $\varphi_b > 0.6$ 时梁已进入弹塑性阶段。《钢结构设计标准》(GB 50017—2017)规定,此时必须按式(5-23)对 φ_b 进行修正,用 φ_b' 代替 φ_b,已考虑钢材弹塑性对整体稳定的影响。

$$\varphi_b' = 1.07 - \frac{0.282}{\varphi_b} \leqslant 1.0 \tag{5-23}$$

2)双向受弯梁

对于在两个主平面内受弯的 H 型钢截面构件或工字形截面构件,其整体稳定可按下列经验公式计算。

$$\frac{M_x}{\varphi_b W_x} + \frac{M_y}{\gamma_y W_y} \leqslant f \tag{5-24}$$

式中　W_x、W_y——按受压纤维确定的对 x 和 y 轴的毛截面模量；

　　　φ_b——绕强轴弯曲所确定的梁整体稳定系数。

　3）梁的整体稳定系数

（1）等截面焊接工字形和轧制 H 型钢简支梁。等截面焊接工字形和轧制 H 型钢如图 5-9 所示，简支梁的整体稳定系数 φ_b 应按式（5-21）计算：

当按公式（5-21）算得的 φ_b 值大于 0.6 时，应用下式计算的 φ'_b 代替 φ_b 值。

$$\varphi'_b = 1.07 - \frac{0.282}{\varphi_b} \leqslant 1.0 \tag{5-25}$$

注意，式（5-21）亦适用于等截面铆接（或高强度螺栓连接）简支梁，其受压翼缘厚度 t_1 包括翼缘角钢厚度在内。

（2）轧制普通工字钢简支梁。轧制普通工字钢简支梁的整体稳定系数 φ_b 应按表 5-4 采用，当所得的 φ_b 值大于 0.6 时，应按公式（5-25）算得相应的 φ'_b 代替 φ_b 值。

（3）轧制槽钢简支梁。轧制槽钢简支梁的整体稳定系数，不论荷载的形式和荷

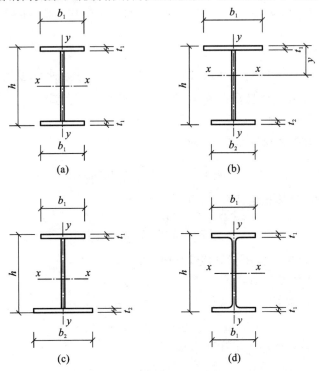

图 5-9　焊接工字形和轧制 H 型钢截面

(a)双轴对称焊接工字形截面；(b)加强受压翼缘的单轴对称焊接工字形截面；

(c)加强受拉翼缘的单轴对称焊接工字形截面；(d)轧制 H 型钢截面

载作用点在截面高度上的位置,均可按下式计算。

$$\varphi_b = \frac{570bt}{l_1 h} \cdot \frac{235}{f_y} \tag{5-26}$$

按公式(5-26)算得的 φ_b 大于 0.6 时,应按公式(5-25)算得相应的 φ'_b 代替 φ_b 值。

(4)双轴对称工字形等截面(含 H 型钢)悬臂梁。双轴对称工字形等截面(含 H 型钢)悬臂梁的整体稳定系数,可按公式(5-21)计算,但式中系数 β_b 应按表 5-5 查得,$\lambda_v = l_1/i_v(l_1$ 为悬臂梁的悬伸长度)。当求得的 φ_b 大于 0.6 时,应按公式(5-25)算得相应的 φ'_b 代替 φ_b 值。

表 5-5 双轴对称工字形等截面(含 H 型钢)悬臂梁的系数 β_b

项次	荷 载 形 式		$0.6 \leqslant \xi \leqslant 1.24$	$1.24 < \xi \leqslant 1.96$	$1.96 < \xi \leqslant 3.10$
1	自由端一个集中荷载作用在	上翼缘	$0.21 + 0.67\xi$	$0.72 + 0.26\xi$	$1.17 + 0.03\xi$
2		下翼缘	$2.94 - 0.65\xi$	$2.64 - 0.40\xi$	$2.15 - 0.15\xi$
3	均布荷载作用在翼缘		$0.62 + 0.82\xi$	$1.25 + 0.31\xi$	$1.66 + 0.10\xi$

注:①本表是按支承端为固定的情况确定的,当用于由邻跨延伸出来的伸臂梁时,应在构造上采取措施加强支承处的抗扭能力。

②表中 ξ 见表 5-3 注①。

(5)受弯构件整体稳定系数的近似计算。均匀弯曲的受弯构件,当 $\lambda_y \leqslant 120\sqrt{235/f_y}$ 时,其整体稳定系数 φ_b 可按下列近似公式计算。

①工字形截面(含 H 型钢)。

双轴对称时整体稳定系数 φ_b 为

$$\varphi_b = 1.07 - \frac{\lambda_y^2}{44\,000} \cdot \frac{f_y}{235} \tag{5-27}$$

单轴对称时整体稳定系数 φ_b 为

$$\varphi_b = 1.07 - \frac{W_x}{(2\alpha_b + 0.1)Ah} \cdot \frac{\lambda_y^2}{14\,000} \cdot \frac{f_y}{235} \tag{5-28}$$

②T 形截面(弯矩作用在对称轴平面,绕 x 轴)。

a.弯矩使翼缘受压时:

双角钢 T 形截面

$$\varphi_b = 1 - 0.001\,7\lambda_y \sqrt{f_y/235} \tag{5-29}$$

剖分 T 型钢和两板组合 T 形截面

$$\varphi_b = 1 - 0.002\,2\lambda_y \sqrt{f_y/235} \tag{5-30}$$

b.弯矩使翼缘受拉且腹板宽厚比不大于 $18\sqrt{235/f_y}$ 时

$$\varphi_b = 1 - 0.000\,5\lambda_y \sqrt{f_y/235} \tag{5-31}$$

按式(5-27)至式(5-31)所得的 φ_b 值大于 0.6 时,不需按式(5-25)换算成 φ'_b 值;当按式(5-27)和式(5-28)算得 φ_b 值大于 1.0 时,取 $\varphi_b = 1.0$。

3. 增强梁整体稳定的措施

从影响梁整体稳定的因素来看,可以采用以下办法增强梁的整体稳定性。

①增大梁截面尺寸,其中增大受压翼缘的宽度是最为有效的。

②增加侧向支撑系统,减小构件侧向支承点间的距离 l_1,侧向支撑应设在受压翼缘处,将受压翼缘视为轴心压杆计算支撑所受的力。

③当梁跨内无法增设侧向支撑时,宜采用闭合箱形截面,因其 I_y、I_t 和 I_w 均较开口截面的大。

④增加梁两端的约束提高其稳定承载力。因此在实际设计中,我们必须采取措施使梁端不发生扭转。

在以上措施中没有提到荷载种类和荷载作用位置,这是因为在设计中它们一般并不取决于设计者。

4. 不需验算整体稳定的情况

在以下情况梁的整体稳定不需验算:

①当有铺板(各种钢筋混凝土板和钢板)密铺在梁的受压翼缘上并与其牢固相连,能阻止梁的受压翼缘侧向位移时。

②前面已经提到影响钢梁整体稳定性的主要因素是受压翼缘侧向支承点的间距 l_1 和受压翼缘的平面内刚度,因此主要取决于 l_1 和 b_1。经过计算发现,对于 H 型钢截面或工字形截面简支梁,当 l_1/b_1 满足表 5-6 的要求时,可不验算整体稳定,因为此时的 φ'_b 已大于 1。

表 5-6　型钢或工字形截面简支梁不需计算整体稳定的 l_1/b_1 最大值

钢　号	跨中无侧向支撑点的		跨中受压翼缘有侧向支撑点的梁,无论荷载作用于何处
	荷载作用于上翼缘	荷载作用于下翼缘	
Q235	13.0	20.0	16.0
Q345	10.5	16.5	13.0
Q390	10.0	15.5	12.5
Q420	9.5	15.0	12.0

③重型吊车梁和锅炉构架大板梁有时采用箱形截面,如图 5-10 所示,这种截面抗扭刚度大,只要截面尺寸满足 $h/b_0 \leqslant 6$,$l_1/b_1 \leqslant 95(235/f_y)$ 就不会丧失整体稳定。

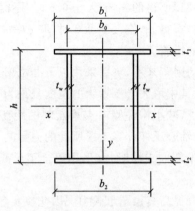

图 5-10 箱形截面

5.3.2 梁的局部稳定

1. 梁受压翼缘板的局部稳定

梁的受压翼缘主要承受弯矩产生的均匀压应力,对于箱形截面翼缘中间部分如图 5-11 所示属四边简支板,为充分发挥材料的强度,翼缘的临界应力应不低于钢材屈服点。同时考虑梁翼缘发展塑性,引入塑性系数 η,有

$$\sigma_{cr} = 18.6\chi k \sqrt{\eta} \left(\frac{t}{b}\right)^2 \times 10^4 \geqslant f_y \tag{5-32}$$

式中 η——塑性系数;$\eta = E_t/E$,E_t 为钢材切线模量。

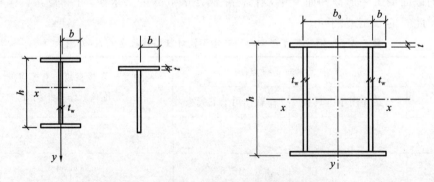

图 5-11 工字形、T 形截面的翼缘及箱形截面

由于腹板比较薄,对翼缘没有什么约束作用,故取 $\chi = 1.0$,宽为 b_0 的翼缘相当于四边简支板。对于两对边均匀受压的四边简支板 $k = 4.0$,如取 $\eta = 0.25$,并令 $\sigma_{cr} = f_y$,得翼缘达到强度极限承载力时不会失去局部稳定的宽厚比限值为

$$\frac{b_0}{t} \leqslant 40 \sqrt{\frac{235}{f_y}} \tag{5-33}$$

对工字形、T 形截面的翼缘及箱形截面悬伸部分的翼缘,属于一边自由,其余三边简支的板,其 k 值为

$$k = 0.425 + \left(\frac{b}{a}\right)^2 \tag{5-34}$$

式中　a——纵边长度；

　　　b——翼缘板悬伸部分的长度，对焊接构件，取腹板边至翼缘板边缘的距离，对轧制构件，取内圆弧起点至翼缘板边缘的距离。

一般情况下 a 大于 b，按最不利情况 $a/b = \infty$ 考虑，$k_{min} = 0.425$，取 $\chi = 1.0$，$\eta = 0.25$，代入式(5-32)，得不失去局部稳定的宽厚比限值为

$$\frac{b}{t} \leqslant 13 \sqrt{\frac{235}{f_y}} \tag{5-35}$$

如梁按弹性设计时可放宽至下式

$$\frac{b}{t} \leqslant 15 \sqrt{\frac{235}{f_y}} \tag{5-36}$$

2. 梁腹板的局部稳定

1)腹板的纯剪屈曲

图 5-12 为梁腹板横向加劲肋之间的一段，属四边支承的矩形板，四边受均布剪力作用，处于纯剪状态。板中主应力与剪应力大小相等并与它成 45°角，主压应力可引起板的屈曲，屈曲时呈现出大约沿 45°方向倾斜的鼓曲，与主压应力方向垂直。如不考虑发展塑性，可得

$$\tau_{cr} = 18.6 k\chi \left(\frac{t_w}{b}\right)^2 \times 10^4 \tag{5-37}$$

式中　b——板的边长，取 a 与 h_0 中较小者，h_0 为腹板高度；

　　　t_w——腹板厚度。

考虑翼缘对腹板的约束作用，χ 取 1.23。屈曲系数 k 与板的边长比有关，当 $a/b \leqslant 1$（a 为短边）时

$$k = 4 + 5.34/(a/h_0)^2 \tag{5-38}$$

当 $a/b \geqslant 1$，（a 为长边）时

$$k = 5.34 + 4/(a/h_0)^2 \tag{5-39}$$

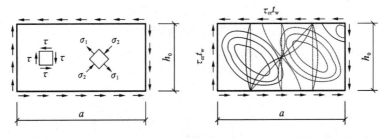

图 5-12　腹板纯剪屈曲

图 5-13 给出了 k 与 a/h_0 的关系。如图 5-13 所示，剪应力在梁支座处最大，向

着跨中逐渐减少,故横向加劲肋也可不等距布置,靠近支座处密些。但为制作和构造方便,常取等距布置。如图 5-14 所示,当 $a/h_0>2$ 时,k 值变化不大,即横向加劲肋作用不大。因此规定,横向加劲肋最大间距为 $2h_0$(对无局部压应力的梁,当 h_0/t_w ≤100 时,可放宽至 $2.5h_0$)。

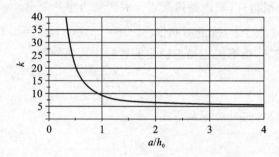

图 5-13 k 与 a/h_0 关系

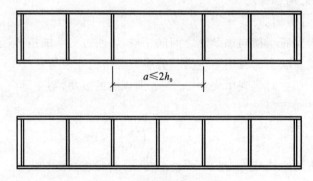

图 5-14 横向加劲肋的布置

腹板受剪时的通用高厚比为

$$\lambda_s = \sqrt{f_{vy}/\tau_{cr}} \tag{5-40}$$

式中 f_{vy}——钢材的剪切屈服强度,$f_{vy}=f_y/\sqrt{3}$。

将式(5-37)代入式(5-40),并令 $b=h_0$,可得用于腹板受剪计算时的通用高厚比为

$$\lambda_s = \frac{h_0/t_w}{41\sqrt{k}}\sqrt{\frac{f_y}{235}} \tag{5-41}$$

当将式(5-38)和式(5-39)代入上式。

当 $a/h_0 \leq 1$ 时

$$\lambda_s = \frac{h_0/t_w}{41\sqrt{4+5.34(h_0/a)^2}}\sqrt{\frac{f_y}{235}} \tag{5-42}$$

当 $a/h_0 > 1$ 时

$$\lambda_s = \frac{h_0/t_w}{41\sqrt{5.34+4(h_0/a)^2}}\sqrt{\frac{f_y}{235}} \tag{5-43}$$

在弹性阶段梁腹板的临界剪应力可表示为

$$\tau_{cr} = f_{vy}/\lambda_x^2 \approx 1.1 f_v/\lambda_x^2 \tag{5-44}$$

已知钢材的剪切比例极限等于 $0.8f_{vy}$，再考虑 0.9 的几何缺陷影响系数，令 $\tau_{cr} = 0.8 \times 0.9 f_{vy}$，代入式(5-44)可得到满足弹性失稳的通用高厚比界限为 $\lambda_s > 1.2$。当 $\lambda_s \leqslant 0.8$ 时，认为临界剪应力会进入塑性，当 $0.8 < \lambda_s \leqslant 1.2$ 时，τ_{cr} 处于弹塑性状态。因此规定 τ_{cr} 按下列公式计算。

当 $\lambda_s \leqslant 0.8$ 时

$$\tau_{cr} = f_v \tag{5-45}$$

当 $0.8 < \lambda_s \leqslant 1.2$ 时

$$\tau_{cr} = [1 - 0.59(\lambda_x - 0.8)]f_v \tag{5-46}$$

当 $\lambda_s > 1.2$ 时

$$\tau_{cr} = 1.1 f_v/\lambda_x^2 \tag{5-47}$$

临界剪应力的三个公式如图 5-15 所示。显然将 $f_{vy}/\gamma_R = f_v$ 作为临界剪应力的最大值。仅受剪应力作用的腹板，其不会发生剪切失稳的高厚比限值为

$$\frac{h_0}{t_w} \leqslant 80 \sqrt{\frac{235}{f_y}} \tag{5-48}$$

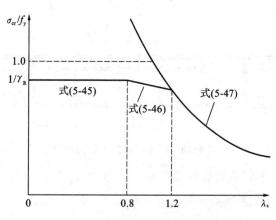

图 5-15　临界剪应力公式适用范围

2)腹板的纯弯屈曲

如图 5-16 所示，设梁腹板为纯弯作用下的四边简支板，如果腹板过薄，当弯矩达到一定值后，在弯曲压应力作用下腹板会发生屈曲，形成多波失稳。图 5-17 给出 k 与 a/h_0 的关系，a/h_0 超过 0.7 后，k 值变化不大，$k_{\min} = 23.9$；只有小于 0.7 后，k 才显著变化，可见除非横向加劲肋配置得相当密才能显著提高腹板的临界应力，否则意义不大。比较有效的措施是在腹板受压区中部偏上的部位设置纵向加劲肋，如图 5-18 所示，加劲肋距受压边的距离 h_1 为 $(1/5 \sim 1/4)h_0$，以便有效阻止腹板的屈曲。纵向加劲肋只需设在梁弯曲应力较大的区段。

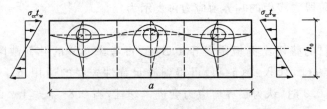

图 5-16 腹板受弯

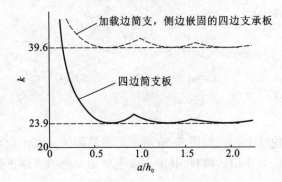

图 5-17 矩形板受弯的屈曲系数

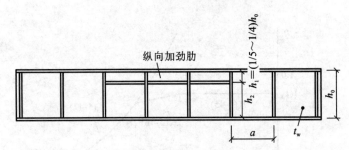

图 5-18 焊接组合梁的纵向加劲肋

如不考虑上、下翼缘对腹板的转动约束作用,将 $k_{min}=23.9$ 和 $b=h_0$ 代入相关公式中可得板简支于翼缘的临界应力公式。

$$\sigma_{cr}=445\left(\frac{t_w}{h_0}\right)^2\times10^4 \tag{5-49}$$

实际上,由于受拉翼缘刚度很大,梁腹板和受拉翼缘相连接边的转动基本被约束,相当于完全嵌固。受压翼缘对腹板的约束作用除与本身的刚度有关外,还和限制其转动的构造有关。例如当受压翼缘连有刚性铺板或焊有钢轨时,很难发生扭转,因此腹板的上边缘也相当于完全嵌固,此时嵌固系数 χ 可取为 1.66(相当于加载边简支,其余两边为嵌固时的四边支承板的屈曲系数 $k_{min}=39.6$);当无构造限制其转动时,腹板上部的约束介于简支和嵌固之间,χ 可取为 1.23。将公式(5-49)分别乘以不同的 χ 值有如下关系式。

当梁受压翼缘的扭转受到约束时

$$\sigma_{cr} = 738 \left(\frac{t_w}{h_0} \right)^2 \times 10^4 \tag{5-50}$$

当梁受压翼缘的扭转未受到约束时

$$\sigma_{cr} = 547 \left(\frac{t_w}{h_0} \right)^2 \times 10^4 \tag{5-51}$$

令 $\sigma_{cr} = f_y$，可得到上述两种情况腹板在纯弯曲作用下边缘屈服前不发生局部失稳的高厚比限值分别为

$$\frac{h_0}{t_w} \leqslant 177 \sqrt{\frac{235}{f_y}} \tag{5-52}$$

$$\frac{h_0}{t_w} \leqslant 153 \sqrt{\frac{235}{f_y}} \tag{5-53}$$

与腹板受纯剪时相似，令腹板受弯时的通用高厚比为

$$\lambda_b = \sqrt{f_y / \sigma_{cr}} \tag{5-54}$$

考虑单轴对称的工字形截面梁中，受弯时中和轴不在腹板中央，此时可近似把腹板高度 h_0 用两倍腹板受压区高度即 $2h_c$ 代替，如图 5-19 所示，令 $b = 2h_c$ 可得相应于两种情况的腹板通用高厚比。

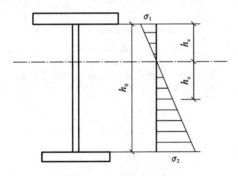

图 5-19 单轴对称梁的 h

当梁受压翼缘扭转受到约束时

$$\lambda_b = \frac{2h_c/t_w}{177} \sqrt{\frac{f_y}{235}} \tag{5-55}$$

当梁受压翼缘扭转未受到约束时

$$\lambda_b = \frac{2h_c/t_w}{153} \sqrt{\frac{f_y}{235}} \tag{5-56}$$

与 τ_{cr} 相似，临界弯曲应力 σ_{cr} 也可分为塑性、弹塑性和弹性三段，按下列公式计算。

当 $\lambda_b \leqslant 0.85$ 时

$$\sigma_{cr} = f \tag{5-57}$$

当 $0.85 < \lambda_b \leqslant 1.25$ 时

$$\sigma_{cr} = [1 - 0.75(\lambda_b - 0.85)]f \tag{5-58}$$

当 $\lambda_b > 1.25$ 时

$$\sigma_{cr} = 1.1 f / \lambda_b^2 \qquad (5-59)$$

三段公式适用范围 λ_b 的取值如下：考虑板件内存在残余应力和几何缺陷的影响，取 $\lambda_b = 0.85$ 为弹塑性修正的上起始点；考虑梁整体稳定计算中，取弹性界限为 $0.6 f_y$，相应的 $\lambda_b = \sqrt{1/0.6} = 1.29$，因腹板局部屈曲受残余应力的影响不如整体屈曲大，故取弹塑性修正的下起始点为 $\lambda_b = 1.25$。

3）腹板在局部压应力作用下的屈曲

如图 5-20 所示在上边缘处最大，到下边缘减为零。其临界应力为

$$\sigma_{c,cr} = 18.6 k \chi \left(\frac{t_w}{h_0} \right)^2 \times 10^4 \qquad (5-60)$$

屈曲系数与板的边长比有关。

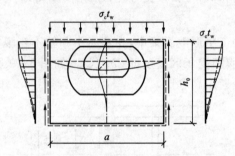

图 5-20 腹板在局部压应力作用下的失稳

当 $0.5 \leqslant a/h_0 \leqslant 1.5$ 时

$$k = \frac{7.4}{a/h_0} + \frac{4.5}{(a/h_0)^2} \qquad (5-61)$$

当 $1.5 < a/h_0 \leqslant 2.0$ 时

$$k = \frac{11.0}{a/h_0} - \frac{0.9}{(a/h_0)^2} \qquad (5-62)$$

翼缘对腹板的约束系数为

$$\chi = 1.81 - 0.255 h_0 / a \qquad (5-63)$$

根据临界屈曲应力不小于屈服应力的准则，按 $a/h_0 = 2$ 考虑得到不发生局压局部屈曲的腹板高厚比限值为

$$h_0 / t_w \leqslant 80 \sqrt{\frac{235}{f_y}} \qquad (5-64)$$

如不满足这一条件，应把横向加劲肋间距减小，或设置短加劲肋，如图 5-21 所示。

类似于 λ_s、λ_b，相应的局压的通用高厚比 λ_c 如下。

当 $0.5 \leqslant a/h_0 \leqslant 1.5$ 时

$$\lambda_c = \frac{h_0 / t_w}{28 \sqrt{10.9 + 13.4 (1.83 - a/h_0)^3}} \sqrt{\frac{f_y}{235}} \qquad (5-65)$$

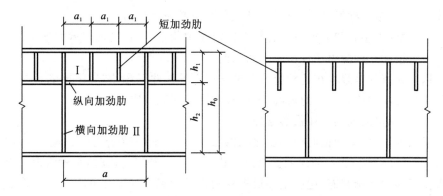

图 5-21 加劲肋的布置

当 $1.5 < a/h_0 \leqslant 2.0$ 时

$$\lambda_c = \frac{h_0/t_w}{28\sqrt{18.9-5a/h_0}}\sqrt{\frac{f_y}{235}} \tag{5-66}$$

适用于塑性、弹塑性和弹性不同范围的腹板局部受压临界应力 $\sigma_{c,cr}$ 按下列公式计算。

当 $\lambda_c \leqslant 0.9$ 时

$$\sigma_{c,cr} = f \tag{5-67}$$

当 $0.9 < \lambda_c \leqslant 1.2$ 时

$$\sigma_{c,cr} = [1 - 0.79(\lambda_c - 0.9)]f \tag{5-68}$$

当 $\lambda_c \geqslant 1.2$ 时

$$\sigma_{c,cr} = 1.1f/\lambda_c^2 \tag{5-69}$$

4)加劲肋设置原则

经过以上分析,对直接承受动力荷载的吊车梁及类似构件,或其他不考虑屈曲后强度的组合梁,应按以下原则布置腹板加劲肋。

(1)当 $h_0/t_w \leqslant 80\sqrt{\dfrac{235}{f_y}}$ 时,$\sigma_c = 0$,腹板局部稳定能够保证,不必配置加劲肋;对吊车梁及类似构件($\sigma_c \neq 0$),应按构造配置横向加劲肋。

(2)$h_0/t_w > 80\sqrt{\dfrac{235}{f_y}}$ 时,应配置横向加劲肋。

(3)当 $h_0/t_w > 170\sqrt{\dfrac{235}{f_y}}$(受压翼缘扭转受到约束,如连有刚性铺板或焊有铁轨)或 $h_0/t_w > 150\sqrt{\dfrac{235}{f_y}}$(受压翼缘扭转未受到约束)时,或按计算需要时,除配置横向加劲肋外,还应在弯矩较大的受压区配置纵向加劲肋。局部压应力很大的梁,必要时尚应在受压区配置短加劲肋。任何情况下(包括考虑腹板屈曲后强度的设计)h_0/t_w 均不宜超过 $250\sqrt{\dfrac{235}{f_y}}$,以免高厚比过大时产生焊接翘曲变形。$h_0$ 为腹板的计算高度,对单轴对称梁,h_0 应取为腹板受压区高度 h_c 的 2 倍。

(4)梁的支座处和上翼缘受有较大固定集中荷载处,宜设置支承加劲肋。

5)腹板在几种应力联合作用下的屈曲

以上介绍的是腹板在几种应力单独作用下的屈曲问题,在实际梁的腹板中常同时存在几种应力联合作用的情况,下面分情况介绍其稳定计算方法。

(1)仅用横向加劲肋加强的腹板。

如图 5-22 所示两横向加劲肋之间的腹板段,同时承受着弯曲正应力 σ、均布剪应力 τ 及局部压应力 σ_c 的作用。当这些内力达到某种组合值时,腹板将由平板转变为微微弯曲的平衡状态,这就是腹板失稳的临界状态。其平衡方程求解运算非常繁复,此时可按近似相关方程验算腹板的稳定。

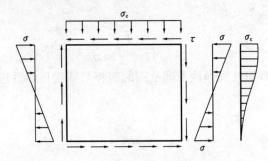

图 5-22   仅用横向加劲肋加强的腹板

$$\left(\frac{\sigma}{\sigma_{cr}}\right)^2+\left(\frac{\tau}{\tau_{cr}}\right)^2+\frac{\sigma_c}{\sigma_{c,cr}}\leqslant 1 \tag{5-70}$$

式中　σ——所计算腹板区格内,由平均弯矩产生的腹板计算高度边缘的弯曲压应力;

　　　τ——所计算腹板区格内,由平均剪力产生的腹板平均剪应力;$\tau=V/(h_w t_w)$,h_w、t_w 分别为腹板高度和厚度;

　　　σ_c——腹板边缘的局部压应力,按式(5-7)计算,但 $\psi=1.0$;分母为各应力单独计算时的临界应力。

(2)同时用横向加劲肋和纵向加劲肋加强的腹板。同时用横向加劲肋和纵向加劲肋加强的腹板分为上板段——板段Ⅰ和下板段——板段Ⅱ两种情况,应分别验算。

①上板段。

板段Ⅰ的受力状态如图 5-23(a)所示,两侧受近乎均匀的压应力和剪应力,上、下边也按受 σ_c 的均匀压应力考虑。这时的临界方程为

$$\frac{\sigma}{\sigma_{cr1}}+\left(\frac{\sigma_c}{\sigma_{c,cr1}}\right)^2+\left(\frac{\tau}{\tau_{cr1}}\right)^2\leqslant 1 \tag{5-71}$$

式中　σ_{cr1}——按式(5-57)、式(5-59)计算,但式中的 λ_b 改用下列 λ_{b1} 代替。

当梁受压翼缘扭转受到约束时

$$\lambda_{b1}=\frac{h_1/t_w}{75}\sqrt{\frac{f_y}{235}} \tag{5-72}$$

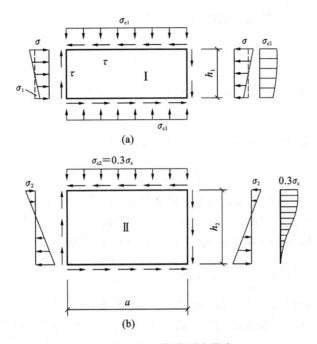

图 5-23 上、下板段受力状态

(a)上板段;(b)下板段

当梁受压翼缘扭转未受到约束时

$$\lambda_{b1}=\frac{h_1/t_w}{64}\sqrt{\frac{f_y}{235}} \tag{5-73}$$

式中 h_1——纵向加劲肋至腹板计算高度受压边缘的距离;

τ_{cr1}——按式(5-42)、式(5-43)、式(5-45)、式(5-47)计算,但式中的 h_0 改为 h_1;

$\sigma_{c,cr}$——亦按式(5-58)、式(5-60)计算,但式中的 λ_b 改用下列 λ_{c1} 代替。

当梁受压翼缘扭转受到约束时

$$\lambda_{c1}=\frac{h_1/t_w}{56}\sqrt{\frac{f_y}{235}} \tag{5-74}$$

当梁受压翼缘扭转未受到约束时

$$\lambda_{c1}=\frac{h_1/t_w}{40}\sqrt{\frac{f_y}{235}} \tag{5-75}$$

在受压翼缘与纵向加劲肋之间设有短加劲肋的区格,其局部稳定性也按式(5-71)验算。计算 σ_{cr1} 和 τ_{cr1} 的方法不变,计算时以短加劲肋的间距 a_1 代替横向加劲肋的间距 a,以 h_1 代替 h_0。计算 $\sigma_{c,cr1}$ 也仍用式(5-57)、式(5-59),但式中 λ_b 改用下列 λ_{c1} 代替。

当梁受压翼缘扭转受到约束时

$$\lambda_{c1}=\frac{a_1/t_w}{87}\sqrt{\frac{f_y}{235}} \tag{5-76}$$

当梁受压翼缘扭转未受到约束时

$$\lambda_{c1} = \frac{a_1/t_w}{73}\sqrt{\frac{f_y}{235}} \tag{5-77}$$

对 $a_1/b_1 < 1.2$ 的区格,式(5-76)、式(5-79)右侧应乘以 $1/\left(0.4+0.5\dfrac{a_1}{h_1}\right)^{\frac{1}{2}}$。

②下板段。

板段Ⅱ的受力状态如图 5-23(b)所示,临界状态方程为

$$\left(\frac{\sigma_2}{\sigma_{cr2}}\right)^2 + \left(\frac{\tau}{\tau_{cr2}}\right)^2 + \frac{\sigma_{c2}}{\sigma_{c,cr2}} \leqslant 1 \tag{5-78}$$

式中　σ_2——所计算区格内腹板在纵向加劲肋处压应力的平均值;

　　　σ_{c2}——腹板在纵向加劲肋处的横向压应力,取为 $0.3\sigma_c$,σ_{c2} 按式(5-57)至式(5-59)计算,但式中的 λ_b 改用下列 λ_{b2} 代替。

$$\lambda_{b2} = \frac{h_2/t_w}{194}\sqrt{\frac{f_y}{235}} \tag{5-79}$$

τ_{cr2} 按式(5-42)、式(5-43)及式(5-45)至式(5-47)计算,式中的 h_0 改为 h_2 ($h_2 = h_0 - h_1$);$\sigma_{c,cr2}$ 按式(5-67)至式(5-69)计算,但式中的 h_0 改为 h_2,当 $a/h_2 > 2$ 时,取 $a/h_2 = 2$。

5.4　梁腹板的屈曲后强度

5.4.1　薄板的屈曲后强度

　　如图 5-24 所示,侧边有支承的无缺陷薄板,在失去局部稳定之后,仍可继续承担更大的荷载,直到 A 点板边开始屈服,此后由于塑性发展,板的挠度迅速增加,很快达到极限荷载。一般实际中的板都或多或少存在缺陷,考虑缺陷影响后板的极限承载力与 A 点的荷载接近。因此可把无缺陷板侧边纤维达屈服时的荷载作为板的极限承载力,称为薄板的屈曲后强度。

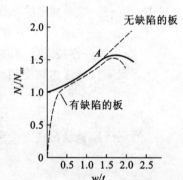

图 5-24　板的荷载挠度曲线

　　如图 5-25 所示,板屈曲后的应力分布为

$$\sigma_x = \sigma_u + (\sigma_u - \sigma_{xcr})\cos(2\tau_y/b) \tag{5-80}$$

$$\sigma_y = (\sigma_u - \sigma_{xcr})\cos(2m\tau_x/b) \tag{5-81}$$

在板屈曲前纵向应力 σ_x 是均匀分布的。σ_x 超过 σ_{xcr} 后(即屈曲后),随压力的增大在板中产生横向应力 σ_y,在每个波节中,两端是压应力,中部是拉应力。正由于这个拉应力牵制了板纵向变形的发展,使板屈曲后有继续承载的潜能,同时 σ_x 的分布也不再均匀,呈两端大、中间小的马鞍形。

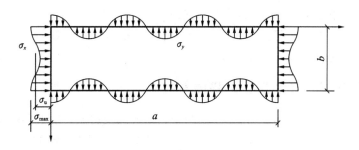

图 5-25　板屈曲后应力分布

5.4.2　梁腹板受剪屈曲后强度

如图 5-26(a)所示,梁腹板在剪力作用下,尽管发生了局部屈曲,但由于薄膜效应在腹板中形成了张力场,使梁可以继续承载。

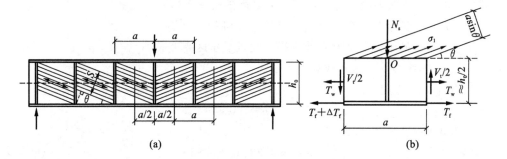

图 5-26　梁腹板中形成的张力场

屈曲后强度 V_t 为拉力带产生的竖向剪力 V_t' 与除拉力带以外部分腹板所承受的屈曲后剪力之和。为了简化计算,采用下面的近似公式计算 V_u 的设计值。

当 $\lambda_s \leqslant 0.8$ 时

$$V_u = h_w t_w f_v \tag{5-82}$$

当 $0.8 < \lambda_s \leqslant 1.2$ 时

$$V_u = h_w t_w f_v [1 - 0.5(\lambda_s - 0.8)] \tag{5-83}$$

当 $\lambda_s > 1.2$ 时

$$V_u = h_w t_w f_v / \lambda_s^{1.2} \tag{5-84}$$

式中　λ_s——用于抗剪计算的腹板通用高厚比,按式(5-42)和式(5-43)计算,当组合梁仅配置支座加劲肋时,取式(5-43)中的 $h_0/a = 0$。

这类加劲肋只按轴心压力计算其在腹板平面外的稳定。对支座加劲肋则必须考虑这个水平力的影响,按压弯构件计算其在腹板平面外的稳定。为了简化计算,与对 V_u 的处理类似,采用下列近似公式计算 N_s。

$$N_s = V_u - \tau_{cr} h_w t_w + F \tag{5-85}$$

式中　V_u——按式(5-82)至式(5-84)计算;

τ_{cr}——按式(5-45)至式(5-47)计算;

F——作用于中间支承加劲肋上的集中力,只有在计算该加劲肋时才加上此力。

5.4.3 腹板受弯屈曲后梁的极限弯矩

研究表明对 Q235 钢来说,受压翼缘受到扭转约束的梁,当腹板高厚比达到 200 时(或受压翼缘扭转未受到约束的梁,当腹板高厚比达到 175 时),腹板屈曲后梁的抗弯承载力与全截面有效的梁相比,仅下降 5%。这说明腹板局部屈曲对梁的抗弯影响不大,采用如下近似公式计算腹板受弯屈曲后梁的抗弯承载力设计值 M_{eu}。

$$M_{eu} = \gamma_x \alpha_e W_x f \tag{5-86}$$

$$\alpha_e = 1 - \frac{(1-\rho)h_c^3 t_w}{2I_x} \tag{5-87}$$

式中 α_e——梁截面模量考虑腹板有效高度的折减系数;

I_x——按梁截面全部有效算得的绕 x 轴的惯性矩;

h_c——按梁截面全部有效算得的腹板受压区高度;

ρ——腹板受压区有效高度系数。

当 $\lambda_b \leqslant 0.85$ 时

$$\rho = 1.0 \tag{5-88}$$

当 $0.85 < \lambda_b \leqslant 1.25$ 时

$$\rho = 1 - 0.82(\lambda_b - 0.85) \tag{5-89}$$

当 $\lambda_b > 1.25$ 时

$$\rho = \frac{1}{\lambda_b}\left(1 - \frac{0.2}{\lambda_b}\right) \tag{5-90}$$

其中,λ_b 为腹板受弯时通用高厚比。

5.4.4 同时受弯和受剪的梁考虑腹板屈曲后的强度

实际工程中梁腹板大多承受弯剪的联合作用。研究表明:①当剪力 $V < 0.5V_u$ 时,梁的极限弯矩仍可取为 M_{eu};②当梁所受的弯矩不超过两个翼缘的抗弯能力 M_f 时,可以认为腹板不参与承担弯矩,故梁的抗剪能力为 V_u;③当 $V > 0.5V_u$ 或 $M > M_f$ 时,采用如下相关公式验算梁的抗弯和抗剪承载力。

$$\left(\frac{V}{0.5V_u} - 1\right)^2 + \frac{M - M_f}{M_{eu} - M_f} \leqslant 1 \tag{5-91}$$

$$M_f = \left(A_{f1}\frac{h_1^2}{h_2} + A_{f2}h_2\right)f \tag{5-92}$$

式中 M、V——所计算区格内梁的任一截面上同时产生的弯矩和剪力设计值;计算时,当 $V < 0.5V_u$ 时,取 $V = 0.5V_u$;当 $M < M_f$ 时,取 $M = M_f$;

M_f——两翼缘所承担的弯矩设计值;

A_{f1}、h_1——较大翼缘截面面积及其形心至梁中和轴的距离；

A_{f2}、h_2——较小翼缘截面面积及其形心至梁中和轴的距离；

M_{eu}、V_u——梁抗弯和抗剪承载力设计值。

5.4.5　利用腹板屈曲后强度的梁的加劲肋设计

当梁仅配支承加劲肋不能满足式(5-91)的要求时,应在两侧成对布置中间横向加劲肋。间距一般为$(1\sim2)h_0$,其截面尺寸除应满足构造要求外,中间加劲肋还要能够承担由式(5-85)计算的张力场产生的竖向力和集中力,按轴心受压构件验算其平面外的稳定。

支座加劲肋承担的竖向力按支座反力 R 考虑,当腹板在支座旁的区格利用屈曲后强度,亦即 $\lambda_s > 0.8$ 时,支座加劲肋还要承受张力场产生的水平分力 H 的作用,按压弯构件计算其强度和在腹板平面外的稳定。力 H 按下式计算。

$$H=(V_u-h_0t_w\tau_{cr})\sqrt{1+(a/h_0)^2} \tag{5-93}$$

对设中间横向加劲肋的梁,a 取支座端区格的加劲肋间距。对不设中间加劲肋的腹板,a 取梁支座至跨内剪力为零的点的距离。H 的作用点在距腹板计算高度上边缘$h_0/4$处。此压弯构件的计算长度同一般支座加劲肋。

如果为增强梁的抗弯能力在支座处采用如图 5-27(a)所示的加封头肋板的构造形式时,可按下述简化方法进行计算:加劲肋肋板 1 作为承受支座反力 R 的轴心压杆计算,封头肋板 2 的截面面积不应小于 A_c。

$$A_c=\frac{3h_0H}{16ef} \tag{5-94}$$

式中　e——支座加劲肋与封头肋板之间的距离。

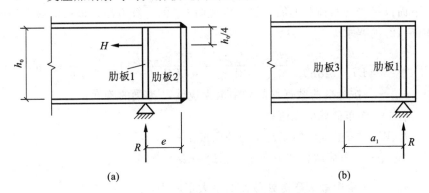

图 5-27　利用腹板屈曲后强度的梁端构造

图 5-27(b)给出了另一种梁端构造方法,即在梁端处减小支座肋板 1 与相邻肋板 3 的间距 a_1,使该区格腹板的通用高厚比 $\lambda_s \leqslant 0.8$,使其不会发生局部屈曲。这样支座加劲肋就不会受到拉力的作用了,只按承受支座反力 R 的轴心压杆验算其平面外的稳定即可。

5.5 梁的设计计算

5.5.1 梁的截面选择

1. 型钢梁截面选择

型钢梁的选择比较简单,只需根据计算所得到的梁中最大弯矩按下列公式求出需要的净截面模量。

$$W_{nx} = \frac{M_x}{\gamma_x f} \tag{5-95}$$

然后在型钢规格表中,选择截面模量接近 W_{nx} 的型钢作为试选截面。为节省钢材,设计时应避免在最大弯矩作用的截面上开栓钉孔,以免削弱截面。

2. 组合梁截面的选择

组合梁截面的选择包括估算梁高、腹板厚度和翼缘尺寸。

1)梁高的估算

确定梁的高度应考虑建筑要求、梁的刚度和梁的经济条件。梁的建筑高度要求决定了梁的最大高度 h_{max};而建筑要求取决于使用要求;梁的刚度要求决定了梁的最小高度 h_{min}。在组成截面时,为了满足需要的截面模量,可以有多种方案。梁既可以高而窄,也可以矮而宽。前者翼缘用钢量少,而腹板用钢量多,后者则相反,合理方案是使总用钢量最少。根据这一原则确定的梁高叫经济高度 h_e。有了以上三种高度,就可以选择梁高了。合理梁高介于最大高度与最小高度之间,尽可能接近经济高度。

下面以承受均布荷载的简支梁为例说明 h_{min} 的计算方法。该梁的最大挠度应符合式(5-12)的要求。

$$v_{max} = \frac{5}{384} \frac{q_k l^4}{EI_x} = \frac{5l^2}{48EI_x} \cdot \frac{q_k l^2}{8} = \frac{5M_{kmax} l^2}{48EI_x} = \frac{5}{48} \frac{M_{kmax} l^2}{EW_x(h/2)} = \frac{5\sigma_{kmax} l^2}{24Eh} \leqslant [v] \tag{5-96}$$

式中　v_{max}——按标准荷载算得的梁中最大挠度,l 为梁的跨度;

　　　q_k——均布荷载标准值;

　　　I_x、W_x——梁截面的惯性矩与截面模量;

　　　M_{kmax}——由荷载标准值产生的梁跨中最大弯矩;

　　　σ_{kmax}——梁中最大弯矩处截面的最大正应力,$\sigma_{kmax} = \frac{M_{kmax}}{W_x}$。

由式(5-96)可见,梁的刚度和高度有直接关系,为使梁能充分发挥强度又能保证刚度,取 $\sigma_{max} = f/1.3$(1.3为永久荷载和活荷载分项系数的平均值),由此得

$$h_{min} = \frac{5ft}{31.2E} \left[\frac{l}{v} \right] \tag{5-97}$$

经济高度可采用如下经验公式计算。

$$h_e = 7\sqrt[3]{W_x} - 30 \text{ mm} \tag{5-98}$$

2）腹板尺寸

梁高确定后腹板高也就确定了，腹板高为梁高减两个翼缘的厚度，在取腹板高时要考虑钢板的规格尺寸，一般使腹板高度为 50 mm 的模数。从经济角度出发，腹板薄一些比较省钢，但腹板厚度的确定要考虑腹板的抗剪强度、局部稳定和构造要求。从抗剪强度角度来看，应满足下式。

$$\tau_{max} = 1.2\frac{V_{max}}{h_w t_w} \leqslant f_v \tag{5-99}$$

式中，假定腹板最大剪应力为平均剪应力的 1.2 倍，V_{max} 为梁的最大剪力。

由式(5-99)得腹板厚度应满足下式。

$$t_w \geqslant \frac{1.2V_{max}}{h_w f_v} \tag{5-100}$$

由式(5-100)算得的 t_w 值一般较小，为满足局部稳定和构造要求，常按下列经验公式估算。

$$t_w = \frac{\sqrt{h_w}}{3.5} \tag{5-101}$$

由以上两式即可确定腹板的厚度。腹板厚度的选取要符合钢板的规格。腹板选得薄固然省钢，但为保证局部稳定需配置加劲肋，使构造复杂。同时厚度太小容易因锈蚀而降低承载力，在制造过程中也易发生较大的变形。厚度太大除不经济外，制造上也困难，因此选取腹板厚度要综合考虑以上因素。一般来说，腹板厚度最好在 8～22 mm 范围内，对个别小跨度梁，腹板最小厚度可采用 6 mm。

3）翼缘尺寸

由式(5-95)求得需要的净截面模量，则整个截面需要的惯性矩为

$$I_x = W_{nx} \cdot \frac{h}{2} \tag{5-102}$$

由于腹板尺寸已确定，其惯性矩为

$$I_w = \frac{1}{12}t_w h_0^3 \tag{5-103}$$

翼缘需要的惯性矩为

$$I_t = I_x - I_w \approx 2bt\ (h_0/2)^2 \tag{5-104}$$

由式(5-104)得

$$bt = \frac{2(I_x - I_w)}{h_0^2} \tag{5-105}$$

翼缘宽度 b 或厚度 t 只要定出一个，就能确定另一个。b 通常取 $(1/5\sim1/3)h$，同时为保证局部稳定，$b/t \leqslant (b/30)\sqrt{f_y/235}$，如果截面考虑发展部分塑性，则 $b/t \leqslant (b/26)\sqrt{f_y/235}$。选择 b 和 t 时要符合钢板规格尺寸，一般 b 取 10 mm 的倍数，t 取 2 mm 的倍数，且不小于 8 mm。

5.5.2　梁的验算

梁的验算包括强度、刚度、整体稳定验算,对于组合梁还包括局部稳定验算。

1. 强度验算

强度验算包括正应力、剪应力、局部压应力验算,对组合梁还要验算翼缘与腹板交界处的折算应力。

1)正应力

运用材料力学知识找出梁截面最大弯矩及可能产生最大正应力处的弯矩(如变截面处和截面有较大削弱处),单向受弯时按式(5-2)验算截面最大正应力 σ 是否满足要求。双向受弯时采用式(5-3)验算。使用式(5-2)及式(5-3)时应注意 W_{nx} 及 W_{ny} 为验算截面处的净截面抵抗矩。

2)剪应力

根据梁是单向受剪还是双向受剪采用式(5-4)或式(5-5)计算剪应力,并应满足式(5-6)的要求。对于型钢梁由于腹板较厚,一般均能满足上式要求,只在剪力较大处截面有较大削弱时方需进行剪应力计算。

3)局部压应力

当梁上翼缘受有沿腹板平面作用的集中荷载,且该荷载处又未设置支承加劲肋时,腹板计算高度上边缘的局部承压强度应该满足式(5-7)的要求。在梁支座处,当不设支承加劲肋时局部承压强度也应该满足式(5-7)的要求。应注意在跨中集中荷载处与支座处荷载在腹板计算高度边缘的分布长度计算公式不同。

4)折算应力

在组合梁的腹板计算高度边缘处,若同时受有较大的正应力、剪应力和局部压应力,或同时受有较大的正应力和剪应力(如连续梁中部支座处或梁的翼缘截面改变处等),应按式(5-10)验算折算应力。

2. 刚度验算

众所周知,楼盖梁的挠度过大会给人们一种不舒适感和不安全感,同时也会使附着物(如抹灰等)脱落,影响使用。吊车梁的挠度过大会影响吊车的正常运行。因此除承载力满足要求外,尚应按式(5-12)验算梁的刚度,以保证梁的正常使用。使用要求不同的构件,最大挠度的限制值也是不同的,表 5-2 给出了吊车梁、楼盖梁、屋盖梁、工作平台梁以及墙架梁的挠度容许值。

梁的挠度计算方法较多,可按材料力学和结构力学的方法计算,也可按结构静力计算手册取用,或采用通用的力学软件计算。梁的荷载一般为均布荷载和集中力,等截面梁均布荷载情况下可用式(5-106)计算。受有多个集中力的情况(如吊车梁、楼盖主梁等),其挠度的精确计算比较麻烦,但由于其与受均布荷载作用的梁在最大弯矩相同的情况下挠度接近,我们可以得出下列简化计算公式。

对等截面简支梁

$$\upsilon=\frac{5}{384}\frac{q_k l^4}{EI_x}=\frac{5}{488}\frac{q_k l^4}{EI_x}\approx\frac{M_{kmax}l^2}{10EI_x} \tag{5-106}$$

对变截面简支梁

$$\upsilon=\frac{M_{kmax}l^2}{10EI_x}\left(1+\frac{3}{25}\frac{I_x-I_{x1}}{I_x}\right) \tag{5-107}$$

式中 q_k——均布线荷载标准值；

M_{kmax}——荷载标准值下梁的最大弯矩；

I_x——跨中毛截面惯性矩；

I_{x1}——支座附近毛截面惯性矩。

对于组合梁，选截面时梁高大于 h_{min}，可不必验算刚度。

3. 整体稳定验算

首先根据 5.3.1 中所述的原则判断该梁是否需要进行整体稳定验算。如需要则按照梁的截面类型选择适当的公式计算整体稳定系数。对于焊接工字钢和轧制 H 型钢简支梁可按式(5-21)计算，轧制普通工字钢简支梁可查表 5-4，轧制槽钢简支梁按式(5-22)计算。不论哪种情况，算得的稳定系数 φ_b 大于 0.6 时，都应采用式(5-23)算得相应的 φ_b' 代替 φ_b 值。单向受弯、双向受弯构件应分别采用式(5-19)、式(5-24)验算整体稳定承载力是否满足要求。

4. 局部稳定验算

型钢梁的局部稳定都已满足要求，不必再验算。对于焊接组合梁，翼缘可通过限制板件宽厚比保证其不发生局部失稳。腹板则较为复杂，一种方法是通过设置加劲肋的方法保证其不发生局部失稳，设置加劲肋的原则及局部稳定验算见本章有关内容；另一种方法是允许腹板发生局部失稳，利用其屈曲后承载力，对于承受静力荷载和间接承受动力荷载的梁宜考虑利用屈曲后强度。

【例题 5-1】 某建筑物采用如图 5-3(b)所示的梁格布置，次梁间距 2 m，主梁间距 6 m，柱截面高 0.5 m。采用普通工字钢作为主次梁。梁上铺设钢筋混凝土预制板，并与主次梁有可靠的连接，能够保证其整体稳定。均布活荷载标准值为 3 kN/m²，楼板自重标准值为 3 kN/m²，主梁和次梁、主梁和柱子均采用构造为铰接的连接方法。次梁选用 I25a，试设计边部主梁截面。

解： 从图 5-3(b)中取出边部主梁，计算简图如图 5-28 所示。梁的计算跨度为 2×5 m-0.5 m$=9.5$ m。

次梁重量为 $38.1\times6=228.6$（kg）。

次梁传来的恒荷载标准值为 19.1 kN，设计值为 22.9 kN。

图 5-28 计算简图

次梁传来的活荷载标准值为 18 kN,设计值为 25.2 kN。

次梁传来的总荷载标准值为 37.1 kN,总设计值为 48.1 kN。

设计荷载产生的支座处最大剪力为 $V=48.1$ kN$\times 4/2=96.2$ kN。

跨中最大弯矩为

$M_{\max}=96.2$ kN$\times 9.5$ m$/2-48.1$ kN$\times 1$ m-48.1 kN$\times 3$ m$=264.6$ kN·m

承担此弯矩所需梁的净截面抵抗矩为

$$W_{nx}=\frac{M_{\max}}{r_x f}=\frac{264.6\times 10^6 \text{ N·mm}}{1.05\times 215 \text{ N/mm}^2}=1.17\times 10^6 \text{ mm}^3$$

按此查附表 12,试采用:I 45a,$I_x=32\ 200$ cm^4,$W_x=1\ 430$ cm^3,重量为 80.4 kg/m,由此产生的跨中最大弯矩为

$$M'_{\max}=1.2\times 80.4\times 9.8\times 10^{-3} \text{ kN/m}\times 9.5^2 \text{ m}^2/8=10.7 \text{ kN·m}$$

梁跨中最大弯矩处的应力为

$$\sigma_{\max}=\frac{M_{\max}+M'_{\max}}{r_x W_{nx}}=\frac{(264.6+10.7)\times 10^6 \text{ N·mm}}{1.05\times 1\ 430\times 10^3 \text{ mm}^3}$$
$$=183 \text{ N/mm}^2 < f=215 \text{ N/mm}^2$$

由荷载标准值产生的最大弯矩为

$M_k=(74.2\times 9.5/2-37.1\times 1-37.1\times 3+80.4\times 9.8\times 10^{-3}\times 9.5^2/8)$kN·m
$=212.9$ kN·m

产生的最大挠度为

$$v_{\max}=\frac{M_k l^2}{10EI_x}=\frac{212.9\times 9.5^2\times 10^{12} \text{ N·mm}^3}{10\times 2.06\times 10^5 \text{ N/mm}\times 32\ 200\times 10^4 \text{ mm}^4}=29 \text{ mm}$$

由表 5-2 知,$v_{\max}>[v_T]$,不满足要求。

改选 I 50a,$I_x=46\ 500$ cm^4,重量为 93.6 kg/m。

由荷载标准值产生的最大弯矩为

$M_k=(74.2\times 9.5/2-37.1\times 1-37.1\times 3+93.6\times 9.8\times 10^{-3}\times 9.5^2/8)$ kN·m$=214.4$ kN·m

产生的最大挠度为

$$v_{\max}=\frac{M_k l^2}{10EI_x}=\frac{214.4\times 9.5^2\times 10^{12} \text{ N·mm}^3}{10\times 2.06\times 10^5 \text{ N/mm}\times 46\ 500\times 10^4 \text{ mm}^4}=20.2 \text{ mm} < [v_T]$$

满足要求。

由于活荷载占一半左右,而 $[v_Q]$ 为 $[v_T]$ 的 80%,故在活荷载作用下挠度也满足要求。可见在本例中梁的截面由挠度控制。

【例题 5-2】 某跨度 6 m 的简支梁,承受均布荷载作用(作用在梁的上翼缘),其中永久荷载标准值为 20 kN/m,可变荷载标准值为 25 kN/m。该梁拟采用 Q235 钢制成的焊接组合工字形截面,试设计该梁。

解: 标准荷载　　　$q_k=20$ kN/m$+25$ kN/m$=45$ kN/m

设计荷载　　$q=1.2\times 20$ kN/m$+1.4\times 25$ kN/m$=59$ kN/m

梁跨中最大弯矩　　$M_{\max}=59$ kN/m$\times 6^2$ m$^2/8=265.5$ kN·m

由表 5-2 查得 $[\upsilon_T]$ 为 $l/400$，由公式(5-97)得梁的最小高度为

$$h_{min}=\frac{5fl}{31.2E}\left[\frac{l}{\upsilon_T}\right]=\frac{5\times215\ \text{N/mm}^2\times6\times10^3\ \text{mm}}{31.2\times2.06\times10^5\ \text{N/mm}^2}\left[\frac{6\times10^3\ \text{mm}}{6\times10^3\ \text{mm}/400}\right]=401.4\ \text{mm}$$

需要的净截面抵抗矩为

$$W_{nx}=\frac{M_{max}}{\gamma_x f}=\frac{265.5\times10^6\ \text{N}\cdot\text{mm}}{1.05\times215\ \text{N/mm}^2}$$
$$=1.18\times10^6\ \text{mm}^3=1.18\times10^3\ \text{cm}^3$$

由公式(5-98)得梁的经济高度为

$$h_e=7\sqrt[3]{W_{nx}}-30\ \text{cm}=44\ \text{cm}$$

因此取梁腹板高 450 mm。

支座处最大剪力为

$$V_{max}=59\ \text{kN/m}\times6\ \text{m}/2=177\ \text{kN}$$

由公式(5-100)得

$$t_w=\frac{1.2V_{max}}{h_w f_v}=\frac{1.2\times177\times10^3\ \text{N}}{450\ \text{mm}\times125\ \text{N/mm}^2}=3.8\ \text{mm}$$

由公式(5-101)得

$$t_w=\frac{\sqrt{h_w}}{3.5}=\frac{\sqrt{450}}{3.5}=6.1\ \text{mm}$$

取腹板厚为

$$t_w=8\ \text{mm}$$

故腹板采用— 450×8 的钢板。

假设梁高为 500 mm，需要的净截面惯性矩为

$$I_{nx}=W_{nx}\frac{h}{2}=1.18\times10^6\ \text{mm}^3\times500\ \text{mm}/2=2.95\times10^8\ \text{mm}^4=2.95\times10^4\ \text{cm}^4$$

腹板惯性矩为

$$I_w=t_w h_0^3/12=0.8\ \text{cm}\times45^3\ \text{cm}^3/12=6\ 075\ \text{cm}^4$$

由公式(5-105)得

$$bt=\frac{2(I_x-I_w)}{h_0^2}=\frac{2(2.95\times10^4\ \text{cm}^4-6\ 075\ \text{cm}^4)}{45^2\ \text{cm}^2}=23.1\ \text{cm}^2$$

取 $b=h_0/3=150\ \text{mm}$，$t=23.1\ \text{cm}^2/15\ \text{cm}=1.54\ \text{cm}$，取 $t=18\ \text{mm}$。

$t>b/26=5.8\ \text{mm}$，翼缘选用— 150×18。所选截面尺寸如图 5-29 所示。截面惯性矩为

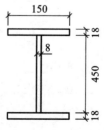

$$I_x=t_w h_0^3/12+2bt\left[\frac{1}{2}(h_0+t)\right]^2$$
$$=0.8\ \text{cm}\times45^3\ \text{cm}^3/12+2\times15\ \text{cm}$$
$$\times1.8\ \text{cm}\left[\frac{1}{2}(45\ \text{cm}+1.8\ \text{cm})\right]^2$$
$$=35\ 643\ \text{cm}^4$$

图 5-29 梁的截面尺

$$W_x = \frac{I_x}{h/2} = \frac{35\ 643\ \text{cm}^4}{(45\ \text{cm}+3.6\ \text{cm})/2} = 1\ 467\ \text{cm}^3$$

$$A = 2bt + t_w h_0 = 2 \times 15\ \text{cm} \times 1.8\ \text{cm} + 0.8\ \text{cm} \times 45\ \text{cm} = 90\ \text{cm}^2$$

强度验算。

梁自重:

$$g = A\gamma = 0.009\ \text{m}^2 \times 7.85 \times 9.8\ \text{kN/m}^3 = 0.69\ \text{kN/m}$$

设计荷载:

$$q = 1.2(0.69\ \text{kN/m} + 20\ \text{kN/m}) + 1.4 \times 25\ \text{kN/m} = 59.83\ \text{kN/m}$$

$$M_{\max} = ql^2/8 = 59.83\ \text{kN/m} \times 6^2\ \text{m}^2/8 = 269.2\ \text{kN} \cdot \text{m}$$

$$\sigma = \frac{M_{\max}}{\gamma_x W_x} = \frac{269.2 \times 10^6\ \text{N} \cdot \text{mm}}{1.05 \times 1\ 467 \times 10^3\ \text{mm}^3} = 174.8\ \text{N/mm}^2 < f = 205\ \text{N/mm}^2$$

剪应力、刚度不需验算,因为选腹板尺寸和梁高时已得到满足。

支座处如不设支承加劲肋,则应验算局部压应力,但一般主梁均设置支座加劲肋,需按 5.6 节所述设计加劲肋。

整体稳定验算式如下。

$$I_y = 2 \times 1.8\ \text{cm} \times 15^3\ \text{cm}^3/12 = 1\ 012.5\ \text{cm}^4$$

$$i_y = \sqrt{\frac{I_y}{A}} = \sqrt{\frac{1\ 012.5\ \text{cm}^4}{90\ \text{cm}^2}} = 3.35\ \text{cm}$$

$$\lambda_y = l_1/i_y = 600\ \text{cm}/3.35\ \text{cm} = 179$$

$$\xi = \frac{l_1 t_1}{b_1 h} = \frac{6\ \text{m} \times 0.018\ \text{m}}{0.15\ \text{m} \times 0.486\ \text{m}} = 1.481$$

由表 5-3 查得

$$\beta_b = 0.69 + 0.13\xi = 0.69 + 0.13 \times 1.481 = 0.883$$

$$\varphi_b = \beta_b \frac{4\ 320}{\lambda_y^2} \cdot \frac{Ah}{W_x}\left[\sqrt{1 + \left(\frac{\lambda_y t_1}{4.4h}\right)^2} + \eta_b\right]$$

$$= 0.883 \times \frac{4\ 320}{179^2} \times \frac{90\ \text{cm}^2 \times 48.6\ \text{cm}}{1\ 467\ \text{cm}^3}\sqrt{1 + \left(\frac{179 \times 1.8\ \text{cm}}{4.4 \times 48.6\ \text{cm}}\right)^2} = 0.642 > 0.6$$

当 $\varphi_b > 0.6$ 时,应用如下 φ_b' 代替 φ_b:

$$\varphi_b' = 1.07 - \frac{0.282}{\varphi_b} = 0.631$$

$$\varphi_b' f = 0.631 \times 205\ \text{N/mm}^2 = 129.4\ \text{N/mm}^2$$

$$\sigma = \frac{M_{\max}}{W_x} = \frac{269.2 \times 10^6\ \text{N} \cdot \text{mm}}{1\ 467 \times 10^3\ \text{mm}^3} = 183.5\ \text{N/mm}^2 > \varphi_b' f = 129.4\ \text{N/mm}^2$$

不满足要求。

在跨中设置一道侧向支承点,则

$$\varphi_b = 2.314$$

$$\varphi_b' = 1.07 - \frac{0.282}{2.314} = 0.948$$

$$\varphi'_b f = 0.948 \times 205 \ \text{N/mm}^2 = 194.3 \ \text{N/mm}^2$$
$$\sigma = 183.5 \ \text{N/mm}^2 < \varphi'_b f = 194.3 \ \text{N/mm}^2$$

满足要求。

局部稳定验算：

翼缘板： $$b/t \approx 8.3 < 13 \sqrt{235/f_y} = 13$$

腹板： $$h_0/t_0 = \frac{450 \ \text{mm}}{8 \ \text{mm}} \approx 56 < 80 \sqrt{\frac{235}{f_y}} = 80$$

满足局部稳定要求。

5.6 腹板加劲肋的布置和设计

5.6.1 腹板加劲肋的布置要求

对于直接承受动力荷载的吊车梁及类似构件或其他不考虑腹板屈曲后强度的组合梁，可根据腹板高厚比的大小，按 5.3.2 节划定的范围在梁腹板上布置横向加劲肋、纵向加劲肋及短加劲肋，以保证腹板的局部稳定。对于承受静力荷载的梁宜考虑腹板屈曲后强度，仅配支承加劲肋不能满足要求时，应设置中间横向加劲肋。

加劲肋可用型钢及钢板制作，一般用钢板制作的较多。加劲肋宜在腹板两侧成对布置，也可单侧布置，但支承加劲肋、考虑腹板屈曲后强度的梁的中间横向加劲肋及重级工作制吊车梁的加劲肋不应单侧配置。

不考虑屈曲后强度的组合梁的横向加劲肋最小间距为 $0.5h_0$，最大间距为 $2h_0$，对无局部压应力的梁，当 $h_0/t_w \leqslant 100 \sqrt{\frac{235}{f_y}}$ 时，最大间距可采用 $2.5h_0$。短加劲肋的最小间距为 $0.75h_1$，h_1 为纵向加劲肋至腹板计算高度上边缘的距离。

5.6.2 加劲肋的构造要求

在腹板两侧成对配置的钢板横向加劲肋，如图 5-30 所示，其截面尺寸应符合下列公式要求。

外伸宽度（以 mm 为单位）为

$$b_s \geqslant \frac{h_0}{30} + 40 \ \text{mm} \qquad (5\text{-}108)$$

厚度为

$$t_s \geqslant \frac{b_s}{15} \qquad (5\text{-}109)$$

在腹板一侧配置的钢板横向加劲肋，其外伸宽度应大于按式(5-108)算得的 1.2 倍，厚度不小于其外伸宽度的 1/15。

焊接梁的横向加劲肋与翼缘板相接处应切角，如图 5-30 所示，当切成斜角时，

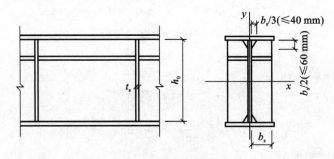

图 5-30　腹板加劲肋

其宽约为 $b_s/3$(但不大于 40 mm),高约为 $b_s/2$(但不大于 60 mm)。

在同时用横向加劲肋和纵向加劲肋加强的腹板中,横向加劲肋的截面尺寸除应符合上述规定外,其截面惯性矩尚应符合下式要求(见图 5-31)。

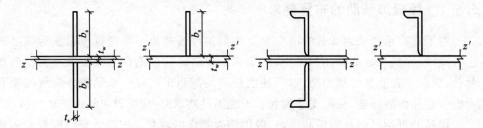

图 5-31　计算腹板加劲肋惯性矩时的轴线位置

$$I_z \geqslant 3h_0 t_w^3 \tag{5-110}$$

纵向加劲肋的截面惯性矩 I_y,应符合下列公式要求。

当 $a/h_0 \leqslant 0.85$ 时

$$I_y \geqslant 1.5h_0 t_w^3 \tag{5-111}$$

当 $a/h_0 > 0.85$ 时

$$I_y \geqslant \left(2.5 - 0.45 \frac{a}{h_0}\right)\left(\frac{a}{h_0}\right) h_0 t_w^3 \tag{5-112}$$

短加劲肋最小间距为 $0.75h_1$,外伸宽度应取为横向加劲肋外伸宽度的 $0.7 \sim 1.0$ 倍,厚度同样不小于短加劲肋外伸宽度的 1/15。

用型钢(如 H 型钢、工字钢、槽钢、肢尖焊于腹板的角钢)制成的加劲肋,其截面惯性矩不应小于相应钢板加劲肋的惯性矩。在腹板两侧成对配置的加劲肋(见图 5-14),其截面惯性矩应按梁腹板中心线为轴线计算。在腹板一侧配置的加劲肋,其截面惯性矩应按与加劲肋相连的腹板边缘为轴线进行计算。

5.6.3　支承加劲肋的计算

梁的支承加劲肋,应按承受梁支座反力或固定集中荷载的轴心受压构件计算其在腹板平面外的稳定。此受压构件的截面应包括加劲肋和加劲肋两侧

$15t_w \sqrt{235/f_y}$ 范围内的腹板面积,计算长度取 h_0,如图 5-32、图 5-33 所示。

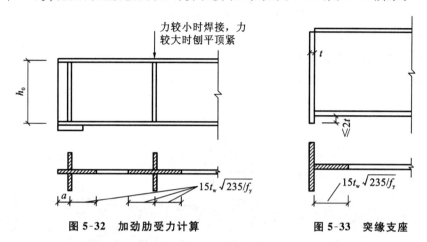

图 5-32 加劲肋受力计算　　　　　**图 5-33 突缘支座**

梁支承加劲肋的端部应按其所承受的支座反力或固定集中荷载进行计算;当端部为刨平顶紧时,计算其端面承压应力;当端部为焊接时计算其焊缝应力。对突缘支座,其伸出长度不得大于其厚度的 2 倍,如图 5-33 所示。

在考虑利用腹板屈曲后强度的设计中支承加劲肋所受的力按式(5-85)计算。

【例题 5-3】　试设计例题 5.2 的支座的支承加劲肋。

解:设计加劲肋形式如图 5-34 所示。

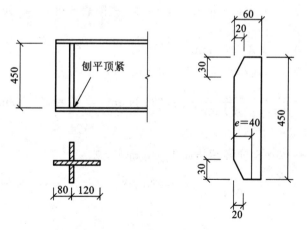

图 5-34 支座加劲肋

按构造要求为

$$b_s \geqslant \frac{h_0}{30} + 40 \ mm = 55 \ mm$$

厚度为

$$t_s = \frac{b_s}{15} = \frac{55 \ mm}{15} = 3.7 \ mm$$

取 $b_s=60$ mm, $t_s=6$ mm。

支座反力为: $R=59.83$ kN/m×6 m/2 $=179.5$ kN

肋板为—$60×6$。

加劲肋与腹板间的角焊缝计算。

取 $h_f=5$ mm, $l_w=60h_f=300$ mm, 则

$$\tau_f = \frac{R}{0.7h_f \sum l_f} = \frac{179.5×10^3 \text{ N}}{0.7×5 \text{ mm}×4×300 \text{ mm}} = 42.7 \text{ N/mm}^2$$

$$\sigma_f = \frac{R·e}{2W_f} = \frac{179.5×10^3 \text{ N}×40 \text{ mm}}{2×\dfrac{2×0.7×5 \text{ mm}×300^2 \text{ mm}^2}{6}} = 34.2 \text{ N/mm}^2$$

$$\sqrt{\left(\frac{\sigma_f}{\beta_f}\right)^2+\tau_f^2} = \sqrt{\left(\frac{34.2 \text{ N/mm}^2}{1.22}\right)^2+42.7^2 \text{ N/mm}^2}$$

$$= 51.1 \text{ N/mm}^2 < f = 160 \text{ N/mm}^2$$

验算平面外稳定。

如图 5-34 所示, $l_0=h_0=450$ mm, 十字形截面为

$$A=2×0.6×6 \text{ cm}^2+0.8×20 \text{ cm}^2=23.2 \text{ cm}^2$$

$$I≈0.6 \text{ cm}×12.8^3 \text{ cm}^3/12=104.9 \text{ cm}^4, \quad i=\sqrt{\frac{I}{A}}=\sqrt{\frac{104.9 \text{ cm}^4}{23.2 \text{ cm}^2}}=2.13 \text{ cm}$$

$$\lambda=l_0/i=45 \text{ cm}/2.13 \text{ cm}=21, 查附表 8 得 \varphi=0.967$$

$$\sigma=\frac{R}{A}=\frac{179.5×10^3 \text{ N}}{23.2×10^2 \text{ mm}^2}=77.4 \text{ N/mm}^2<\varphi f=207.9 \text{ N/mm}^2$$

肋板为—$60×6$, 实际承压面积 480 mm^2, 则

$$\sigma=\frac{R}{A_{ce}}=\frac{179.5×10^3 \text{ N}}{480 \text{ mm}^2}=374 \text{ N/mm}^2>f_{ce}=325 \text{ N/mm}^2$$

不满足要求。

肋板改为—$60×8$, 实际承压面积 640 mm^2, 则

$$\sigma=\frac{R}{A_{ce}}=\frac{179.5×10^3 \text{ N}}{640 \text{ mm}^2}=280 \text{ N/mm}^2<f_{ce}=325 \text{ N/mm}^2$$

满足要求。

5.7 翼缘与腹板连接焊缝设计

5.7.1 翼缘与腹板连接焊缝的计算

如图 5-35 所示, 焊接组合工字形截面, 翼缘与腹板常以角焊缝相连, 此焊缝单位长度所受的纵向水平剪力为 $V_h=\tau_1 t_w$。τ_1 为腹板在该处的剪应力, 按式(5-113)计算。

$$\tau_1 = \frac{V_{max} S_1}{I_x t_w} \tag{5-113}$$

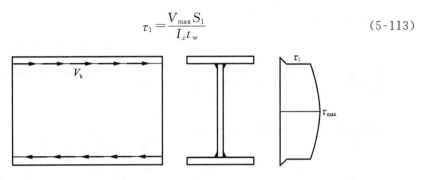

图 5-35 翼缘与腹板的连接焊缝

在此剪力作用下,采用双面角焊缝需要的焊脚尺寸为

$$h_f \geqslant \frac{1}{1.4 f_f^w} \frac{V_{max} S}{I_x} \tag{5-114}$$

如果梁上作用有固定集中荷载,而荷载作用处又未设置支承加劲肋,或梁上有移动的集中荷载(如吊车梁轮压),则焊缝不仅受水平剪力 V_h 作用,还受竖向荷载引起的压力作用。

单位长度焊缝所受竖向压力为

$$p = \sigma_c t_w = \frac{\psi F}{t_w l_z} \cdot t_w = \frac{\psi F}{l_z} \tag{5-115}$$

这时焊脚尺寸应满足

$$h_f \geqslant \frac{1}{1.4 f_f^w} \sqrt{\left(\frac{p}{\beta_f}\right)^2 + (V_h)^2} \tag{5-116}$$

当腹板与翼缘的连接焊缝采用焊透的 T 形对接与角接组合焊缝时,其强度可与主体金属等强,不必计算。

5.7.2 梁截面沿长度改变时的焊缝连接与构造

如图 5-36 所示,单层翼缘板的梁通过改变翼缘宽,达到变截面的目的。变截面点的位置可按弯矩包络图确定,一般距支座的距离为 $l/6$ 处变截面较为经济。较窄翼缘宽度 b_1 由变截面点弯矩 M_1 确定,但 b_1 不应小于 120 mm,否则与支座连接存在困难。翼缘宽度从 b 减为 b_1 应做成小于 1∶4 的缓坡,以减小应力集中。上翼缘受压可采用对接直焊缝,下翼缘受拉,根据焊缝质量可采用对接直焊缝或斜焊缝。分析表明,截面改变一次可节约钢材 10%~20%,改变两次,最多只能再节约 3%~4%,因此一般只变一次截面。对于跨度较小的梁,改变截面取得的经济效果往往并不明显,常不改变截面。当翼缘采用两层钢板时,外层钢板与内层钢板厚度比宜为 0.5~1.0。改变梁的截面可通过切断外层翼缘板实现,如图 5-37 所示。此时,其理论切断点处的外伸长度 l_1 应符合下列要求。

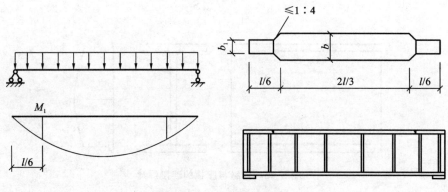

图 5-36　翼缘变截面

图 5-37　翼缘板切断

端部有正面角焊缝。

当 $h_f \geqslant 0.75t$ 时　　　　　　　　$l_1 \geqslant b$

当 $h_f < 0.75t$ 时　　　　　　　　$l_1 \geqslant 1.5b$

端部无正面角焊缝时　　　　　　　$l_1 \geqslant 2b$

b 和 t 分别为外层翼缘板的宽度和厚度，h_f 为侧面角焊缝和正面角焊缝的焊脚尺寸。

5.8　梁的拼接与连接

5.8.1　梁的拼接

梁的拼接分工厂拼接和工地拼接两种,当钢材的供应长度不够或者为利用短材时可进行工厂拼接。若梁的跨度较大,由于运输条件限制,可将梁在工厂中分段制造,运至现场后再进行拼接,称为工地拼接。拼接部位应设在内力较小处,一般设在 $l/3$ 或 $l/4$ 的位置,因而应该按该截面的弯矩和剪力的共同作用设计。图 5-38 所示的拼接采用对接焊缝直接相连,可以省工省料,是一种较常采用的方法,但翼缘与腹板连接处不易焊透。当施工条件较差,质量不易保证,或型钢截面较大时,可采用图 5-39 所示加盖板的连接方法。采用对接接头时,当焊缝为三级对接焊缝,受拉翼缘可采用斜焊缝。采用加盖板的对接连接方式时,可按翼缘承担全部弯矩,腹板承受全部剪力计算,它们分别通过各自的盖板传力。

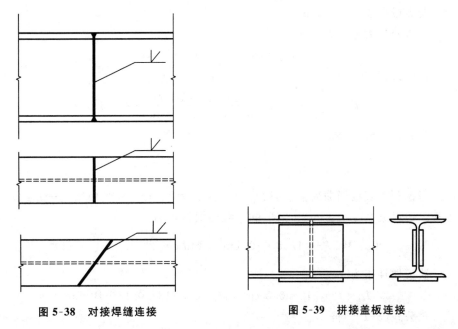

图 5-38　对接焊缝连接　　　　　　　图 5-39　拼接盖板连接

【例题 5-4】　试设计一跨度为 12 m 的工作平台梁,中间次梁传来的集中荷载标准值为 400 kN,设计值为 520 kN。边部次梁传来的集中荷载为中间的一半。图 5-40 为该梁的计算简图,该梁采用 Q235B 级钢制作,焊条采用 E43 型,考虑利用腹板屈曲后承载力。

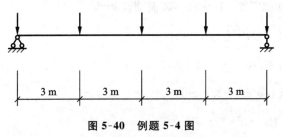

图 5-40　例题 5-4 图

解: (1)梁的截面选择。由设计荷载产生的梁跨中最大弯矩。

$$M_{max} = (1\ 040\ kN - 260\ kN) \times 6\ m - 520\ kN \times 3\ m = 3\ 120\ kN \cdot m$$

查得 $[v_T]$ 为 $l/400$,由式(5-106)按式(5-97)的推导过程可得梁的最小高度为

$$h_{min} = \frac{f_1}{6.5E}\left[\frac{l}{v_T}\right] = \frac{215\ N/mm^2 \times 12 \times 10^3\ mm}{6.5 \times 2.06 \times 10^5\ N/mm^2}\left[\frac{12 \times 10^3\ mm}{12 \times 10^3\ mm/400}\right] = 771\ mm$$

需要的净截面抵抗矩为

$$W_{nx} = \frac{M_{max}}{\gamma_x f} = \frac{3\ 120 \times 10^6\ N \cdot mm}{1.05 \times 215\ N/mm^2} = 1.38 \times 10^7\ mm^3 = 1.38 \times 10^4\ cm^3$$

由式(5-98)得梁的经济高度为

$$h_e = 7\sqrt[3]{W_{nx}} - 30\ cm = 138\ cm$$

因此梁腹板高取 1 400 mm。

支座处最大剪力为

$$V_{\max} = R - 260 \text{ kN} = 780 \text{ kN}$$

由公式(5-100)得

$$t_w \geqslant \frac{1.2V_{\max}}{h_w f_v} = \frac{1.2 \times 780 \times 10^3 \text{ N}}{1\ 400 \text{ mm} \times 125 \text{ N/mm}^2} = 5.3 \text{ mm}$$

由公式(5-101)得

$$t_w = \frac{\sqrt{h_w}}{3.5} = \frac{\sqrt{1\ 400}}{3.5} = 10.7 \text{ mm}$$

考虑利用腹板屈曲后强度,腹板厚取为 $t_w = 8$ mm。故腹板采用—1 400×8 的钢板。假设梁高 1 450 mm。需要的净截面惯性矩为

$$I_{nx} = W_{nx} \frac{h}{2} = 1.38 \times 10^4 \text{ cm}^3 \times 145 \text{ cm}/2 = 1.0 \times 1.0^6 \text{ cm}^4$$

腹板惯性矩为

$$I_{nx} = t_w h_0^3 / 12 = 0.8 \text{ cm} \times 140^3 \text{ cm}^3 / 12 = 0.18 \times 10^6 \text{ cm}^4$$

由公式(5-105)得

$$bt = \frac{2(I_x - I_w)}{h_0^2} = \frac{2(1.0 \times 10^6 \text{ cm}^4 - 0.18 \times 10^6 \text{ cm}^4)}{140^2 \text{ cm}^2} = 83.7 \text{ cm}^2$$

取 $b = h_0/5 \sim h_0/3 = 28 \sim 46.7$ cm,取 40 cm,$t = 83.7/40 = 2.09$ cm,取 $t = 22$ mm,$t > b/26 = 15.4$ mm。翼缘选用—400×22,所选截面尺寸如图 5-41 所示。截面惯性矩为

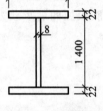

图 5-41 梁截面尺

$$I_x = t_w h_0^3 / 12 + 2bt \left[\frac{1}{2}(h_0 + t)\right]^2$$

$$= 0.8 \text{ cm} \times 140^3 \text{ cm}^3 / 12 + 2 \times 40 \text{ cm} \times 2.2 \text{ cm}$$

$$\times \left[\frac{1}{2}(140 \text{ cm} + 2.2 \text{ cm})\right]^2$$

$$= 1.07 \times 10^6 \text{ cm}^4$$

$$W_x = \frac{I_x}{h/2} = \frac{1.07 \times 10^6 \text{ cm}^4}{(140 \text{ cm} + 4.4 \text{ cm})/2} = 1.48 \times 10^4 \text{ cm}^3$$

$$A = 2bt + t_w h_0 = 2 \times 40 \text{ cm} \times 2.2 \text{ cm} + 0.8 \text{ cm} \times 140 \text{ cm} = 288 \text{ cm}^2$$

(2)承载力验算。

①强度验算。

梁自重为

$$g = A\gamma = 0.028\ 8 \text{ m}^2 \times 7.85 \times 9.8 \text{ kN/m}^3 = 2.22 \text{ kN/m}$$

设计荷载为

$$q = 1.2 \times 2.22 \text{ kN/m} = 2.66 \text{ kN/m}$$

$$M_{\max} = 3\ 120 \text{ kN} \cdot \text{m} + ql^2/8$$

$$= 3\ 120 \text{ kN} \cdot \text{m} + 2.66 \text{ kN/m} \times 12^2 \text{ m}^2/8 = 3\ 168 \text{ kN} \cdot \text{m}$$

$$\sigma=\frac{M_{\max}}{\gamma_x W_x}=\frac{3\ 168\times10^6\ \text{N}\cdot\text{mm}}{1.05\times1.48\times10^7\ \text{mm}^3}=203.9\ \text{N/mm}^2<f=205\ \text{N/mm}^2$$

（因翼缘板厚超过 16 mm，故 $f=205\ \text{N/mm}^2$）

剪应力、刚度不需验算，因为选腹板尺寸和梁高时已得到满足。

支座和集中力作用点处设支承加劲肋，故不必验算局部压应力。

②整体稳定验算。

次梁可视为主梁受压翼缘的侧向支撑，故 $l_1/b_1=300\ \text{cm}/40\ \text{cm}=7.5<16$，按表 5-6 的规定该梁不必进行整体稳定验算。

（3）翼缘和腹板连接焊缝计算。

梁最大剪力为

$$V_{\max}=780\ \text{kN}+2.66\ \text{kN/m}\times12\ \text{m}/2=796\ \text{kN}$$

$$S_1=40\ \text{cm}\times2.2\ \text{cm}\times(140\ \text{cm}+2.2\ \text{cm})/2=6\ 257\ \text{cm}^3$$

按式（5-114）有

$$h_f\geqslant\frac{1}{1.4f_f^w}\times\frac{V_{\max}S_1}{I_x}=\frac{1}{1.4\times160\ \text{N/mm}^2}\times\frac{796\times10^3\ \text{N}\times6\ 257\times10^3\ \text{mm}^3}{1.07\times10^{10}\ \text{mm}^4}=2.1\ \text{mm}$$

$$h_{f\min}=1.5\ \sqrt{t_{\max}}=1.5\ \sqrt{22}=7.04\ \text{mm}$$

故取 $h_f=8\ \text{mm}$。

（4）加劲肋设计。

①腹板验算。该梁利用腹板屈曲后强度，应在支座处及每个次梁处设置支承加劲肋。此外，梁端采取图 5-27(b)所示的构造措施，减小支座加劲肋与其相邻加劲肋的间距 a_1，使该处板段的 $\tau_{cr}=f_v$，即图 5-42 的板段 I 不会屈曲。取 $a_1=600\ \text{mm}$，则

$$a_1/h_0=600\ \text{mm}/1\ 400\ \text{mm}=0.429<1.0$$

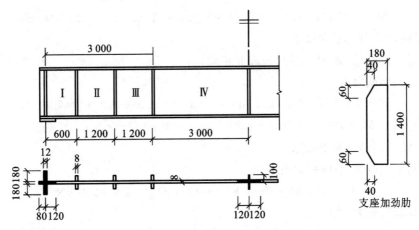

图 5-42　加劲肋布置图

由式（5-38）得

$$k=4+5.34(1\ 400\ \text{mm}/600\ \text{mm})^2=33.1$$

进一步由式(5-41)得

$$\lambda_s = \frac{h_0/t_w}{41\sqrt{k}}\sqrt{\frac{f_y}{235}} = \frac{1\,400\ \text{mm}/8\ \text{mm}}{41\ \sqrt{33.1}} = 0.742 < 0.8$$

由式(5-45)知 $\tau_{cr} = f_v$，故板段 I 不会屈曲。

对于板段 II，左侧截面剪力为

$$V_2 = 796\ \text{kN} - 2.66\ \text{kN/m} \times 0.6\ \text{m} = 794\ \text{kN}$$

相应弯矩为

$$M_2 = 796\ \text{kN} \times 0.6\ \text{m} - 2.66\ \text{kN/m} \times 0.6^2\ \text{m}^2/2 = 477\ \text{kN}\cdot\text{m}$$

$$M_f = 400\ \text{mm} \times 22\ \text{mm} \times 1\,400\ \text{mm} \times 205\ \text{N/mm}^2$$

$$= 2.53 \times 10^9\ \text{N}\cdot\text{mm} = 2\,530\ \text{kN}\cdot\text{m}$$

$$M_2 < M_f$$

$$a/h_0 = 1\,200\ \text{mm}/1\,400\ \text{mm} = 0.857 < 1.0$$

$$k = 4 + 5.34 \times (1\,400\ \text{mm}/1\,200\ \text{mm})^2 = 11.3$$

$$\lambda_s = \frac{h_0/t_w}{41\sqrt{k}}\sqrt{\frac{f_y}{235}} = \frac{1\,400\ \text{mm}/8\ \text{mm}}{41\ \sqrt{11.3}} = 1.27 > 1.2$$

由式(5-84)得

$$V_u = h_w t_w f_w/\lambda_s^{1.2} = 1\,400\ \text{mm} \times 8\ \text{mm} \times 125\ \text{N/mm}^2/1.27^{1.2}$$

$$= 1.051 \times 10^6\ \text{N} = 1\,051\ \text{kN}$$

$V_2 < V_u$，满足要求。

右侧截面剪力为

$$V_3 = 796\ \text{kN} - 2.66\ \text{kN/m} \times (0.6\ \text{m} + 1.2\ \text{m}) = 791\ \text{kN}$$

相应弯矩为

$$M_3 = 796\ \text{kN} \times 1.8\ \text{m} - 2.66\ \text{kN/m} \times 1.8^2\ \text{m}^2/2 = 1\,428\ \text{kN}\cdot\text{m}$$

$M_3 < M_f$，$V_3 < V_u$，满足要求。

对于板段 III，其 M_f、V_u 与板段 II 相同。

其右侧截面为

$$V_4 = 796\ \text{kN} - 2.66\ \text{kN/m} \times (0.6\ \text{m} + 1.2\ \text{m} + 1.2\ \text{m}) = 788\ \text{kN}$$

$$M_4 = 796\ \text{kN} \times 3\ \text{m} - 2.66\ \text{kN/m} \times 3^2\ \text{m}^2/2 = 2\,376\ \text{kN}\cdot\text{m}$$

$M_4 < M_f$，$V_4 < V_u$，满足要求。

对于板段 IV，右侧截面剪力为

$$V_5 = 796\ \text{kN} - 2.66\ \text{kN/m} \times 6\ \text{m} - 520\ \text{kN} = 260\ \text{kN}$$

相应弯矩为

$$M_5 = M_{max} = 3\,168\ \text{kN}\cdot\text{m}$$

$$a/h_0 = 3\,000\ \text{mm}/1\,400\ \text{mm} = 2.143 > 1.0$$

由式(5-39)得

$$k = 5.34 + 4 (1\,400\text{ mm}/3\,000\text{ mm})^2 = 6.211$$

$$\lambda_s = \frac{h_0/t_w}{41\sqrt{k}}\sqrt{\frac{f_y}{235}} = \frac{1\,400\text{ mm}/8\text{ mm}}{41\sqrt{6.211}} = 1.713 > 1.2$$

$$V_u = h_w t_w f_v/\lambda_s^{1.2} = 1\,400\text{ mm} \times 8\text{ mm} \times 125\text{ N/mm}^2/1.713^{1.2} = 7.34 \times 10^5\text{ N} = 734\text{ kN}$$

$$V_5 < 0.5 V_u = 367\text{ kN}$$

考虑梁受压翼缘扭转未受到约束,由式(5-56)得

$$\lambda_b = \frac{2h_c/t_w}{153}\sqrt{\frac{f_y}{235}} = \frac{2 \times 700\text{ mm}/8\text{ mm}}{153} = 1.144, 0.85 < \lambda_b < 1.25$$

由式(5-89)得

$$\rho = 1 - 0.82 \times (1.144 - 0.85) = 0.759$$

由式(5-87)得

$$a_e = 1 - \frac{(1-\rho)h_c^3 t_w}{2I_x} = 1 - \frac{(1-0.759) \times 700^3\text{ mm}^3 \times 8\text{ mm}}{2 \times 1.07 \times 10^{10}\text{ mm}^4} = 0.969$$

由式(5-87)得

$$M_{eu} = \gamma_x a_e W_x f = 1.05 \times 0.969 \times 1.48 \times 10^7\text{ mm}^3 \times 205\text{ N/mm}^2$$
$$= 309 \times 10^9\text{ N} \cdot \text{mm} = 3\,090\text{ kN} \cdot \text{m}$$

M_5 略大于 M_{eu},但 $\dfrac{M_5 - M_{eu}}{M_{eu}} \times 100\% = 2.5\% < 5\%$,故满足要求。

②加劲肋设计。

横向加劲肋截面:

$$b \geqslant \frac{h_0}{30} + 40\text{ mm} = \frac{1\,400\text{ mm}}{30} + 40\text{ mm} = 87\text{ mm},取 b_s = 120\text{ mm}$$

$$t_s \geqslant \frac{b_s}{15} = \frac{120\text{ mm}}{15} = 8\text{ mm},取 t_s = 8\text{ mm}$$

板段Ⅳ承受次梁支座反力的支承加劲肋的平面外稳定验算如下。

$$\lambda_s = 1.713 > 1.2$$

由式(5-47)有

$$\tau_{cr} = 1.1 f_v/\lambda_s^2 = 1.1 \times 125\text{ N/mm}^2/1.713^2 = 46.9\text{ N/mm}^2$$

由式(5-85)得加劲肋所承受的轴心力为

$$N_s = V_u - \tau_{cr} h_w t_w + F$$
$$= 734\text{ kN} - 46.9 \times 10^{-3}\text{ kN/mm}^2 \times 1\,400\text{ mm} \times 8\text{ mm} + 520\text{ kN}$$
$$= 729\text{ kN}$$

截面面积为

$$A = 2 \times 0.8\text{ cm} \times 12\text{ cm} + 2 \times 0.8\text{ cm} \times 15 \times 0.8\text{ cm} = 38.4\text{ cm}^4$$

$$I_z = \frac{0.8\text{ cm} \times 24.8^3\text{ cm}^3}{12} = 1\,017\text{ cm}^4, \quad i_z = \sqrt{\frac{I_z}{A}} = \sqrt{\frac{1\,017\text{ cm}^4}{38.4\text{ cm}^2}} = 5.15\text{ cm}$$

$$\lambda = \frac{140\text{ cm}}{5.15\text{ cm}} = 27, \quad \varphi = 0.946$$

$$N_s < \varphi A f = 0.946 \times 3\ 840\ \text{mm}^2 \times 215 \times 10^{-3}\ \text{kN/mm}^2 = 781\ \text{kN}$$

次梁与主梁采取构造措施,可不必验算加劲肋端部的承压强度。

除支座外,其他加劲肋仍采用2—120×8,不必验算。

支座加劲肋验算:支座加劲肋承受的力,为支座反力 $N = 796\ \text{kN} + 260\ \text{kN} = 1\ 056\ \text{kN}$。

采用2—120×12的板:

$$A = 2 \times 1.2\ \text{cm} \times 18\ \text{cm} + 20 \times 0.8\ \text{cm} = 59.2\ \text{cm}^2$$

$$I_z = \frac{1.2\ \text{cm} \times 36.8^3\ \text{cm}^3}{12} = 4\ 984\ \text{cm}^4, \quad i_z = \sqrt{\frac{I_z}{A}} = \sqrt{\frac{4\ 984\ \text{cm}^4}{59.2\ \text{cm}^2}} = 9.2\ \text{cm}$$

$$\lambda = \frac{140\ \text{cm}}{9.2\ \text{cm}} = 1.5, \quad \varphi = 0.983$$

$$N = 1\ 056\ \text{kN} < \varphi A f = 0.983 \times 5\ 920\ \text{mm}^2 \times 215 \times 10^{-3}\ \text{kN/mm}^2 = 1\ 251\ \text{kN}$$

满足要求。

端部承压强度为

$$\sigma_{ce} = \frac{1\ 056 \times 10^3\ \text{N}}{2 \times (180\ \text{mm} - 40\ \text{mm}) \times 12\ \text{mm}} = 314\ \text{N/mm}^2 < f_{ce} = 325\ \text{N/mm}^2$$

支座加劲肋与腹板连接的焊缝:

$$h_{f\ min} = 1.5\ \sqrt{t_{max}} = 1.5\ \sqrt{12} = 5.2\ \text{mm}$$

$$h_{f\ max} = 1.2\ t_{min} = 1.2 \times 8\ \text{mm} = 9.6\ \text{mm}$$

取 $h_f = 7$ mm, $60\ h_f = 420$ mm,则

$$\tau_f \geqslant \frac{N}{0.7 h_f \sum l_f} = \frac{1\ 056 \times 10^3\ \text{N}}{0.7 \times 7\ \text{mm} \times 4 \times 420\ \text{mm}}$$

$$= 128.3\ \text{N/mm}^2 < f_f^w = 160\ \text{N/mm}^2$$

满足要求。

5.8.2 主次梁的拼接

1.节点设计的原则

整个结构是由构件和节点构成的。单个构件必须通过节点相连接并协同工作才能形成结构整体。即使每个构件都能满足安全使用的要求,如果节点设计处理不恰当,连接节点的破坏,也常会引起整个结构的破坏。可见,要使结构能够满足预定功能的要求,正确的节点设计与构件设计,两者具有同等的重要性。

由于连接节点受力状态较为复杂,不易精确地分析其工作状态。所以,在节点设计时应遵循下列基本原则。

(1)连接节点应有明确的传力路线和可靠的构造保证。传力应均匀和分散,尽可能减少应力集中现象。在节点设计过程中,一方面要根据节点构造的实际受力状态,选择合理的结构计算简图;另一方面节点构造要与结构的计算简图相一致。避免因节点构造不恰当而改变结构或构件的受力状态,并尽可能地使节点计算简图接

近于节点实际工作情况。

（2）便于制作、运输和安装。节点构造设计是否恰当，对制作和安装影响很大。节点设计便于施工，则施工效率高，成本降低；反之，则成本高，且工程质量不易保证。所以应尽量简化节点构造。

（3）经济合理。要对设计、制作和施工安装等方面综合考虑后，确定最合适的方案。在省工时与省材料之间达成最佳平衡。尽可能减少节点类型，连接节点做到定型化和标准化。各类节点的具体构造不尽相同，也很难同时满足上述各项原则。总体来说，首先是节点能够保证具有良好的承载力，使结构或构件可以安全可靠地工作；其次则是施工方便和经济合理。

2. 次梁与主梁的连接节点

次梁与主梁的连接有铰接和刚接两种。若次梁按简支梁或连续梁计算，但在连接节点处只传递次梁的竖向支座反力，其连接为铰接。若次梁按连续梁计算，连接节点除传递次梁的竖向支座反力外，还能同时传递次梁的端弯矩，其连接为刚接。

次梁与主梁的连接形式按其连接相对位置的不同，可分为叠接和平接两种。

1）次梁与主梁铰接

（1）叠接。叠接是把单跨次梁直接放在主梁上，如图 5-43 所示，并用焊缝或螺栓固定其相互间的位置。当次梁支座反力较大时，应在主梁支承次梁的位置设置支承加劲肋，以避免主梁腹板承受过大的局部压力。主梁腹板横向加劲肋的间距要结合次梁的支承位置来确定。

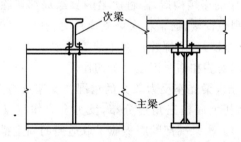

图 5-43　次梁与主梁的叠接一

另一种叠接做法是次梁在主梁上连续通过，如图 5-44 所示。由于次梁本身是连续的，次梁支座弯矩可以直接传递。当次梁需要拼接时，拼接位置应选择在弯矩较小处。当次梁荷载较大或主梁上翼缘较宽时，可在主梁支承次梁处设置焊于主梁中心的垫板，以保证次梁支座反力以集中力的形式传给主梁，避免主梁受扭，如图 5-45 所示。这种连接的优点是构造简单，次梁安装方便。缺点是主次梁结构所占空间大，其使用常受到限制。

（2）平接。平接是将次梁连接在主梁的侧面，可以直接连于主梁的加劲肋、短角钢和承托，如图 5-46 所示。次梁顶面根据需要可以与主梁顶面相平，或比主梁顶面稍低。平接可以降低结构高度，故在实际工程中应用较为广泛。

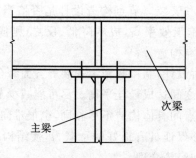

图 5-44 次梁与主梁的叠接二

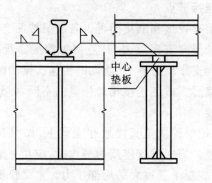

图 5-45 主梁的中心

图 5-46(a)、(b)中的连接构造,需将次梁的翼缘局部切除。考虑到连接处有一定的约束作用,并非理想铰接,通常将次梁支座反力值加大 $20\%\sim30\%$ 进行连接计算。当次梁的支座反力较大,用螺栓连接不能满足要求时,可采用焊缝连接承受支座反力,此时螺栓仅起安装和临时固定位置的作用。

图 5-46(c)适用于次梁支座反力较大的情况。支座反力全部由承托传递,支座反力引起的压力在承托上面按三角形分布,反力合力作用点位于承托顶板外边缘 $a/3$ 处(见图 5-47(c))。次梁端部的腹板应采取适当的固定措施防止支座处截面的扭转。

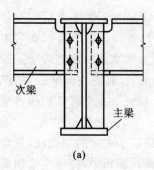

(a)

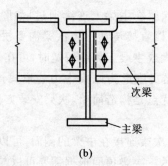

(b)

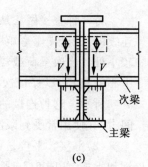

(c)

图 5-46 次梁与主梁的平接

2)次梁与主梁刚接

次梁与主梁刚接时,由于连接节点除传递次梁的竖向支座反力外,还要传递次梁的梁端弯矩,当主梁两侧的次梁梁端弯矩相差较大时,会使主梁受扭,对主梁不利。因此,只有当主梁两侧次梁的梁端弯矩差较小时,才采用这种连接方式。

次梁与主梁的刚接常采用平接形式。此时,次梁连接在主梁的侧面,并与主梁刚接,两相邻次梁成为支承于主梁侧面的连续梁,如图 5-47 所示。为此,两跨次梁之间必须保证能够传递其支座弯矩。图 5-47(a)为采用高强度螺栓连接。图 5-47(b)为次梁支承在主梁的承托上,采用焊缝连接。由于次梁弯矩主要由其翼缘承受,所以在次梁翼缘上应设置连接盖板。次梁支座负弯矩可以分解为上翼缘拉力和下翼缘压力的力偶 $N=\dfrac{M}{h}$(h 为次梁高度)。计算时,次梁上、下翼缘与连接板的螺栓连接或焊缝连接要满足承受 N 力的要求。次梁的竖向支座反力 R 则通过螺栓传给主梁腹板加劲肋,如图 5-47(a)所示,或直接通过次梁梁端承压传给主梁的承托,如图5-47(b)所示。次梁的竖向支座反力 R 在承托顶板上的作用位置可视为距承托外边缘 $\dfrac{a}{3}$ 处,承托顶板上的压力为三角形分布,如图 5-47(c)所示。

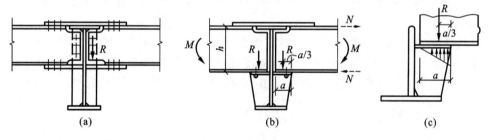

图 5-47 次梁与主梁的平接

【本章小结】

1.钢结构中最常用的有型钢梁和组合梁。其计算包括强度(抗弯强度、抗剪强度 τ、局部承压强度 σ_c 和折算应力 σ_{zs})、刚度、整体稳定和局部稳定等。

2.型钢梁若截面无太大削弱可不计算 τ 和 σ_{zs},同时若无较大集中荷载或支座反力时,可不计算 σ_c,局部稳定也不必计算。因此一般情况下,型钢梁只需计算抗弯强度、刚度和整体稳定。

3.组合梁在固定集中荷载处如设有支承加劲肋时,可不计算 σ_c、σ_{zs},只在同时受有较大正应力 σ 和剪应力 τ 或者还有局部应力的部位(如截面改变处的腹板计算高度边缘)才作计算。除此之外其余各项均须计算。

4.梁的抗弯强度计算中,σ 按式(5-2)和式(5-3)计算。式中系数 γ_x 和 γ_y 用以考虑允许部分截面塑性发展到一定深度,使承载力提高的影响。对于直接承受动力荷载且需计算疲劳的梁,或者翼缘宽厚比值较大的梁,不考虑这一影响,取 $\gamma_x=\gamma_y=1.0$。

5.梁的抗剪强度计算中,剪应力 τ、局部承压强度 σ_c 和折算应力 σ_{zs} 分别按式(5-4)单轴;式(5-5)双轴;式(5-7)和式(5-10)计算。

6.梁的刚度按式(5-12)计算,其标准荷载取值应与《钢结构设计标准》(GB 50017—2017)规定的容许挠度值 $[v]$ 相对应。

7.《钢结构设计标准》(GB 50017—2017)对梁的整体稳定计算方法,是按第一类稳定问题取理想直梁按弹性二阶分析方法算出其临界弯矩 M_{cr},然后以此为依据制定出计算式(5-18)和式(5-24);式中 $\varphi_b \leqslant 1.0$ 为梁的整体稳定系数。对等截面焊接工字形和轧制 H 型钢简支梁,φ_b 按式(5-21)计算;对轧制普通工字钢简支梁,φ_b 由表5-4查取;对轧制槽钢简支梁,φ_b 按式(5-26)计算。由于临界弯矩 M_{cr} 和式(5-19)是按弹性分析结果制定的,因此当算得 $\varphi_b \geqslant 0.6$ 时,应考虑塑性影响,按式(5-23)进行修正。

8.提高梁的整体稳定性的关键是增强梁的抵抗侧向弯曲和扭转变形的能力。梁的侧向抗弯刚度 EI_y、抗扭刚度 GI_y 越高,梁的受压翼缘自由长度 l_1(即梁的侧向支承间距)越小,梁的临界弯矩 M_{cr} 越大。此外,M_{cr} 大小还与梁所受荷载类型(均布荷载比集中荷载不利)和荷载作用位置(作用在上翼缘比在下翼缘不利)等因素有关。因此梁的整体稳定计算中所涉及的各种系数如 φ_b、β_b、η_b 等与上述各项因素有关。

9.当有密铺的铺板和梁受压翼缘连牢并能阻止受压翼缘扭转和侧向位移时,或者当梁的 l_1/b_1 比值不超过表5-6的规定时,可不验算梁的整体稳定。

10.组合梁的翼缘板局部稳定由控制翼缘板宽厚比来保证,要求其 $b/t \leqslant 15\sqrt{\dfrac{235}{f_y}}$,若允许梁部分截面塑性发展,则要求 $b/t \leqslant 13\sqrt{\dfrac{235}{f_y}}$。

11.对于直接承受动力荷载的吊车梁及类似构件,或其他不考虑腹板屈曲后强度的组合梁,由控制腹板宽厚比、设置加劲肋以及必要时还要进行计算来保证腹板局部稳定。腹板局部稳定应据加劲肋布置的情况分别按式(5-70)、式(5-71)及式(5-78)计算,横向、纵向加劲肋均应有一定的刚度才能阻止腹板局部失稳。其尺寸和刚度要求见式(5-108)~式(5-112)。支承加劲肋除应满足横向加劲肋尺寸和刚度要求外,还应计算其稳定性和端面承压强度。此外,各类加劲肋还满足各自的构造要求。

12.四边支承的薄板,当局部失稳发生凹凸变形时,由于薄膜张力场的作用,薄板还能继续承担荷载,其承载力称为屈曲后强度。对于承受静力荷载和间接承受动力荷载的组合梁,可以按腹板屈曲后强度进行设计,其设计公式为式(5-91)。

13.考虑腹板屈曲后强度的组合梁,其加劲肋设计应考虑张力场分力的影响。

【复习思考题】

5-1　进行梁的强度验算时,都验算哪些内容?

5-2　梁整体失稳发生的原因是什么,会发生何种失稳,属第几类稳定问题?

5-3　哪些内力可引起薄板的屈曲,屈曲后变形状态如何?

5-4　什么原因使梁腹板失稳后还有承载潜能,在什么情况下可以利用其屈曲后承载力?

5-5　以纯弯梁为例,分析哪些因素影响其临界弯矩,及提高临界荷载的可能措施。

5-6　在钢梁整体稳定计算时,残余应力的影响是如何考虑的?

【习题】

5-1　某楼盖为一两端简支梁,跨度为 15 m,承受均布静力荷载,恒荷载标准值为 35 kN/m(不包括梁自重),活荷载标准值为 45 kN/m,该梁拟采用 Q235 级钢制作,采用焊接组合工字形截面。若该梁整体稳定能够保证,试设计该梁。

5-2　某工作平台梁,两端简支,跨度为 6 m,采用型号 I56b 的工字钢制作,钢材为 Q345。该梁承受均布荷载,荷载为间接动力荷载。若工作平台梁的铺板未与钢梁连牢,试求该梁能承担的最大设计荷载。

5-3　某焊接工字形等截面简支梁,如图 5-48 所示,跨度 10 m,在跨中作用有一静力集中荷载,该荷载由两部分组成,一部分为恒载,标准值为 200 kN;另一部分为活载,标准值为 300 kN。荷载沿梁的跨度方向支承长度为 150 mm;该梁在支座处设有支承加劲肋。若该梁采用 Q235 钢制作,试验算该梁的强度、刚度是否满足要求。

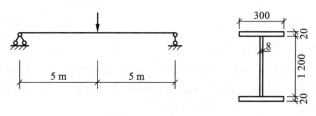

图 5-48　习题 5-3 图

第6章 拉弯和压弯构件

6.1 拉弯和压弯构件的强度和刚度

同时承受轴向力和弯矩或横向荷载共同作用的构件称为拉弯（或压弯）构件，如图 6-1、图 6-2 所示，弯矩可能由轴向力的偏心、端弯矩或横向荷载作用三种因素形成。当弯矩作用在截面的一个主轴平面内时称为单向拉弯（或压弯）构件；当弯矩作用在截面的两个主轴平面内时称为双向拉弯（或压弯）构件。

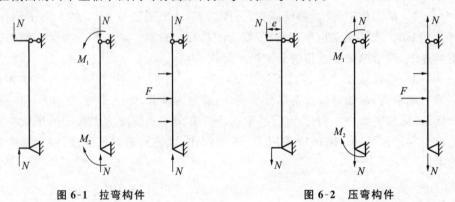

图 6-1　拉弯构件　　　　　　　　　图 6-2　压弯构件

拉弯、压弯构件在钢结构中的应用十分广泛，有节间荷载作用的屋架、塔架支柱、厂房框架柱及高层建筑的框架柱等都属拉弯或压弯构件。如图 6-3 所示的带天窗屋架，其下弦杆为拉弯构件，上弦杆为压弯构件；如图 6-4 所示的单层厂房框架柱为压弯构件。

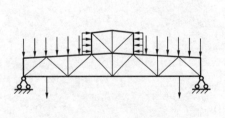

图 6-3　有节间荷载作用的屋架

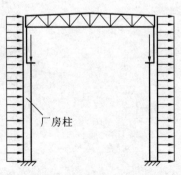

图 6-4　单层厂房框架柱

6.1.1 拉弯、压弯构件的截面形式

拉弯、压弯构件的截面形式可分为型钢截面和组合截面两类。组合截面又分实腹式和格构式两种。当弯矩较小时,拉弯、压弯构件的截面形式与轴心受压构件相同;但当构件承受的弯矩相对很大时,可采用截面高度较大的双轴对称截面;而当只有一个方向弯矩较大时,可采用如图 6-5(a)所示的单轴对称截面,使弯矩绕强轴(x轴)作用,并使较大的翼缘位于受压一侧。此外,压弯构件也可以采用由型钢和缀件组成的格构柱,如图 6-5(b)所示,以便充分利用材料,获得较好的经济效果。

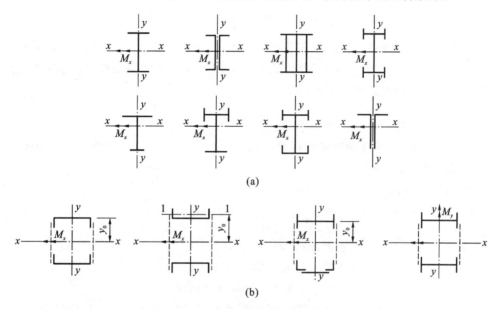

(a)

(b)

图 6-5 压弯杆件常用截面形式

6.1.2 拉弯、压弯构件的强度计算

对于承受静力荷载作用的实腹式拉弯或压弯构件,截面上的应力分布是不均匀的,其最不利截面,即最大弯矩截面或有严重削弱的截面最终以出现塑性铰时达到其强度极限状态而破坏。

如图 6-6 所示是一承受轴心压力 N 和弯矩 M 共同作用的矩形截面构件,当荷载较小时,在截面边缘纤维的压应力还小于钢材的屈服强度时,整个截面都处于弹性状态,如图 6-6(a)所示。荷载继续增加,截面受压区进入塑性状态,如图 6-6(b)所示。如荷载再继续增加,使截面的另一边纤维的拉应力也达到屈服强度时,部分受拉区的材料也进入塑性状态,如图 6-6(c)所示。图 6-6(b)和(c)中的截面处于弹塑性状态。当荷载再继续增加时,整个截面进入塑性状态形成塑性铰,如图 6-6(d)所示。

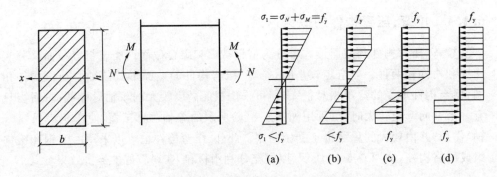

图 6-6 压弯杆件截面的受力状态

构件截面出现塑性铰时,将发生很大变形,而不能正常使用。因此考虑截面在弹塑性阶段工作,并像受弯构件一样用截面塑性发展系数 γ 控制其塑性区发展深度。

(1)对单向拉弯、压弯构件。

$$\frac{N}{A_n} \pm \frac{M_x}{\gamma_x W_{nx}} \leqslant f \tag{6-1}$$

式(6-1)也适用于单轴对称截面,因此在弯曲正应力一项带正负号,W_{nx} 取值应与正负号相适应。

(2)对于双向拉弯、压弯构件。

$$\frac{N}{A_n} \pm \frac{M_x}{\gamma_x W_{nx}} \pm \frac{M_y}{\gamma_y W_{ny}} \leqslant f \tag{6-2}$$

式中 A_n——构件净截面面积;

M_x、M_y——分别为对 x 轴和 y 轴的计算弯矩;

W_{nx}、W_{ny}——分别为对 x 轴和 y 轴的净截面模量;

γ_x、γ_y——与截面模量相应的截面塑性发展系数,按表 5-1 的规定选取。

当压弯构件受压翼缘的自由外伸宽度 b_1 与其厚度 t 之比大于 $13\sqrt{235/f_y}$,而不超过 $15\sqrt{235/f_y}$ 时,不考虑塑性发展,取 $\gamma_x = 1.0$;当需要计算疲劳强度时,宜取 $\gamma_x = \gamma_y = 1.0$。

6.1.3 拉弯、压弯构件的刚度计算

拉弯、压弯构件的刚度仍采用长细比 λ 来控制,即

$$\lambda_{max} \leqslant [\lambda] \tag{6-3}$$

式中 $[\lambda]$——构件容许长细比,见表 4-1、表 4-2。

当弯矩很大,或其他需要时,还应同受弯构件一样验算其挠度或变形,使其不超过容许值。

【例题 6-1】 试计算如图 6-7 所示拉弯构件的强度和刚度。轴心拉力设计值 $N = 210$ kN,杆中点横向集中荷载设计值 $F = 31.2$ kN,均为静力荷载。杆中点螺栓的孔径 $d_0 = 22$ mm。钢材为 Q235,$[\lambda] = 350$。

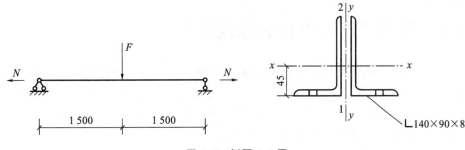

图 6-7　例题 6-1 图

解:查型钢表得,角钢 L $140 \times 90 \times 8$ 的截面特性和质量如下。

$A = 18.04$ cm², $g = 14.2$ kg/m, $I_x = 366$ cm⁴, $i_x = 4.5$ cm, $i_y = 2.59$ cm, $z_y = 45$ mm。

(1)强度计算。

内力计算(杆中点为最不利截面)

$$N = 210 \text{ kN}$$

最大弯矩设计值(计入杆自重)为

$$M_{max} = \frac{Fl}{4} + \frac{gl^2}{8} = \frac{31.2 \times 3}{4} + \frac{1.2 \times 2 \times 14.2 \times 9.8 \times 3^2}{8 \times 10^3} = 23.77 (\text{kN} \cdot \text{m})$$

截面几何特性为

$$A_n = 2(18.04 - 2.2 \times 0.8) = 32.56 (\text{cm}^2)$$

净截面模量(设中和轴位置不变,仍与毛截面的相同)

肢背处　$W_{n1} = \dfrac{2[366 - 2.2 \times 0.8 (4.5 - 0.4)^2]}{4.5} = 149.51 (\text{cm}^3)$

肢尖处　$W_{n2} = \dfrac{2[366 - 2.2 \times 0.8 (4.5 - 0.4)^2]}{9.5} = 70.82 (\text{cm}^3)$

承受静力荷载的实腹式截面,由式(6-1)计算。根据第 5 章的规定,$\gamma_{x1} = 1.05$,$\gamma_{x2} = 1.2$。

肢背处(点 1)截面强度为

$$\frac{N}{A_n} + \frac{M_{max}}{\gamma_{x2} W_{n1}} = \frac{210 \times 10^3 \text{ N}}{32.56 \times 10^2 \text{ mm}^2} + \frac{23.77 \times 10^6 \text{ N} \cdot \text{mm}}{1.2 \times 149.51 \times 10^3 \text{ mm}^3}$$
$$= 196.98 \text{ N/mm}^2 < f = 215 \text{ N/mm}^2$$

满足要求。

(2)刚度计算。

$$\lambda_x = \frac{l}{i_x} = \frac{300 \text{ cm}}{4.5 \text{ cm}} = 66.7 < [\lambda] = 350$$

$$\lambda_y = \frac{l}{i_y} = \frac{300 \text{ cm}}{2.59 \text{ cm}} = 115.8 < [\lambda] = 350$$

满足要求。

6.2 实腹式压弯构件的稳定计算

压弯构件的截面尺寸通常由稳定承载力确定。对于双轴对称截面一般将弯矩绕强轴作用,而单轴对称截面则将弯矩作用在对称轴平面内,故构件可能在弯矩作用平面内弯曲屈曲。但因构件在垂直于弯矩作用平面的刚度较小,所以也可能因侧向弯曲和扭转使构件产生弯扭屈曲,即通称的弯矩作用平面外失稳。因此,对压弯构件须分别对其他两方向的稳定进行计算。

6.2.1 实腹式压弯构件在弯矩作用平面内的稳定

实腹式压弯构件在弯矩平面内的稳定计算公式为

$$\frac{N}{\varphi_x A} + \frac{\beta_{mx} M_x}{\gamma_{1x} W_{1x} \left(1 - 0.8 \dfrac{N}{N'_{Ex}}\right)} \leqslant f \tag{6-4}$$

式中　N——压弯构件计算段的轴心压力设计值;

　　　φ_x——弯矩作用平面内不计弯矩作用时的轴心受压构件的稳定系数;由附表 7~附表 10 查得;

　　　A——构件截面面积;

　　　M_x——所计算构件段范围内的最大弯矩设计值;

　　　N'_{Ex}——参数,$N'_{Ex} = \dfrac{\pi^2 EA}{1.1 \lambda_x^2}$;

　　　W_{1x}——弯矩作用平面内较大受压纤维的毛截面模量;

　　　γ_{1x}——与 W_{1x} 相应的截面塑性发展系数,按表 5-1 选用;

　　　β_{mx}——弯矩作用平面内等效弯矩系数。

β_{mx} 按下列情况取值。

(1)框架柱和两端有支承的构件。

①无横向荷载作用:$\beta_{mx} = 0.65 + 0.35 M_2/M_1$,$M_1$ 和 M_2 为端弯矩,使构件产生同向曲率(无反弯点)时取同号,使构件产生反向曲率(有反弯点)时取异号,$|M_1| \geqslant |M_2|$;

②有端弯矩和横向荷载同时作用:使构件产生同向曲率时,$\beta_{mx} = 1.0$;使构件产生反向曲率时,$\beta_{mx} = 0.85$;

③无端弯矩但有横向荷载作用时:$\beta_{mx} = 1.0$。

(2)悬臂构件和分析内力未考虑二阶效应的无支撑纯框架和弱支撑框架柱($\beta_{mx} = 1.0$)。

对于单轴对称截面(如 T 形、槽形截面)的压弯构件,当弯矩作用在对称轴平面内且使较大翼缘受压时,可能使较小翼缘一侧因受拉区塑性发展过大而导致构件破坏,对这类构件,除应按式(6-4)计算弯矩平面内稳定外,还应作如下补充计算。

$$\left| \frac{N}{A} - \frac{\beta_{mx}M_x}{\gamma_{2x}W_{2x}\left(1 - 2.5\dfrac{N}{N'_{Ex}}\right)} \right| \leqslant f \tag{6-5}$$

式中　W_{2x}——对较小翼缘的毛截面模具；

　　　γ_{2x}——与 W_{2x} 相应的截面塑性发展系数。

6.2.2　实腹式压弯构件在弯矩作用平面外的稳定

当压弯构件的弯矩作用于截面的最大刚度平面内(即绕强轴弯曲)时，由于弯矩作用平面外截面的刚度较小，构件就有可能向弯矩作用平面外发生侧向弯扭屈曲而破坏，如图 6-8 所示。为简化计算，并与轴心受压构件和梁的稳定计算公式协调，实腹式压弯构件在弯矩作用平面外的稳定验算公式为

$$\frac{N}{\varphi_y A} + \eta\frac{\beta_{tx}M_x}{\varphi_b W_{1x}} \leqslant f \tag{6-6}$$

式中　M_x——所计算构件范围内(构件侧向支撑点之间)的最大弯矩设计值；

　　　φ_y——弯矩作用平面外的轴心受压构件的稳定系数；

　　　η——截面影响系数，闭口截面 $\eta=0.7$，其他截面 $\eta=1.0$；

　　　φ_b——均匀弯曲的受弯构件整体稳定系数；

　　　β_{tx}——弯矩作用平面外等效弯矩系数。

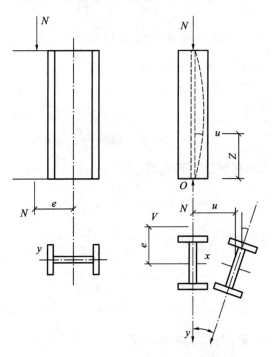

图 6-8　弯矩作用平面外的弯扭屈曲

β_{tx} 应根据下列规定采用。

(1)在弯矩作用平面外有支承的构件,应根据两相邻支撑点间构件段内的荷载和内力情况确定。

①所考虑构件段无横向荷载作用:$\beta_{tx}=0.65+0.35M_2/M_1$,$M_1$ 和 M_2 是弯矩作用平面内的端弯矩,使构件产生同向曲率时取同号,使构件产生反向曲率时取异号,$|M_1|\geqslant|M_2|$。

②所考虑构件段内有端弯矩和横向荷载同时作用:使构件产生同向曲率时,$\beta_{tx}=1.0$;使构件产生反向曲率时,$\beta_{tx}=0.85$。

③所考虑构件段内无端弯矩但有横向荷载作用时:$\beta_{tx}=1.0$。

(2)变矩作用平面外为悬臂的构件:$\beta_{tx}=1.0$。

φ_b 按(第 5 章)受弯构件规定计算:对闭口截面 $\varphi_b=1.0$,对工字钢(含 H 型钢)和 T 形截面的非悬臂构件,当 $\lambda_y=120\sqrt{\dfrac{235}{f_y}}$ 时,可按下列近似公式计算。

①工字钢截面(含 H 型钢)

双轴对称时

$$\varphi_b=1.07-\frac{\lambda_y^2}{44\,000}\cdot\frac{f_y}{235}\leqslant1 \tag{6-7(a)}$$

单轴对称时

$$\varphi_b=1.07-\frac{W_x}{(2\alpha_b+0.1)Ah}\cdot\frac{\lambda_y^2}{14\,000}\cdot\frac{f_y}{235}\leqslant1 \tag{6-7(b)}$$

式中,$\alpha_b=\dfrac{I_1}{I_1+I_2}$($I_1$、$I_2$ 分别为受压翼缘、受拉翼缘对 y 轴的惯性矩)。

②T 形截面(弯矩作用在对称轴平面,绕 x 轴)

弯矩使翼缘受压时,分析如下。

双角钢 T 形截面

$$\varphi_b=1-0.001\,7\lambda_y\sqrt{\frac{f_y}{235}}\leqslant1 \tag{6-8}$$

部分 T 型钢和两板组合 T 形截面

$$\varphi_b=1-0.002\,2\lambda_y\sqrt{\frac{f_y}{235}}\leqslant1 \tag{6-9}$$

弯矩使翼缘受拉且腹板宽厚比不大于 $18\sqrt{\dfrac{235}{f_y}}$ 时

$$\varphi_b=1-0.000\,5\lambda_y\sqrt{\frac{f_y}{235}}\leqslant1 \tag{6-10}$$

按近似计算式式(6-7)～式(6-10)算得的 $\varphi_b>0.6$ 时,不需 φ_b' 作换算。

6.2.3 实腹式压弯构件的局部稳定

实腹式压弯构件常用工字形、箱形和 T 形截面,这些截面由较宽较薄的板件组成时,也可能会丧失局部稳定,因此设计时应满足其局部稳定要求。实腹式压弯构件的局部稳定与轴心受压构件和受弯构件一样,也是以受压翼缘和腹板宽厚比限值来保证的。

1. 腹板的局部稳定

实腹式压弯构件的腹板上有不均匀的正应力和剪应力共同作用,腹板上边缘是压应力,下边缘则根据弯矩和轴力的不同可能是压应力,也可能是拉应力,如图 6-9 所示。

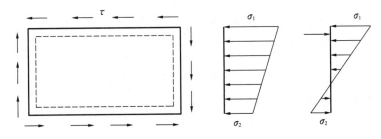

图 6-9　压弯构件的腹板受力状况

为保证局部稳定,根据其应力情况,经理论分析,对压弯构件的腹板高厚比作出如下规定。

(1)对工字形和 H 形截面:

当 $0 \leqslant \alpha \leqslant 1.6$ 时

$$\frac{h_0}{t_w} \leqslant (16\alpha_0 + 0.5\lambda + 25)\sqrt{\frac{235}{f_y}} \tag{6-11}$$

当 $0 \leqslant \alpha_0 \leqslant 2.0$ 时

$$\frac{h_0}{t_w} \leqslant (48\alpha_0 + 0.5\lambda + 26.2)\sqrt{\frac{235}{f_y}} \tag{6-12}$$

式中　α_0——应力梯度,$\alpha_0 = \dfrac{\sigma_{max} - \sigma_{min}}{\sigma_{max}}$;

　　　σ_{max}——腹板计算高度边缘的最大压应力(即图 6-9 中 σ_1),计算时不考虑构件的稳定系数和截面塑性发展系数;

　　　σ_{min}——腹板计算高度另一边缘相应的应力(即图 6-9 中 σ_2),压应力取正值,拉应力取负值;

　　　λ——构件在弯矩作用平面内的长细比,当 $\lambda < 30$ 时,取 $\lambda = 30$;当 $\lambda > 100$ 时,取 $\lambda = 100$。

(2)对于箱形截面:

要求腹板高厚比 $\dfrac{h_0}{t_w}$ 不得大于式(6-11)等号右侧值或式(6-12)等号右侧值乘以 0.8,但当此值小于 $40\sqrt{\dfrac{235}{f_y}}$ 时,则取 $40\sqrt{\dfrac{235}{f_y}}$。

(3)对于 T 形截面:

当弯矩使自由边受压时,腹板宽厚比的限值如下。

当 $\alpha_0 \leqslant 1.0$ 时

$$\frac{h_0}{t_w} \leqslant 15 \sqrt{\frac{235}{f_y}} \tag{6-13}$$

当 $\alpha_0 > 1.0$ 时

$$\frac{h_0}{t_w} \leqslant 18 \sqrt{\frac{235}{f_y}} \tag{6-14}$$

当弯矩使腹板自由边受拉,腹板宽厚比的限值与轴心压杆情况相同时,即为

对于热轧部分 T 型钢

$$\frac{h_0}{t_w} \leqslant (15+0.2)\lambda \sqrt{\frac{235}{f_y}} \tag{6-15}$$

对于焊接 T 型钢

$$\frac{h_0}{t_w} \leqslant (15+0.17\lambda) \sqrt{\frac{235}{f_y}} \tag{6-16}$$

对于十分宽大的工字形、H 形或箱形截面压弯构件,当腹板宽厚比不满足上述要求时,也可以像中心受压柱那样,设置纵向加劲肋或按截面有效宽度计算。

2. 翼缘的局部稳定

压弯构件的受压翼缘基本上受均匀压应力作用,自由外伸部分属三边简支一边自由,这和受弯构件受压翼缘相似,因此其翼缘宽厚比的规定与受弯构件相同。其翼缘自由外伸宽度 b_1 与其厚度之比限制如下。

按弹性计算时$(\gamma_x = 1)$

$$\frac{b_1}{t} \leqslant 15 \sqrt{\frac{235}{f_y}} \tag{6-17}$$

允许截面发展部分塑性时$(\gamma_x > 1)$

$$\frac{b_1}{t} \leqslant 13 \sqrt{\frac{235}{f_y}} \tag{6-18}$$

对于箱形截面压弯构件的两腹板之间的受压翼缘部分的宽度比限制为

$$\frac{b_1}{t} \leqslant 40 \sqrt{\frac{235}{f_y}} \tag{6-19}$$

实腹式压弯构件的构造要求与实腹式轴心受压构件相同。

【例题 6-2】 如图 6-10 所示为 Q235 钢焰切边工字形截面柱,两端铰支,中间 1/3 长度处有侧向支撑,截面无削弱,承受轴心压力的设计值为 910 kN,跨中集中力设计值为 95 kN。试验算此构件的承载力。

解:(1)截面的几何特性。

$$A = (2 \times 32 \times 1.2 + 64 \times 1.0) \text{ cm}^2 = 140.8 \text{ cm}^2$$

$$I_x = \frac{1}{12} \times (32 \times 66.4^3 - 31 \times 64^3) \text{ cm}^4 = 103\,475 \text{ cm}^4$$

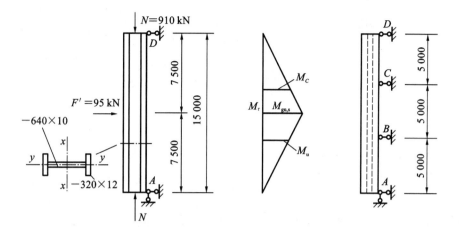

图 6-10　例题 6-2 图

$$I_y = 2 \times \frac{1}{12} \times 1.2 \times 32^3 \text{ cm}^4 = 6\,554 \text{ cm}^4$$

$$W_x = \frac{I_x}{y_1} = \frac{103\,475}{33.2} \text{ cm}^3 = 3\,117 \text{ cm}^3$$

$$i_x = \sqrt{\frac{I_x}{A}} = \sqrt{\frac{103\,475}{140.8}} \text{ cm} = 27.11 \text{ cm}$$

$$i_y = \sqrt{\frac{I_y}{A}} = \sqrt{\frac{6\,554}{140.8}} \text{ cm} = 6.82 \text{ cm}$$

(2)验算强度。

$$M_x = \frac{1}{4}Fl = \left(\frac{1}{4} \times 95 \times 15\right) \text{ kN} \cdot \text{m} = 356.3 \text{ kN} \cdot \text{m}$$

$$\frac{N}{A_n} + \frac{M_x}{\gamma_x W_x} = \left(\frac{910 \times 10^3}{140.8 \times 10^2} + \frac{356.3 \times 10^6}{1.05 \times 3\,117 \times 10^3}\right) \text{ N/mm}^2$$

$$= 173.5 \text{ N/mm}^2 < f = 215 \text{ N/mm}^2$$

(3)验算弯矩作用平面内的稳定。

$$\lambda_x = \frac{l_x}{i_x} = \frac{1\,500 \text{ cm}}{27.11 \text{ cm}} = 55.3 < [\lambda] = 150$$

查附表 8(b 类截面):

$$\varphi_x = 0.833 - \frac{0.833 - 0.807}{60 - 55} \times (55.3 - 55) = 0.831$$

$$N'_{Ex} = \frac{\pi^2 EA}{1.1\lambda_x^2} = \frac{\pi^2 \times 206\,000 \times 140.8 \times 10^2}{1.1 \times 55.3^2} \text{N} = 8\,510 \times 10^3 \text{ N} = 8\,510 \text{ kN}$$

$$\beta_{mx} = 1.0$$

$$\frac{N}{\varphi_x A} + \frac{\beta_{mx} M_x}{\gamma_x W_x \left(1 - 0.8\dfrac{N}{N'_{Ex}}\right)}$$

$$= \left[\frac{910 \times 10^3}{0.831 \times 140.8 \times 10^2} + \frac{1.0 \times 356.3 \times 10^6}{1.05 \times 3\,117 \times 10^3 \times \left(1 - 0.8 \frac{910 \times 10^3}{8\,510 \times 10^3}\right)} \right] \text{N/mm}^2$$

$$= 196.8 \text{ N/mm}^2 < f = 215 \text{ N/mm}$$

(4)验算弯矩作用平面外的稳定。

$$\lambda_y = \frac{l_{0y}}{i_y} = \frac{500 \text{ cm}}{6.82 \text{ cm}} = 73.3 < [\lambda] = 150$$

查附表 8(b 类截面):

$$\varphi_y = 0.751 - \frac{0.751 - 0.720}{75 - 70} \times (73.3 - 70) = 0.731$$

则

$$\varphi_b = 1.07 - \frac{\lambda_y^2}{44\,000} = 1.07 - \frac{73.3^2}{44\,000} = 0.948$$

所计算构件段为 BC 段,有端弯矩和横向荷载作用,但使构件产生同向曲率,故取 $\beta_{tx} = 1.0$,$\eta = 1.0$,则

$$\frac{N}{\varphi_y A} + \eta \frac{\beta_{tx} M_x}{\varphi_b W_x} = \left(\frac{910 \times 10^3}{0.731 \times 140.8 \times 10^2} + \frac{1.0 \times 1.0 \times 356.3 \times 10^6}{0.948 \times 3\,117 \times 10^3} \right) \text{N/mm}^2$$

$$= 209 \text{ N/mm}^2 < f = 215 \text{ N/mm}$$

由以上计算可知,此压弯是由弯矩作用平面外的稳定控制设计的。

(5)局部稳定计算。

$$\sigma_{max} = \frac{N}{A} + \frac{M_x h_0}{I_x 2} = \left(\frac{910 \times 10^3}{140.8 \times 10^2} + \frac{356.3 \times 10^6}{103\,475 \times 10^4} \times 320 \right) \text{N/mm}^2 = 174.8 \text{ N/mm}^2$$

$$\sigma_{min} = \frac{N}{A} - \frac{M_x h_0}{I_x 2} = \left(\frac{910 \times 10^3}{140.8 \times 10^2} - \frac{356.3 \times 10^6}{103\,475 \times 10^4} \times 320 \right) \text{N/mm}^2$$

$$= -45.6 \text{ N/mm}^2 (\text{拉应力})$$

$$\alpha_0 = \frac{\sigma_{max} - \sigma_{min}}{\sigma_{max}} = \frac{174.8 + 45.6}{174.8} = 1.26 < 1.6$$

腹板:$\dfrac{h_0}{t_w} = \dfrac{640}{10} = 64 < (16\alpha_o + 0.5\lambda_x + 25)\sqrt{\dfrac{235}{f_y}} = 16 \times 1.26 + 0.5 \times 55.3 + 25$

$= 72.81$

翼缘:$\dfrac{b}{t} = \dfrac{160 - 5}{12} = 12.9 < 15\sqrt{\dfrac{235}{f_y}} = 15$

满足要求。

6.3　格构式压弯构件的稳定计算

格构式压弯构件多用于截面较大的厂房框架柱和独立柱,可以较好地节约材料。一般将弯矩绕虚轴作用,弯矩作用平面内的截面高度较大,加之承受较大的外剪力,故通常采用缀条构件。构件分肢可根据作用的轴心压力和弯矩的大小以及使用要求,采用型钢或钢板设计成如图 6-11(b)所示的双轴对称(正负弯矩的绝对值

相差不大时)或单轴对称(正负弯矩的绝对值相差较大时,并将较大肢放在受压较大一侧)截面。缀条也多采用单角钢,其要求同格构式轴心受压构件。

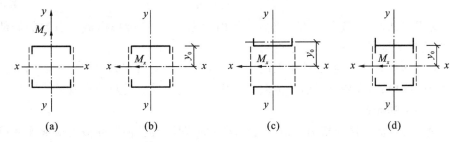

图 6-11 格构式压弯构件的稳定计算

6.3.1 弯矩绕实轴作用时的稳定计算

1. 弯矩作用于平面内的整体稳定计算

当绕实轴作用时如图 6-18(a)所示,格构式压弯构件在弯矩作用平面内的整体稳定计算与实腹式压弯构件的相同,即

$$\frac{N}{\varphi_y A}+\frac{\beta_{my}M_y}{\gamma_{1y}W_{1y}\left(1-0.8\dfrac{N}{N'_{Ey}}\right)}\leqslant f \tag{6-20}$$

2. 弯矩作用于平面外的整体稳定计算

对格构式压弯构件,当弯矩绕实轴作用时,弯矩作用在平面外的整体稳定按实腹式闭合箱形截面计算,但取 $\varphi_b=1.0$,同时按换算长细比计算稳定系数 φ_x,即

$$\frac{N}{\varphi_x}+\frac{\eta\beta_{ty}M_y}{\varphi_b W_{1y}}\leqslant f \tag{6-21}$$

6.3.2 弯矩绕虚轴作用时的稳定计算

1. 弯矩作用于平面内的整体稳定计算

当弯矩绕虚轴作用时,格构式压弯构件由于截面中空,如图 6-11(b)~(d)所示,在弯矩作用于平面外的整体稳定计算时不考虑塑性发展,即采用式(6-4)。

应当注意的是,式中符号意义虽同前,但 φ_x 和 N'_{Ex} 的计算按换算长细比考虑。此外,计算 $W_{1x}(I_x/y_0)$ 时,y_0 的取值为 x 轴到压力较大分肢腹板边缘距离的较大者。

2. 弯矩作用于平面外的整体稳定计算

当弯矩绕虚轴作用时,格构式压弯构件在弯矩作用于平面外时的失稳与实腹式压弯构件不同,其失稳呈单肢失稳形式。因此,对格构式压弯构件在弯矩作用于平面外的整体稳定不必计算,而代之以单肢稳定的计算。

3. 单肢稳定计算

在计算两肢构件的轴力时,将构件的两个分肢看作桁架体系的弦杆,如图 6-12所示,两分肢的轴力分别为

$$N_1 = \frac{M_x}{b_1} + \frac{N_{y2}}{b_1} \qquad (6\text{-}22)$$

$$N_2 = N - N_1 \qquad (6\text{-}23)$$

对缀条柱,分肢按承受 N_1(或 N_2)作用考虑外,尚应考虑由剪力引起的局部弯矩,按实腹式压弯构件验算单肢的稳定性。

分肢的计算长度,在缀件平面内(对 1—1 轴),取缀条相邻两节点中心间的距离或缀板间的净距,在缀件平面外侧取整个构件侧向支撑点之间的距离。

4. 缀件的计算

缀件的计算方法与格构式轴心受压构件的缀件相同,但所受剪力应取实际剪力和按式(4-25)计算剪力两者中的较大值。

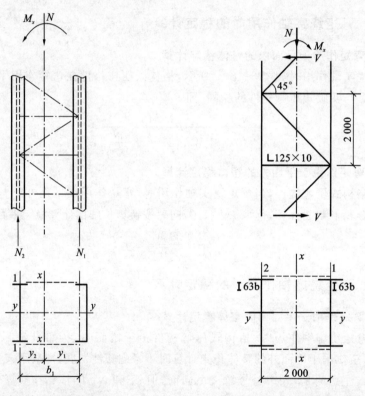

图 6-12 单肢稳定计算   图 6-13 例题 6-3 图

【例题 6-3】 验算如图 6-13 所示缀条式压弯柱。柱的计算长度为 $l_{0x} =$ 26.3 m,$l_{0y} = 13.5$ m,钢材为 Q235 钢,内力设计值为 $M_x = 2\,200$ kN·m,$N =$ 3 000 kN,$V = 100$ kN。

解:(1)截面几何特性计算。

分肢 1 和 2 采用 ⊥63b,则

$$A_1 = A_2 = 167.26\ \text{cm}^2$$

$$I_{x\text{-}1} = I_{x\text{-}2} = 1\,812\ \text{cm}^4$$

$$I_{y-1} = I_{y-2} = 98\ 100\ \text{cm}^4$$

$$i_{x-1} = i_{x-2} = 3.29\ \text{cm}^4$$

$$i_{y-1} = i_{y-2} = 24.2\ \text{cm}^4$$

柱截面面积　　　$A = 2A_1 = 2 \times 167.26 = 334.52\ (\text{cm}^2)$

惯性矩　　　$I_x = 2 \times (1\ 812 + 167.26 \times 100^2) = 3\ 348\ 824\ (\text{cm}^4)$

缀条为　　　$\llcorner 125 \times 10$，　$A_{1x} = 24.4\ \text{cm}^2$，　$i_{\min} = 2.48\ \text{cm}$

$$i_x = \sqrt{I_x/A} = 100\ \text{cm}$$

（2）整体稳定验算。

$$\lambda_x = \frac{l_{0x}}{i_x} = \frac{26.3 \times 100}{100} = 26.3 < 150$$

故刚度满足要求。

$$\lambda_{0x} = \sqrt{\lambda_x^2 + 27\frac{A}{A_{1x}}} = \sqrt{26.3^2 + 27 \times \frac{334.52}{2 \times 24.4}} = 29.6$$

由附表 8 得 $\varphi_x = 0.937$（b 类截面），则

$$N'_{Ex} = \frac{\pi^2 EA}{\lambda_{0x}^2} = \frac{3.14^2 \times 206 \times 10^3 \times 334.52 \times 10^2}{29.6^2} \times 10^{-3} = 77\ 547.03\ (\text{kN})$$

$$W_{1x} = I_x/y_1 = 3\ 348\ 824/100 = 33\ 488.24\ (\text{cm}^3)$$

$$\frac{N}{\varphi_x A} + \frac{\beta_{mx} M_x}{\gamma_{1x} W_{1x}\left(1 - 0.8\frac{N}{N'_{Ex}}\right)}$$

$$= \left[\frac{3\ 000 \times 10^3}{0.937 \times 334.52 \times 10^2} + \frac{1.0 \times 2\ 200 \times 10^6}{1.05 \times 33\ 488.24 \times 10^3 \times \left(1 - 0.8 \times \frac{3\ 000 \times 10^3}{77\ 547.03 \times 10^3}\right)}\right] \text{N/mm}^2$$

$$= 160.3\ (\text{N/mm}^2) < 215\ \text{N/mm}^2$$

故弯矩作用平面内的整体稳定满足要求。

（3）单肢稳定计算。

$$e = \frac{M_x}{N} = \frac{2\ 200}{3\ 000} = 0.73\ (\text{m})$$

$$N_1 = \frac{y_1 + e}{c}N = \frac{100 + 73}{200} \times 3\ 000 = 2\ 595\ (\text{kN})$$

$$N_2 = N - N_1 = 405\ (\text{kN})$$

受压分肢在弯矩作用平面内的长细比为

$$\lambda_{1x} = \frac{100}{3.29} = 30.4$$

在弯矩作用平面外的长细比为

$$\lambda_{1y} = 13.5 \times 100/24.2 = 55.8$$

分别查附表 7、附表 8 得

$$\varphi_{1x} = 0.934 \quad \left(按 \text{ b 类截面}，\frac{b}{h} < 0.8\right)$$

$$\varphi_{1y}=0.898 \quad （按 a 类截面）$$

$$\frac{N_1}{\varphi_{\min}A}=\frac{2\,595\times10^3\,\text{N}}{0.898\times167.26\times10^2\,\text{mm}^2}=172.8\,\text{N/mm}^2<215\,\text{N/mm}^2$$

故满足要求。

(4)缀条计算。

剪力为

$$V=\frac{Af}{85}\sqrt{\frac{f_y}{235}}=\frac{334.52\times10^2\times215\times10^{-3}}{85}=84.6\,（\text{kN}）$$

实际剪力 $V=100$ kN,取实际剪力计算。

一个斜缀条受力为

$$N=\frac{V}{\cos\alpha}=\frac{100}{2\times\cos45°}=70.7\,（\text{kN}）$$

斜缀条的长细比 λ 为

$$\lambda=\frac{200}{\cos45°\times2.48}=114.0<150$$

按 b 类截面查附表 8 得 $\varphi=0.47$。

单角钢连接的设计强度折减系数为

$$\gamma_B=0.6+0.001\,5\lambda=0.6+0.001\,5\times114=0.77<1.0$$

则

$$\frac{N}{\varphi A\gamma_B}=\frac{70.7\times10^3}{0.47\times24.4\times10^2\times0.77}=80.1\,（\text{N/mm}^2）<215\,（\text{N/mm}^2）$$

故满足要求。

本柱截面无削弱,可不验算其强度。

因此,该柱承载力满足要求。

6.4 压弯构件的柱头和柱脚设计

6.4.1 柱头

梁与柱的连接部分称为柱头(或柱顶),其作用是将上部结构的荷载传到柱身。柱头设计必须遵循传力可靠、构造简单和便于安装的原则。

柱头与梁的连接通常有两种形式:一种是铰接,一般用于轴心受压柱与梁的连接;另一种是刚接,常用于框架结构的梁柱连接。铰接的构造与计算和第 5 章轴心受压实腹柱相同,本节只讲述刚接的设计。

对于单层和多层框架的梁柱,多数都做成刚性节点,如图 6-14 所示。

梁与柱连接前,事先在柱身侧面连接位置处焊上衬板(垫板),如图 6-14(a)所示,梁翼缘端部做成剖口,并在梁腹板端部留出槽口,上槽口是为了让出衬板位置,下槽口供焊缝通过。梁吊装就位后,梁腹板与柱翼缘用角焊缝相连,梁翼缘与柱翼

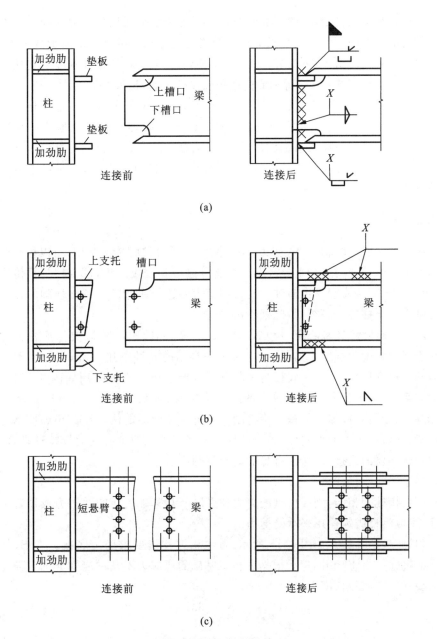

(a)

(b)

(c)

图 6-14　梁与柱的刚性连接

缘用剖口对接焊缝相连。这种连接的优点是构造简单、省工省料;缺点是要求构件尺寸加工精确,且需高空施焊。

为了克服图 6-14(a)所示构造的缺点,可采用图 6-14(b)所示构造的连接形式。这种形式在梁与柱连接前,先在柱身侧面梁上、下翼缘连接位置处分别焊上、下两个支托,同时在梁端上翼缘及腹板处留出槽口。梁吊装就位后,梁腹板与柱身上支托竖板用安装螺栓相连定位,梁下翼缘与柱身下支托水平板用角焊缝相连。梁上翼缘与上支托水平板则用另一块短板通过角焊缝连接起来。梁端弯矩所形成的上、下拉压轴力由梁翼缘传给上、下支托水平板,再传给柱身。梁端剪力通过下支托传给柱身。这种连接比图 6-14(a)所示的构造稍微复杂一些,但安装时对中就位比较方便。

图 6-14(c)所示构造也是对图 6-14(a)所示构造的一种改进。这种连接将梁在跨间内力较小处断开,靠近柱的一段梁在工厂制造时即焊在柱上形成一悬臂短梁段。安装时将跨间一段梁吊装就位后,用摩擦型高强度螺栓将它与悬臂短梁段连接起来。这种连接的优点是连接处内力小,所需螺栓相应较少,安装时对中就位比较方便,同时不需要高空施焊。

6.4.2 柱脚

压弯构件所受的轴力 N、剪力 V 和弯矩 M 通过柱脚传至基础,所以柱脚的设计也是压弯柱设计中的一个重要环节。柱脚分刚接和铰接两种,铰接柱脚只传递轴心压力和剪力,刚接柱脚除传递轴心压力和剪力外还传递弯矩。铰接柱脚的计算和构造与轴心受压柱的柱脚相同,此处不再论述。

刚接柱脚除传递轴心压力和剪力以外,还要传递弯矩,所以要保证柱脚与基础之间连接的强度和刚度。如图 6-15 所示是常用的几种刚接柱脚,当作用于柱脚的压力和弯矩都比较小,且在底板与其基础间只产生压应力时采用如图 6-15(a)所示构造方案;当弯矩较大而要求较高的刚性连接时,可采用如图 6-15(b)所示构造方案,此时锚栓用肋板加强的短槽钢将刚性柱脚与基础固定住;图 6-15(c)所示为分离式柱脚,它多用于大型格构柱,各分肢柱脚相当于独立的轴心受力铰接柱脚,但柱脚底部须作必要的连接,以保证有足够的空间刚度。

1)整体式刚接柱脚

同铰接柱脚相同,刚接柱脚的剪力亦由底部与基础表面的摩擦力或设置抗剪键传递,不应将柱脚锚栓用来承受剪力。

(1)底板的计算。如图 6-15 所示,首先根据构造要求确定底板宽度 B,悬臂长度 c 不超过 20~30 mm,然后根据底板下基础的压应力不超过混凝土抗压强度设计值的要求决定底板长度 L。

$$\sigma_{max}=\frac{N}{BL}+\frac{6M}{BL^2}\leqslant f_{cc} \tag{6-24}$$

式中 N、M——柱脚所承受的最不利轴心压力和弯矩,取使基础一侧产生最大压应力的内力组合;

f_{cc}——混凝土的承压强度设计值。

底板另一侧的应力值为

$$\sigma_{min}=\frac{N}{BL}-\frac{6M}{BL^2}\leqslant f_{cc} \tag{6-25}$$

根据式(6-24)、式(6-25)可得底板下压应力的分布图形,如图 6-15(b)所示,采

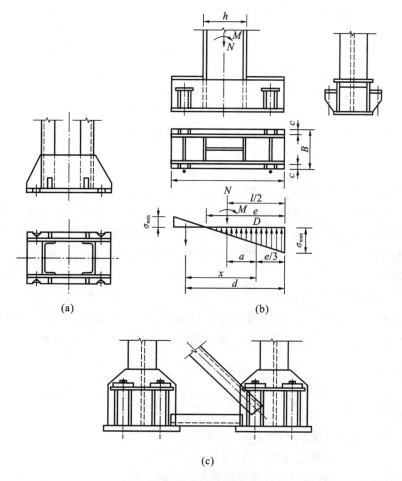

(a) (b)

(c)

图 6-15 刚接柱脚

用与铰接柱脚相同的方法,即可计算底板厚度。计算弯矩时,可偏安全地取各区格中的最大压应力。须注意,此方法只适用于底板全部受压的情况,若算得的 σ_{min} 为拉应力,则应采用下面锚栓计算中所得的基础压应力进行底板的厚度计算。

(2)锚栓的计算。锚栓的作用除了固定柱脚的位置外,还应能承受柱脚底部由压力 N 和弯矩 M 组合作用而可能引起的拉力 N_t。当在组合内力 N、M(通常取 N 偏小、M 偏大的一组)作用下产生如图 6-15(b)所示的板底应力分布图形时,可确定出压应力的分布长度 e。先假定拉应力的合力由锚栓承受,根据 $\sum M_d = 0$ 可求得锚栓拉力为

$$N_t = \frac{M - Na}{x} \tag{6-26}$$

式中 a——底板压应力合力的作用点至轴心压力的距离,$a = l - e/3$;

x——底板压应力合力的作用点至锚栓的距离,$x = d - e/3$;

d——锚栓到底板最大压应力处的距离。

$$e = \frac{\sigma_{max}}{\sigma_{max} + \sigma_{min}} l$$

式中　e——压应力的分布长度。

按锚栓拉力即可计算出一侧锚栓的个数和直径。

(3)靴梁、隔板及其连接焊缝的计算。靴梁与柱身的连接焊缝,应按可能产生的最大内力 N_t 计算,并以此焊缝所需要的长度来确定靴梁的高度 h,此处:

$$N_t = \frac{N}{2} + \frac{M}{h} \tag{6-27}$$

靴梁按支于柱边缘的悬臂梁来验算其截面强度。靴梁的悬臂部分与底板间的连接焊缝共有四条,应按整个底板宽度下的最大基础反力来计算。在柱身范围内,靴梁内侧不便施焊,只考虑外侧两条焊缝受力,可按该范围内最大基础反力计算。

隔板的计算同轴心受力柱脚,它所承受的基础反力均偏安全地取该计算段内的最大值。

2)分离式柱脚

每个分离式柱脚按分肢可能产生的最大压力作为承受轴向力的柱脚设计,但锚接应由计算定。分离式柱脚的两个独立柱脚所承受的最大压力按下式计算。

右肢　　　　　　　　$$N_t = \frac{N_a y_2}{a} + \frac{M_a}{a} \tag{6-28}$$

左肢　　　　　　　　$$N_t = \frac{N_b y_1}{a} + \frac{M_b}{a} \tag{6-29}$$

式中　N_a、M_a——使右肢受力最不利的柱的组合内力;

　　　N_b、M_b——使左肢受力最不利的柱的组合内力;

　　　y_1、y_2——分别为右肢及左肢到柱轴线的距离;

　　　a——柱截面宽度。

每个柱脚的锚栓也按各自的最不利组合内力换算成的最大拉力计算。

【本章小结】

1. 同时承受轴向力、弯矩或横向荷载共同作用的构件称为拉弯(或压弯)构件,当弯矩作用在截面的一个主轴平面内时称为单向拉弯(或压弯)构件;当弯矩作用在截面的两个主轴平面内时称为双向拉弯(或压弯)构件。

2. 拉弯、压弯构件的截面形式可分为型钢截面和组合截面两类;组合截面又分实腹式和格构式两种。

3. 拉弯、压弯构件设计计算的内容主要是:强度计算、刚度计算和稳定计算。而稳定计算又分整体稳定计算和局部稳定计算;整体稳定又分绕实轴的稳定计算和绕虚轴的稳定计算。在稳定计算时注意各自计算的相同之处与不同之处。

4. 梁与柱的连接部分称为柱头(或柱顶),其作用是将上部结构的荷载传到柱身。柱头与梁的连接通常有两种形式：一种是铰接，一般用于轴心受压柱与梁的连接；另一种是刚接，常用于框架结构的梁柱连接。

5. 刚接柱脚除传递轴心压力和剪力以外，还要传递弯矩，所以要保证柱脚与基础之间连接的强度和刚度。刚接柱脚的计算内容主要有：底板的计算，锚栓的计算，靴梁、隔板及其连接焊缝的计算。

【复习思考题】

6-1　在计算实腹式压弯构件的强度和整体稳定时，在哪些情况应取计算公式中的 $\lambda_x = 1.0$？

6-2　拉弯和压弯构件采用什么样的截面形式比较合理？

6-3　对实腹式单轴对称截面的压弯构件，当弯矩作用在对称轴平面内且使较大翼缘受压时，其整体稳定性应如何计算？

6-4　试比较工字形、箱形和 T 形截面的压弯构件与轴心受压构件的腹板高厚比限值计算公式各有哪些不同？

6-5　格构式压弯构件当弯矩绕虚轴作用时，为什么不计算弯矩作用平面外的稳定？它的分肢稳定如何计算？

6-6　压弯构件的计算长度和轴心受压构件的是否一样计算？它们都受哪些因素的影响？

6-7　梁与柱的铰接和刚接以及铰接和刚接的柱脚各适用于哪些情况？它们的基本构造形式有哪些特点？

【习题】

6-1　如图 6-16 所示为一两端铰接的压弯构件，构件截面为 2∟160×100×10，长肢相连，截面无削弱。杆件两端承受轴心压力设计值 $N = 400$ kN，等端弯矩 $M = 21$ kN·m，杆件跨中有一侧向支撑，钢材为 Q235 钢。试对该压杆进行验算。

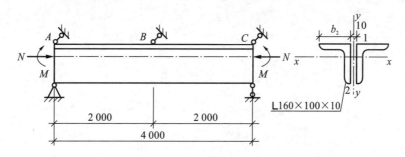

图 6-16　习题 6-1 图

6-2　如图 6-17 所示压弯构件长 12 m。承受轴心压力设计值 $N = 1\,800$ kN。构件的中央作用横向荷载设计值 $F = 540$ kN，弯矩作用平面外有两个侧向支撑（在构件的三分点处),钢材为 Q235,翼缘为焰切边。试验算该构件的整体稳定。

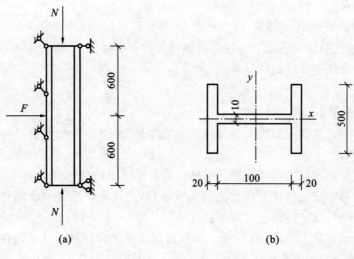

图 6-17　习题 6-2 图

第7章　屋盖结构

7.1　屋盖结构的组成与形式

屋盖结构一般由屋架、支撑、托架、天窗架、檩条和大型屋面板等组成。根据屋面材料和屋面结构布置情况的不同,可分为有檩体系屋盖和无檩体系屋盖两类,如图 7-1 所示,前一类多采用瓦楞铁、波形石棉瓦、预应力钢筋混凝土槽瓦、钢丝网水泥折板瓦、彩色涂层压型钢板和压型钢板夹芯保温板等轻钢屋面材料,故需设置檩条作支承并传递屋面荷载给屋架;后一类则是在屋架上直接安装钢筋混凝土大型屋面板,屋面荷载由自身传给屋架。

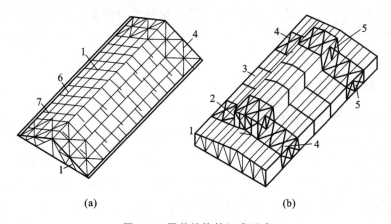

(a)   (b)

图 7-1　屋盖结构的组成形式

(a)有檩体系屋盖;(b)无檩体系屋盖

1—屋架;2—天窗架;3—大型屋面板;4—上弦横向水平支撑;5—垂直支撑;6—檩条;7—拉条

有檩屋盖的特点是:可供选用的屋面材料种类较多且自重轻、用料省、运输和吊装方便;可结合檩条的形式和间距从经济角度考虑确定屋架间距,经济间距为 4～6 m,但屋盖刚度较差,构件种类及数量较多,构造复杂。

有檩屋盖常用在对刚度要求不高,特别是不需要保暖的中小型厂房中,采用压型金属板的有檩屋盖已逐渐用于大型的工业厂房。

无檩屋盖的特点是:构件的种类和数量少,施工速度快,且易于铺设保温及防水材料;屋盖刚度大、整体性好、耐久性强;但由于屋面板自重大,屋架及下部承重结构截面增大,用料增加,抗震性能较差,运输及吊装也不太方便;另外,受大型屋面板尺寸(常用1.5 m×6.0 m 或 3.0 m×6.0 m)所限,屋架间距必须为 6 m,跨度一般取 3 m 的倍数。

无檩屋盖常用于对刚度要求较高的工业厂房。

设计时应根据建筑的受力特点、使用要求、材料供应情况、运输和施工条件及地基状况等具体情况而定。

7.2 钢屋盖支撑体系

7.2.1 概述

无论是有檩屋盖还是无檩屋盖,仅仅将简支在柱顶的钢屋架用大型屋面板或檩条连接起来,它仍是一种几何可变体系,这样的屋盖体系不够稳定,承受不了水平风力的作用。屋架在其自身平面内为几何不可变体系,并且有较大的刚度,能承受屋架平面内的各种荷载。但是,平面屋架本身在垂直于屋架平面(屋架平面外)的侧向刚度和稳定性很差,不能承受水平荷载。要使屋架具有足够的承载力及一定的空间刚度,应根据结构布置情况和受力特点设置各种支撑体系,使各平面屋架相互联系,组成一个整体刚度较好的空间体系。屋盖支撑体系对屋盖结构的安全工作起着重要的保障作用,在钢屋盖坍塌事故中,屋盖支撑设置不当是导致事故发生的主要原因之一。

7.2.2 屋盖支撑系统的作用

1. 保证结构的空间整体性能

在屋盖结构中,各个屋架若仅用檩条或大型屋面板连接,没有必要的支撑,屋盖结构在荷载作用下就会向一侧倾倒,如图 7-2 虚线所示。只有将某些屋架在适当部位用支撑连接起来,组成稳定的空间体系,其余屋架由檩条或其他构件连接在这个空间体系上,就使屋盖结构成为一个空间整体。

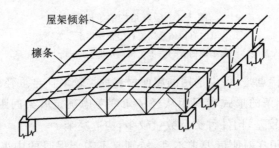

图 7-2 无支撑屋盖屋架倾倒示意

2. 为屋架弦杆提供侧向支撑点

支撑可作为屋架弦杆的侧向支撑点,使弦杆在屋架平面外的计算长度大大减少,保证了上弦压杆的侧向稳定,并使下弦拉杆有足够的侧向刚度,使其不会在某些动力设备运行时产生过大的振动。

3. 承受和传递水平荷载

承受和传递的水平荷载包括风荷载、悬挂吊车水平荷载和地震荷载等。

4. 保证结构安装时的稳定与方便

支撑能保证屋架在吊装过程中的安全性和准确性,并且便于安装檩条或屋面板。

7.2.3　屋盖支撑系统的种类

屋盖支撑系统可分为横向水平支撑、纵向水平支撑、垂直支撑和系杆。

1. 上、下弦横向水平支撑

通常情况下,在屋架上弦和天窗架上弦均应设置横向水平支撑。横向水平支撑一般应设置在房屋两端或纵向温度区段两端,如图 7-3 和图 7-4 所示,在山墙承重时,或设有纵向天窗时,为了与天窗支撑配合,可将屋架的横向水平支撑布置在第二个柱间,但在第一个柱间要设置刚性系杆以支撑端屋架和传递端墙风力,如图 7-4 所示。两道横向水平支撑间的距离不宜大于 60 m,当温度区段长度较大时,还应在中部增设支撑,以符合此要求。

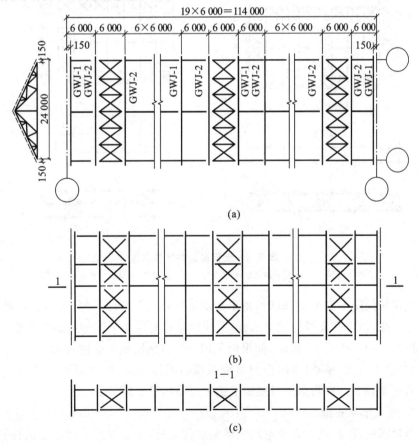

图 7-3　有檩屋盖的支撑布置

当采用大型屋面板无檩屋盖时,如果大型屋面板与屋架的连接满足每块板有 3 处支撑进行焊接等构造要求,可考虑大型屋面板起一定支撑作用。但由于施工条件的限制,很难保证焊接质量,一般只考虑大型屋面板起系杆作用。而在有檩屋盖中,上弦横向水平支撑可用檩条代替。

当屋架间距大于 12 m 时,尚应在屋架下弦设置横向水平支撑,但当屋架跨度比较小($L<18$ m)又无吊车或其他振动设备时,可不设下弦横向水平支撑。

下弦横向水平支撑一般和上弦横向水平支撑布置在同一柱间以形成空间体系的基本组成部分,如图 7-3 和图 7-4 所示。

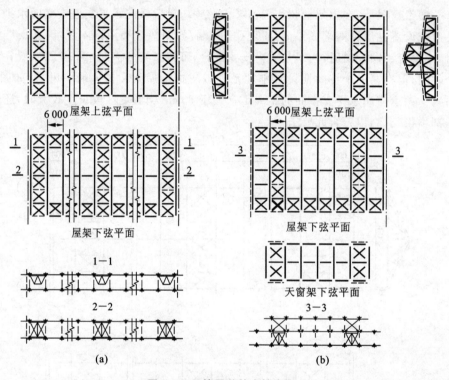

图 7-4 无檩屋盖的支撑布置

(a)屋架间距为 6 m 无天窗架的屋盖支撑布置;(b)天窗未到尽端的屋盖支撑布置

当屋架间距不小于 12 m 时,由于在屋架下弦设置支撑不便,可不必设置下弦横向水平支撑,但上弦支撑应适当加强,并应用系杆对屋架下弦侧向加以支撑。

屋架间距不小于 18 m 时,如果仍采用上述方案则檩条跨度过大,此时宜设置纵向桁架,使主桁架(屋架)与次桁架组成纵横桁架体系,次桁架间再设置檩条或设置横梁及檩条,同时,次桁架还对屋架下弦平面外提供支撑。

2. 纵向水平支撑

当房屋较高、跨度较大及空间刚度要求较高时,设有支撑中间屋架的托架,为保证托架的侧向稳定时,或设有重级或大吨位的中级工作制桥式吊车、壁行吊车,或有锻锤等振动较大的设备时,均应在屋架端节间平面内设置纵向水平支撑。纵向水平支撑和横向水平支撑形成封闭体系将大大提高房屋的纵向刚度。单跨厂房一般沿两纵向柱列设置,多跨厂房(包括等高的多跨厂房的等高部分)则要根据具体情况,沿全部或部分纵向柱列布置。

屋架间距小于 12 m 时,纵向水平支撑通常布置在屋架下弦平面,但三角形屋架及端斜杆为下降式且支座设在上弦处的梯形屋架和人字形屋架,也可以布置在上弦平面内。

屋架间距不小于 12 m 时,纵向水平支撑宜布置在屋架的上弦平面内,如图 7-4(b)所示。

3. 垂直支撑

无论是有檩屋盖或是无檩屋盖,通常均应设置垂直支撑。屋架的垂直支撑应与上、下弦横向水平支撑设置在同一柱间,如图 7-3 和图 7-4 所示。

对三角形屋架的垂直支撑,当屋架跨度不大于 18 m 时,可仅在跨中设置一道;当跨度大于 18 m 时,宜设置两道(在跨度 1/3 左右处各一道)。

对梯形屋架、人字形屋架或其他端部有一定高度的多边形屋架,必须在屋架端部设置垂直支撑,此外尚应按下列条件设置中部的垂直支撑:当屋架跨度不大于 30 m 时,可仅在屋架跨中布置一道垂直支撑;当屋架跨度大于 30 m 时,则应在距跨度 1/3 左右的竖杆平面内各设一道垂直支撑;当有天窗时,宜设置在天窗侧腿的下面,如图 7-5 所示。若屋架端部有托架时,就用托架等代替,不另设端部垂直支撑。

与天窗架上弦横向支撑类似,天窗架垂直支撑也应设置在天窗架端部以及中部有屋架横向支撑的柱间,如图 7-4(b)所示,并应在天窗两侧柱平面内布置,如图 7-5(b)所示,对多竖杆和三支点式天窗架,当其宽度大于 12 m 时,尚应在中央竖杆平面内增设一道。

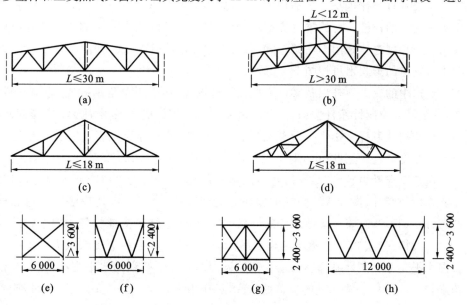

图 7-5 垂直支撑的布置和形式

4. 系杆

为了支持未连支撑的平面屋架和天窗架,保证它们的稳定和传递水平力,应在横向支撑或垂直支撑节点处沿房屋通长设置系杆,如图7-3和图7-4所示。

在屋架上弦平面内,对无檩体系屋盖应在屋脊处和屋架端部处设置系杆;对有檩体系屋盖只在有纵向天窗下的屋脊处设置系杆。

在屋架下弦平面内,当屋架间距为6 m时,在屋架端部处、下弦杆有弯折处、与柱刚接的屋架下弦端节间受压但未设纵向水平支撑的节点处、跨度≤18 m的芬克式屋架的主斜杆与下弦相交的节点处等部位皆应设置系杆。当屋架间距≥12 m时,支撑杆件截面将大大增加,多耗钢材。比较合理的做法是将水平支撑全部布置在上弦平面内并利用檩条作为支撑体系的压杆和系杆,而作为下弦侧向支撑的系杆可用支于檩条的支撑代替。

系杆分刚性系杆(既能受拉也能受压)和柔性系杆(只能受拉)两种。屋架主要支撑节点处的系杆和屋架上所有系杆均为刚性系杆,其他情况的系杆可用柔性系杆。

7.2.4 支撑的计算和构造

屋架的横向和纵向水平支撑都是平行弦桁架,屋架或托架的弦杆可兼作支撑桁架的弦杆,斜腹杆一般采用十字交叉式,如图7-3和图7-4所示,斜腹杆和弦杆的交角值为30°~60°。通常横向水平支撑节点间的距离为屋架上弦节间距离的2~4倍,纵向水平支撑的宽度取屋架端节间的长度,一般为6 m左右。

屋架垂直支撑也是一个平行弦桁架,如图7-5(f)、(g)、(h)所示,其上、下弦可兼作水平支撑的横杆。有的垂直支撑可兼作檩条,屋架间垂直支撑的腹杆体系应根据其高度与长度之比采用不同的形式,如交叉式、V式或W式,如图7-5所示。天窗架垂直支撑的形式也可按图7-5选用。

支撑中的交叉斜杆以及柔性系杆按拉杆设计,通常用单角钢做成;非交叉斜杆、弦杆、横杆以及刚性系杆按压杆设计,宜采用双角钢做成T形截面或十字形截面,其中横杆和刚性系杆常用十字形截面以在两个方向具有等稳定性。屋盖支撑杆件的节点板厚度通常采用6 mm,对重型厂房屋盖宜采用8 mm。

屋盖支撑受力较小,截面尺寸一般由杆件允许长细比和构造要求决定,但对兼作支撑桁架弦杆、横杆或端竖杆的檩条或屋架竖杆等,其长细比应满足支撑压杆的要求,即$[\lambda]=200$;兼作柔性系杆的檩条,其长细比应满足支撑拉杆的要求,即$[\lambda]=400$(一般情况)或350(有重级工作制吊车的厂房)。对于承受端墙风力的屋架下弦横向水平支撑和刚性系杆以及承受侧墙风力的屋架下弦纵向水平支撑,当支撑桁架跨度较大(≥24 m)或承受的风荷载较大(风压力的标准值>0.5 kN/m²)时,或垂直支撑兼作檩条以及考虑厂房结构的空间工作而用纵向水平支撑作为柱的弹性支撑时,支撑杆件除应满足长细比要求外,尚应按桁架体系计算内力,按强度或稳定性选择截面并计算其连接。

具有交叉斜腹杆的支撑桁架,通常将斜腹杆视为柔性杆件,只能受拉,不能受压,因而每节间只有受拉的斜腹杆参与工作,如图 7-6 所示。

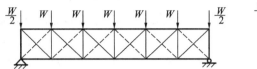

图 7-6 支撑桁架杆件的内力计算简图

支撑和系杆与屋架或天窗架的连接应构造简单、安装方便,通常采用 C 级螺栓,每一杆件接头处的螺栓数不少于两个。螺栓直径一般为 20 mm,与天窗架或轻型钢架连接的螺栓直径可用 16 mm。有重级工作制吊车或有较大振动设备的厂房中,屋架下弦支撑和系杆的连接,宜采用高强度螺栓,或除 C 级螺栓外另加安装焊接,每条焊缝的焊脚尺寸不宜小于 6 mm,长度不宜小于 80 mm。

7.3 钢屋架的设计计算

屋架是主要承受横向荷载作用的结构式受弯构件。由直杆相互连接组成的屋架,各杆件一般只承受轴心拉力或轴心压力,故截面上的应力分布均匀,材料能充分发挥作用。因此,与实腹梁相比,屋架具有耗钢量小、自重轻、刚度大和容易按需要制成各种不同外形的特点,所以在工业与民用建筑的屋盖结构中得到广泛应用,但屋架在制造时比梁的制作费工。

本节主要以普通钢屋架为对象,就其造型、计算、构造和施工图绘制等作较详细的介绍,但其基本原理同样适用于其他用途的桁架体系,如吊车桁架、制动桁架和支撑桁架等。

7.3.1 屋架结构的形式及主要尺寸

1. 屋架的形式和选型原则

屋架按其外形可分为三角形、梯形、平行弦(人字形)和拱形四种。屋架的选型应遵循符合使用要求、受力合理和便于施工等原则。

1)符合使用要求

屋架上弦坡度应适应屋面材料的排水需要,当采用短尺压型钢板、波形石棉瓦和瓦楞铁等时,其排水坡度要求较陡,应采用三角形屋架。当采用大型混凝土屋面板铺油毡防水材料或长尺压型钢板时,其排水坡度可较平缓,应采用梯形或人字形屋架。另外,还应考虑建筑上净空的需要,以及有无天窗、天棚和悬挂吊车等方面的要求。

2)受力合理

屋架的外形应尽量与弯矩图相近,以使弦杆内力均匀,材料利用充分。腹杆的布置应使内力分布合理,短杆受压,长杆受拉,且杆件和节点数量宜少,总长度宜短。同时应尽可能使荷载作用在节点上,以避免弦杆因受节间荷载产生的局部弯矩而加大截面。当梯形屋架与柱刚接时,其端部应有足够的高度,以便能有效地传递支座弯矩而端部弦杆不致产生过大内力。另外,屋架中部也应有足够的高度,以满足刚度要求。

3)便于施工

屋架杆件的数量和品种规格宜少,尺寸力求划一,构造应简单,以便于制造。杆件夹角宜为 30°~60°,夹角过小,将使节点构造困难。

上述各项要求往往难以同时满足,设计时应按照上述基本原则和屋架的主要结构特点,在全面分析的基础上根据具体情况进行综合考虑,然后再确定屋架的合理形式。例如,采用小波石棉瓦屋面时,由于受瓦材长度的限制,檩条的间距很小(约 0.8 m),如果要求所有的檩条都放在屋架节点上,势必造成节点和腹杆的数目多,腹杆总长度过大,而且制造费工,故一般宁可使上弦受弯,而适当扩大其节间长度。反之,要采用重屋面(如预应力混凝土大型屋面板),则最好不要使上弦受弯。

2. 屋架常用形式

1)三角形屋架

三角形屋架适用于屋面坡度较陡的有檩体系屋盖。根据屋面材料的排水要求,一般屋面坡度 $i=1/3\sim1/2$。三角形屋架端部只能与柱铰接,故房屋横向刚度较低。且其外形与弯矩图的差别较大,因而弦杆的内力很不均匀,在支座处很大,而跨中却较小,使弦杆截面不能充分发挥作用。三角形屋架的上、下弦杆交角一般都较小,尤其在屋面坡度不大时更小,使支座节点构造复杂。综上所述,三角形屋架一般只宜用于中、小跨度($L\leqslant18\sim24$ m)的轻屋面结构。

三角形屋架的腹杆多采用芬克式,如图 7-7(a)所示,其腹杆虽较多,但压杆短,拉杆长,受力合理。且它可分成两榀小屋架和一根直杆(下弦中间杆),便于运输。人字式,如图 7-7(b)所示,腹杆较少,但受压腹杆较长,适用于跨度 $L\leqslant18$ m 的屋架。单斜式,如图 7-7(c)所示,腹杆较长且节点数目较多,只适用于下弦需设置天棚的屋架,一般较少采用。如屋面材料要求的檩距很小,以致檩条有可能不全放在屋架上弦节点,而使节间因荷载作用产生局部弯矩,此时是缩小节间长度增加腹杆还是加大上弦截面以承受弯矩,需综合分析比较。

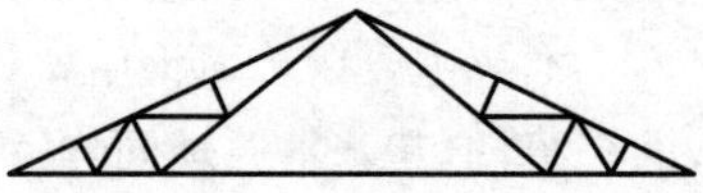

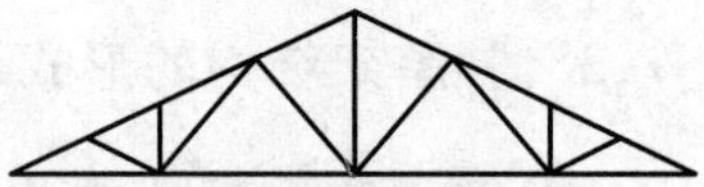

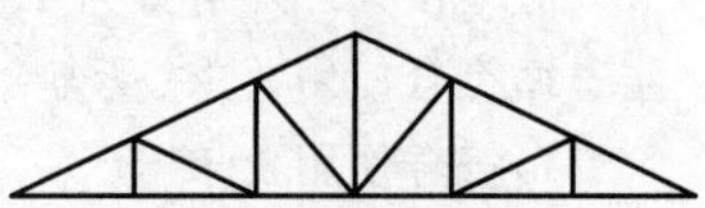

2)梯形屋架

梯形屋架适用于屋面坡度平缓的无檩体系屋盖和采用长尺压型钢板与夹芯保温板

图 7-7 三角形屋架

的有檩体系屋盖。其屋面坡度一般为 $i=1/8\sim1/6$,跨度 $L\geqslant18\sim36$ m。由于梯形屋架外形与均布荷载的弯矩图比较接近,因而弦杆内力比较均匀。梯形屋架与柱连接可做成刚接,也可做成铰接。由于刚接可提高房屋横向刚度,因此在全钢结构厂房中被广泛采用。当屋架支撑在钢筋混凝土柱或砖柱上时,只能做成铰接。

梯形屋架按支座斜杆(端斜杆)与弦杆组成的支撑点在下弦或上弦分为下承式(见图 7-8(a))和上承式(见图 7-8(b))两种。一般情况,与柱刚接的屋架宜采用下承式,与柱铰接的则两者均可。梯形屋架的腹杆多采用人字式,如图 7-8(a)所示,如在屋架下弦设置吊顶,可在图中虚线处增设吊杆或采用单斜式腹杆,如图 7-8(c)所示,在屋架高度较大的情况下,为使斜杆与弦杆保持适当的交角,上弦节间长度往往比较大,当上弦节间长度为 3 m,而大型屋面板宽度为 1.5 m 时,可采用再分式腹杆,如图 7-8(d)所示,将节间长度缩短至 1.5 m,但其制造较费工。故有时仍采用 3 m 的节间长度而使上弦承受局部弯矩,不过这将使上弦截面加大。

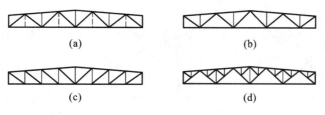

(a)　　　　(b)

(c)　　　　(d)

图 7-8　梯形屋架

3)平行弦和人字形屋架

平行弦屋架的上、下弦杆平行,且可做成不同坡度,与柱连接也可做成刚接或铰接。平行弦屋架多用于单坡屋盖(见图 7-9(a))和做成人字形屋架的双坡屋盖(见图 7-9(b))或用作托架,支撑桁架亦属此类。平行弦屋架的腹杆多采用人字式,如图 7-9(b)所示,用作支撑时常采用交叉式,如图 7-9(c)所示。在一些大型工厂中可采用坡度 $i=1/50\sim1/20$ 的人字形屋架,由于腹杆长度一致,节点类型统一,且在制造时不必起拱,符合标准化和工厂化制造的要求,故效果较好。

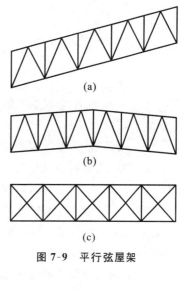

(a)

(b)

(c)

图 7-9　平行弦屋架

4)拱形屋架

拱形屋架适用于有檩体系屋盖。由于屋架外形与弯矩图(通常为抛物线形)接近,故弦杆内力较均匀,腹杆内力亦较小,受力合理。拱形屋架的上弦可做成圆弧形,如图 7-10 所示,或较易加工的折线形,腹杆多采用人字式,也可采用单斜式。

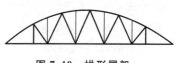

图 7-10　拱形屋架

拱形屋架由于制造费工,故应用较少,仅在大跨度重型屋盖(多做成落地拱式桁架)有所采用。一些大型农贸市场,将拱形屋架配合新品种轻型屋面材料,有一定应用。

3. 钢屋架主要尺寸的确定

屋架的主要尺寸包括屋架跨度 L、屋架高度(跨中)H 和梯形屋架端部高度 H_0。

1)跨度

屋架的跨度取决于房屋的柱网尺寸。屋架跨度 L 指的是标志跨度(柱网轴线的横向间距),在无檩屋盖中应与大型屋面板的宽度相适应,一般以 3 m 为模数。对屋架进行内力分析时,应采用计算跨度 L_0(屋架两端支座反力间的距离)。当屋架简支于钢筋混凝土柱或砖柱上,且柱网采用封闭结合时,考虑屋架支座处的构造尺寸,一般可取 $L_0 = L - (300 \sim 400)$ mm,如图 7-11(a)所示;当屋架与柱刚接且为封闭结合时,取 L_0 为 L 减去上柱宽度;非封闭结合时,取 L_0 为 L 减去两侧的内移尺寸,如图 7-11(c)所示。

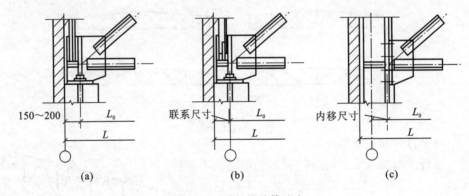

图 7-11 屋架的计算跨度

2)高度

屋架高度 H 应根据经济、刚度和建筑等要求,以及屋面坡度和运输条件等因素确定。

一般情况下,屋架高度 H 可在下列范围内采用。

(1)三角形屋架高度较大,一般取 $H = (1/6 \sim 1/4)L$;梯形屋架、人字形屋架和平行弦屋架坡度较平缓,高度 H 主要由经济高度决定,一般取 $H = (1/10 \sim 1/6)L$。

(2)梯形屋架应首先确定屋架端部高度 H_0,然后按照屋面坡度 i 计算出跨中高度 H,$H = H_0 + L \cdot i/2$。当屋架与柱刚接时,$H_0 = (1/18 \sim 1/10)L$,常取 $1.8 \sim 2.5$ m;当屋架与柱铰接时,$H_0 \geqslant L/18$,陡坡屋架宜取 $0.5 \sim 1.0$ m,缓坡屋架宜取 $1.8 \sim 2.1$ m。

(3)对跨度较大的屋架,若横向荷载较大,在荷载作用下将产生较大的挠度,有损外观并可能影响正常使用。因此,对跨度 $L \geqslant 15$ m 的三角形屋架和跨度 $L \geqslant 24$ m 的梯形屋架、人字形屋架与平行弦屋架,当下弦无向上弯折时,宜采用起拱,如图 7-12所示,即预先给屋架一个向上的反挠度,以抵消屋架受荷后产生的部分挠度。起拱高度一般为 $L/500$ 左右。在分析屋架内力时,可不考虑起拱高度的影响。

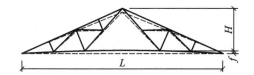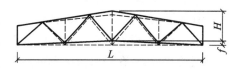

图 7-12　钢屋架的起拱

7.3.2　钢屋架杆件内力计算与组合

1. 屋架分布荷载

作用在屋架上的荷载分为永久荷载和可变荷载。各荷载标准值及分项系数和组合系数应按《建筑结构荷载规范》(GB 50009—2012)采用。

永久荷载——包括屋面材料和檩条、屋架、天窗架、支撑及天棚等结构的自重。

可变荷载——包括屋面活荷载、雪荷载、风荷载、积灰荷载及悬挂吊车荷载等。

屋架设计时必须根据使用和施工过程中可能遇到的荷载组合对屋架杆件的内力最不利的情况进行计算。荷载组合要按荷载效应的基本组合设计进行计算。一般应考虑下面三种荷载组合。

①全跨永久荷载＋全跨可变荷载。

②全跨永久荷载＋半跨可变荷载。

③全跨屋架、天窗架和支撑自重＋半跨屋面板重＋半跨屋面活荷载。

上述①和②为使用时可能出现的不利情况，而③则是考虑在屋面(主要为大型混凝土屋面板)安装时可能出现的不利情况。在多数情况下，用第一种荷载组合计算的屋架杆件内力即为最不利内力。但在第二和第三种荷载组合下，梯形、平行弦、人字形和拱形屋架跨中附近的斜腹杆可能由拉杆变为压杆或内力增大，故应予考虑。有时为了简化计算，可将跨中央每侧各 2 根或 3 根斜腹杆，不论其在第一种荷载组合下是拉杆还是压杆，均当作压杆计算，即控制其长细比不超过 150，此时一般可不再计算第二和第三两种荷载组合。

在荷载组合时，屋面活荷载和雪荷载不会同时出现，可取两者中的较大值计算。

对风荷载，当屋面倾角 $\alpha \leqslant 30°$ 时，为产生卸载作用的风吸力，故一般可不予考虑。但对瓦楞铁等轻型屋面和风荷载大于 490 N/m² 时，则应计算风荷载的作用。

屋架和支撑的自重 g_0 可参照下面的经验公式估算。

$$g_0 = \beta l \quad (\text{kN/m}^2，\text{水平投影面}) \tag{7-1}$$

式中　β——系数，当屋面荷载 $Q \leqslant 1$ kN/m²(轻屋盖)时，$\beta = 0.01$；当 $Q = 1 \sim 2.5$ kN/m²时，$\beta = 0.012$；

l——屋架的标志跨度(单位：m)。

当屋架下弦未设天棚时，通常假定屋架和支撑自重全部作用在上弦；当设有天棚时，则假定上、下弦平均分配。

2. 屋架杆件内力计算

计算屋架杆件内力时采用以下假定。

(1)节点均视为铰接。对实际节点中因杆件端部和节点板焊接而具有的刚度以及引起的次应力,在一般情况下可不考虑。

(2)各杆件轴线均在同一平面内且相交于节点中心。屋架杆件的内力均按荷载作用于屋架的上、下弦节点进行计算。对有节间荷载作用的屋架,可先将节间荷载分配在相邻的屋架的两个节点上,按只有节点荷载作用的屋架求出各杆件内力,然后再计算直接承受节间荷载杆件的局部弯矩。

作用于屋架上弦节点的荷载 Q 可按各种均布荷载对节点汇集进行计算,如图 7-13 所示阴影部分。

$$Q = \sum q_h sa + \sum (q_s/\cos\alpha) sa \tag{7-2}$$

式中 q_h——按屋面水平投影面分布的荷载(雪荷载、活荷载和屋架自重等);

q_s——按屋面坡向分布的永久荷载(屋面材料等);

s——屋架的间距;

a——上弦节间的水平投影长度;

α——屋面倾角,当 α 较小时,可近似取 $\cos\alpha=1$。

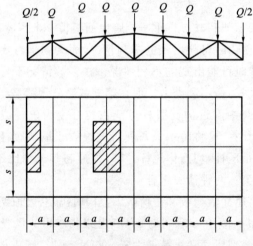

图 7-13 节点荷载汇集简图

屋架杆件内力可根据屋架计算简图采用图解法、数解法或电算方法计算,但图解法对三角形屋架和梯形屋架使用较方便。另外,对一般常用形式的屋架,各种建筑结构设计手册中均有单位节点荷载作用下的杆件内力系数,可方便地查表应用。

上弦杆承受节间荷载时的局部弯矩,在理论上应按弹性支座连续梁计算,但它过于烦琐,故一般简化为按简支梁弯矩 M_0 乘以调整系数计算,如图 7-14 所示,对端节间正弯矩取 $M_1=0.8M_0$;对其他节间正弯矩和节点(包括屋脊节点)负弯矩取 $M_2=\pm0.6M_0$。当仅有一个节间中点时,$M_0=Qa/4$。

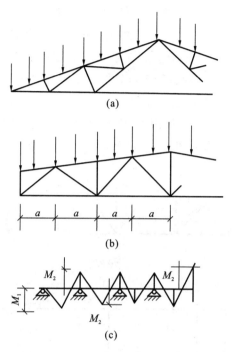

图 7-14　上弦杆局部弯矩计算简图

7.3.3　桁架杆件截面的设计

1. 杆件计算长度

确定桁架弦杆和单系腹杆的长细比时,其计算长度 l_0 应按表 7-1 的规定采用。

表 7-1　桁架弦杆和单系腹杆的计算长度 l_0

项　次	弯曲方向	弦　杆	腹　杆	
			支座斜杆和支座竖杆	其他腹杆
1	在桁架平面内	l	l	$0.8\,l$
2	在桁架平面外	l_1	l	—
3	斜平面	—	l	$0.8\,l$

说明:①l 为构件几何长度(节点中心间的距离),l_1 为桁架弦杆侧向支撑点间的距离。
　　②斜平面是指与桁架平面斜交的平面,适用于构件截面两主轴均不在桁架平面内的单角钢腹杆和双角钢十字形截面设计。
　　③无节点板的腹杆计算长度在任意平面内均取其等于几何长度。

1)桁架平面内

在理想的桁架中,压杆在桁架平面内的计算长度应等于节点中心间的距离,即杆件几何长度 l,但由于实际上桁架节点具有一定的刚性,杆件两端均为弹性嵌固。

当某一压杆因失稳而屈曲,端部绕节点转动时,如图 7-15(a)所示,将受到节点中其他杆件的约束,拉杆数量越多,则产生的约束作用越大,压杆在节点处的嵌固程度也越大,其计算长度就越小。根据这个道理,可视节点的嵌固程度来确定各杆件的计算长度,如图 7-15(a)所示的弦杆、支座斜杆和支座竖杆本身的刚度较大,且两端相连的拉杆少,因而对节点的嵌固程度很小,可以不考虑,其计算长度不折减而取几何长度(即节点间距离)。其他受压腹杆,考虑到节点处受到拉杆的牵制作用,计算长度适当折减,取 $l_{0x}=0.8l$,如图 7-15(a)所示。

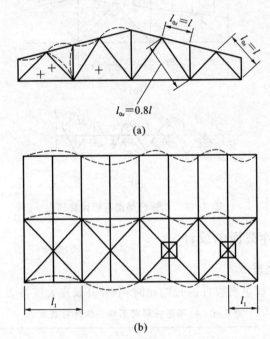

图 7-15 侧向支撑点间压力有变

(a)桁架杆件在桁架平面内的计算长度;(b)桁架杆件在桁架平面外的计算长度

2)桁架平面外

屋架弦杆在平面外的计算长度,应取侧向支撑点间的距离。

上弦:一般取上弦横向水平支撑的节间长度。在有檩屋盖中,如檩条与横向水平支撑的交叉点用节点板焊牢,如图 7-15(b)所示,则此檩条可视为屋架弦杆的支撑点。在无檩盖中,考虑大型屋面板能起一定的支撑作用,故一般取两块屋面板的宽度,但不大于 3.0 m。

下弦:据有无纵向水平支撑确定,取纵向水平支撑节点与系杆或系杆与系杆间的距离。

腹杆:因节点在桁架平面外的刚度很小,对杆件没有嵌固作用,故所有腹杆均取 $l_{0y}=l$。

3）斜平面

单面连接的单角钢杆件和双角钢组成的十字形杆件，因截面主轴不在桁架平面内，有可能斜向失稳，杆件两端的节点对其两个方向均有一定的嵌固作用。因此，斜平面计算长度略作折减，取 $\lambda_0 = 0.9\lambda$，但支座斜杆和支座竖杆仍取其计算长度为几何长度（即 $\lambda_0 = \lambda$）。

4）其他

如桁架受压弦杆侧向支撑点间的距离为两部节间长度，且两节间弦杆内力不等时，如图 7-16 所示，该弦杆在桁架平面外的计算长度按下式计算。

$$l_0 = l_1 \left(0.75 + 0.25 \frac{N_2}{N_1} \right)，但不小于 0.5l_1 \tag{7-3}$$

式中　N_1——较大的压力，计算时取正值；

　　　N_2——较小的压力或拉力，计算时压力取正值，拉力取负值。

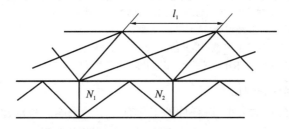

图 7-16　桁架杆件的弦杆平面外计算长度

桁架再分式腹杆体系的受压主斜杆（见图 7-17(a)）和长形腹杆体系的竖杆桁架交叉腹杆（见图 7-17(b)），在桁架平面外的计算长度也应按式(7-3)确定（受拉主斜杆仍取 l_1）；在桁架平面内的计算长度则采用节点中心间距离。

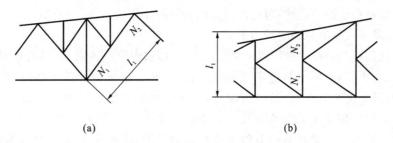

(a)　　　　　　　　　　　　　(b)

图 7-17　压力有变化的受压腹杆平面外的计算长度

(a)再分式腹杆体系的受压主斜杆在桁架平面外的计算长度；

(b)长形腹杆体系的竖杆桁架交叉腹杆在桁架平面外的计算长度

确定桁架交叉腹杆的长细比时，在桁架平面内的计算长度应为节点中心到交叉点间的距离；在桁架平面外的计算长度应按表 7-2 的规定采用。

表 7-2　桁架交叉腹杆在桁架平面外的计算长度

项次	杆件类别	杆件的交叉情况	桁架平面外的计算长度
1	压杆	相交的另一杆受压,两杆在交叉点均不中断	$l_0 = l\sqrt{\dfrac{1}{2}\left(1+\dfrac{N_0}{N}\right)}$
2		相交的另一杆受压,两杆中有一杆在交叉点均中断但以节点板搭接	$l_0 = l\sqrt{1+\dfrac{\pi^2}{12}\times\dfrac{N_0}{N}}$
3		相交的另一杆受压,两杆在交叉点均不中断	$l_0 = l\sqrt{\dfrac{1}{2}\left(1-\dfrac{3}{4}\times\dfrac{N_0}{N}\right)}\geqslant 0.5l$
4		相交的另一杆受压,此杆在交叉点中断但以节点板搭接	$l_0 = l\sqrt{1-\dfrac{3}{4}\times\dfrac{N_0}{N}}\geqslant 0.5l$
5	拉杆	—	$l_0 = l$

说明:①表中 l 为节点中心间距离(交叉点不作节点考虑),N 为所计算杆的内力,N_0 为相交另一杆的内力,均为绝对值。

②两杆均受压时,$N_0 \leqslant N$,两杆截面应相同。

③当确定交叉腹杆中单角钢杆件斜平面的长细比时,计算长度应取节点中心到交叉点间的距离。

2. 杆件的容许长细比

桁架杆件长细比的大小,对杆件的工作有一定的影响。长细比太大,将使杆件在自重作用下产生过大挠度,在运输和安装过程中因刚度不足而产生弯曲,在重力作用下会引起较大的振动。故在钢结构规范中对拉杆和压杆都规定了容许长细比。

3. 杆件的截面选择

桁架杆件截面形式的确定,应考虑构造简单、施工方便、易于连接,使它具有一定的侧向刚度并且取材容易等要求。对轴心受压杆件,为了经济合理,宜使杆件对两个主轴有相近的稳定性,即可使两方向的长细比接近相等。

(1)单壁式屋架杆件的截面形式。

普通钢屋架的杆件采用两个角钢组成 T 形和十字形截面,它具有取材方便、构造简单、自重较轻、便于制造和安装、适用性强和易于维护等许多优点,应用广泛。自 H 型钢在我国生产后,很多情况可用 H 型钢剖开而成 T 型钢,如图 7-18(f)、(g)、(h)所示,用此 T 形截面来代替双角钢组成的 T 形截面。

①上弦杆。上弦杆在一般的支撑布置情况下,计算长度 $l_{0y} \geqslant 2l_{0x}$,为使轴压稳定系数 φ_x 与 φ_y 接近,一般应满足 $i_y \geqslant 2i_x$,因此,上弦杆宜采用不等边角钢短肢相连的截面(见图 7-18(b))或 TW 形截面(见图 7-18(f));当 $l_{0y} = 2l_{0x}$ 时,可采用两个等边角钢截面(见图 7-18(a))或 TM 形截面(见图 7-18(g));对节间有荷载的上弦杆,为了加强在桁架平面内的抗弯能力,也可采用不等边角钢长肢相连的 T 形截面或 TN 形截面。

②下弦杆。下弦杆的截面由强度控制,同时还应满足如下要求。杆件在平面外

的计算长度大,应满足容许长细比要求。上弦杆一样,都是屋架外围杆件,应使屋架的侧向刚度尽可能大一些。为了和支撑体系相连,下弦杆的水平肢需要宽些。所以,下弦杆宜采用双等边角钢或不等边角钢短肢相连的 T 形截面。

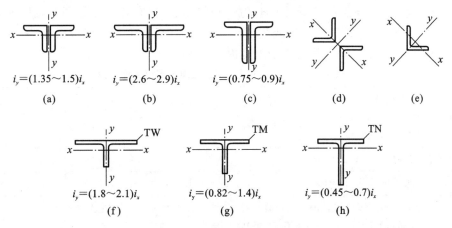

图 7-18　屋架杆件截面形式

③端斜腹杆。对端斜腹杆 $l_{0y} = l_{0x} = l$,为使 φ_x 与 φ_y 接近,即 $\lambda_x \approx \lambda_y$,一般应满足 $i_y \approx i_x$。所以,端斜腹杆可采用不等边角钢长肢相连的 T 形截面,当杆件短,内力较小时,可采用双等边角钢 T 形截面。

④其他腹杆。其他腹杆由于 $l_{0y} = 1.25 l_{0x}$,为使 φ_x 与 φ_y 接近,即 $\lambda_x \approx \lambda_y$,一般应满足 $i_y = 1.25 i_x$。一般腹杆可采用双等边角钢 T 形截面,竖腹杆可采用双等边角钢十字形截面,便于和垂直支撑相连以及防止吊装时连接面错位。

(2)双壁式屋架杆件的截面形式。屋架跨度较大时,弦杆等杆件较长,单榀屋架的横向刚度比较低。为保证安装时屋架的侧向刚度,对跨度超过 42 m 的屋架宜设计成双壁式,如图 7-19 所示。其中由双角钢组成的双壁式截面可用于弦杆和腹杆,横放的 H 型钢可用于大跨度重型双壁式屋架的弦杆和腹杆。

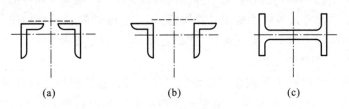

图 7-19　双壁式屋架杆件截面形式

4. 杆件截面选择的一般原则

(1)应优先选用肢宽而薄的板件或肢件组成的截面以增加截面的回转半径,但受压构件应满足局部稳定的要求。一般情况下,板件或肢件的最小厚度为 5 mm,对小跨度屋架可减到 4 mm。

(2)角钢杆件或 T 型钢的悬伸肢宽不得小于 45 mm。直接与支撑或系杆相连的最小肢宽,应根据连接螺栓的直径 d 而定:$d=16$ mm 时,肢宽为 63 mm;$d=18$ mm 时,肢宽为 70 mm;$d=20$ mm 时,肢宽为 75 mm。垂直支撑或系杆如连接在预先焊于桁架竖腹杆及弦杆的连接板上时,则悬伸肢宽不受此限制。

(3)屋架节点板(或 T 型钢弦杆的腹板)的厚度,对单壁式屋架,可根据腹杆的最大内力(对梯形和人字形屋架)或弦杆端节间内力(对三角形屋架),按表 7-3 选用;对双壁式屋架的节点板,则可按照上述内力的一半,按表 7-3 选用。

表 7-3　Q235 钢单壁式焊接屋架节点板厚度选用

梯形、人字形屋架腹杆最大内力或三角形屋架弦杆节间内力/kN	≤170	171~290	291~510	511~680	681~910	911~1 290	1 291~1 770	1 771~3 090
中间节点板厚度/mm	6~8	8	10	12	14	16	18	20
支座节点板厚度/mm	10	10	12	14	16	18	20	22

说明:①节点板钢材为 Q345 钢、Q390 钢和 Q420 钢时,节点板厚度可按表中数值适当减小。

②本表适用于腹杆端部用侧焊缝连接的情况。

③无竖腹杆相连且自由边无加劲肋加强的节点板,应将受压腹杆内力乘以 1.25 后再查表。

(4)跨度较大的桁架(例如跨度≥24 m)与柱铰接时,弦杆宜根据内力变化而改变截面,但半跨内一般只改变一次。变截面位置宜在节点处或其附近,改变截面的做法通常是改变肢宽而保持厚度不变,以便处理弦杆的拼接构造。

(5)同一屋架的型钢规格不宜太多,以便订货。如选出的型钢规格过多,可将数量较少的小号型钢进行调整,同时应尽量避免选用相同边长或肢宽而厚度相差很小的型钢,以免施工时产生用料错误。

(6)当连接支撑等的螺栓孔在节点板范围内且距节点板边缘距离≥100 mm 时,计算杆件强度可不考虑截面的削弱。

(7)单面连接的单角钢杆件,考虑受力时偏心的影响,在按轴心受拉或轴心受压计算其强度或稳定度以及连接时,钢材和连接的强度设计值应乘以相应的折减系数。

对轴心受拉杆件由强度要求计算所需的面积,同时应满足长细比要求。对轴心受压杆件和压弯构件要计算强度、整体稳定度、局部稳定度和长细比。

5. 双角钢杆件的填板

由双角钢组成的 T 形或十字形截面杆件是按实腹式杆件进行计算的,为了保证两个角钢共同工作,必须每隔一定距离在两角钢间加设填板,使它们之间有可靠连接。填板的宽度,一般取 50~80 mm;填板的长度,对 T 形截面应比角钢肢伸出 10~15 mm,如图 7-20(a)所示,对十字形截面则从角钢肢尖缩进 10~15 mm,如图 7-20(b)所示,以便于施焊;填板的厚度与桁架节点板相同。

填板的间距,对压杆取 $l_d \leq 40i_1$,对拉杆取 $l_d \leq 80i_1$。在 T 形截面中,i_1 为一个角钢对平行于填板自身形心轴的回转半径;在十字形截面中,填板应沿两个方向交错放置,i_1 为一个角钢的最小回转半径,在压杆的桁架平面外计算长度范围内,至少

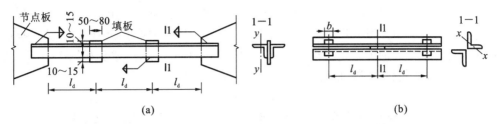

图 7-20　桁架杆件中的填板

应设置两块填板。

7.3.4　屋架节点设计

屋架杆件一般采用节点板相互连接,各杆件内力通过杆端焊缝传给节点板,并汇交于节点中心以取得平衡。节点设计时应做到构造合理、传力明确、连接可靠和制造安装方便等。

1. 节点设计的一般要求

(1)杆件的形心线应与屋架杆件轴线相重合,以免杆件偏心受力。但为了制造方便,通常将角钢肢背至形心距离取为 5 mm 的倍数。当弦杆截面有改变时,为方便拼接及放置屋面构件,应该使角钢肢背平齐,并使两侧角钢形心线的中心线与屋架几何轴线重合(见图 7-21),当两侧形心线偏移距离不超过较大弦杆截面高度的5%时,可不考虑此偏心影响。

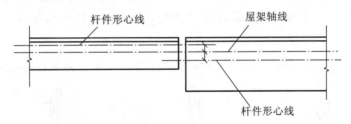

图 7-21　弦杆截面改变时的轴线位置

(2)屋架各杆件在节点板上焊接时,弦杆与腹杆之间以及腹杆与腹杆之间的间隙不宜小于 20 mm。以便于施焊和避免由于焊缝过于密集而使节点板材质变脆。

(3)角钢端部切割宜与轴线垂直,如图 7-22(a)所示;有时为减小节点板尺寸,也可将其一肢斜切,如图 7-22(b)和(c)所示;但不能采用将一肢完全切去而另一肢伸出的斜切,如图 7-22(d)所示的情况。

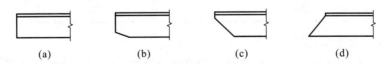

图 7-22　角钢端部的切割

(a)常用方式;(b)(c)允许方式;(d)不允许方式

(4)节点板的形状应力求简单规整,应至少有两边平行,如矩形、平行四边形和直角梯形等。节点板外形必须避免凹角,以防产生严重的应力集中现象。节点板边缘与杆件轴线间的夹角 α 不宜小于 15°,如图 7-23(a)所示,应避免如图 7-23(b)所示的形式,否则将使弦杆的连接焊缝偏心受力。

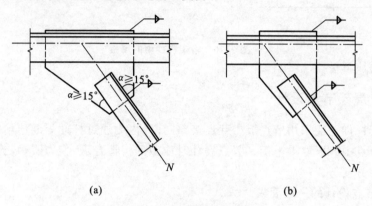

(a)   (b)

图 7-23 节点板焊缝位置

(a)正确;(b)不正确

(5)支撑大型混凝土屋面板的上弦杆,伸出肢宽不宜小于 80 mm(屋架间距为 6 m)或 100 mm(屋架间距大于 6 m),否则应在支撑处增设外伸的水平板,如图 7-24(b)所示,以保证屋面板支撑长度。当支撑处总集中荷载的设计值大于表 7-4 的数值时,应对水平肢予以加强,以防水平肢过薄而产生局部弯曲。

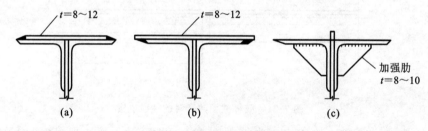

(a)   (b)   (c)

图 7-24 上弦角钢加强示意图

表 7-4 弦杆不加强的最大节点荷载

厚度 /mm	钢材 Q235	8	10	12	14	16
	钢材 Q345	7	8	10	12	14
支撑处总集中荷载的设计值/kN		25	40	55	75	100

2. 屋架节点设计概述

节点的作用是把交汇于节点中心的杆件连接在一起,一般都通过节点板来实现。各杆通过各自与节点板相连的角焊缝把力传到节点板上以取得平衡,所以节点设计的具体任务是:根据节点的构造要求,确定各杆件的切断位置;根据焊缝的长度,确定节点板的形状和尺寸。以下介绍几种典型节点的设计方法。

1)一般节点

一般节点是指无集中荷载和无弦杆拼接的节点,例如无悬挂吊车荷载的屋架下弦的中间节点,如图 7-25 所示,节点板应伸出弦杆 10～15 mm,以便布置焊缝。

腹杆与节点板的连接焊缝按第 3 章角钢角焊缝承受轴心力的方法计算。

弦杆与节点板的连接焊缝,承受节点相邻间弦杆内力之差 $\Delta N = N_1 - N_2$,按式(7-4)和式(7-5)计算其焊脚尺寸。

肢背焊缝

$$h_{f1} \geqslant \frac{K_1 \Delta N}{2 \times 0.7 l_w f_f^w} \tag{7-4}$$

肢尖焊缝

$$h_{f2} \geqslant \frac{K_2 \Delta N}{2 \times 0.7 l_w f_f^w} \tag{7-5}$$

式中各符号含义同第 3 章。

通常因 ΔN 很小,焊缝中应力很低,可按构造决定焊脚尺寸,沿节点板满焊。

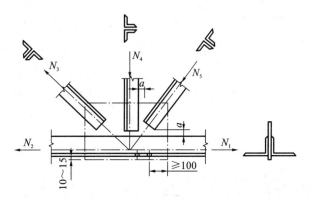

图 7-25 无集中荷载的下弦节点

2)有集中荷载的节点

由于上弦节点有集中荷载作用,例如大型屋面板肋或檩条传来的集中荷载。故计算应考虑杆件内力与集中荷载的共同作用。

为便于大型屋面板或檩条连接角钢的放置,常将节点板缩进上弦角钢肢背而采用槽焊连接,如图 7-26(a)、(b)所示,缩进距离不宜小于 $(0.5t+2)$ mm,也不宜大于节点板厚度 t,槽焊缝按下式计算其强度。

$$\sigma_f = \frac{Q}{2 \times 0.7 h_{f1} l_w} \leqslant \beta_f f_f^w \tag{7-6}$$

式中 Q——集中荷载垂直于屋面的分量;

h_{f1}——焊脚尺寸,取 $h_{f1} = 0.5t$;

β_f——正面角焊缝强度增大系数。

实际上因 Q 不大,可按构造满焊。

上弦节点相邻节间弦杆内力之差 $\Delta N = N_1 - N_2$ 由角钢肢尖与节点板的连接焊缝承受,并考虑由此产生的偏心力矩 $M = \Delta Ne$(e 为角钢肢尖至弦杆轴线的距离),上弦肢尖角焊缝按下列公式计算。

对 ΔN

$$\tau_{\mathrm f} = \frac{\Delta N}{2 \times 0.7 h_{\mathrm{f2}} l_{\mathrm w}} \tag{7-7}$$

对 M

$$\tau_{\mathrm f} = \frac{6M}{2 \times 0.7 h_{\mathrm{f2}} l_{\mathrm w}^2} \tag{7-8}$$

验算公式

$$\sqrt{\left(\frac{\sigma_{\mathrm f}}{\beta_{\mathrm f}}\right)^2 + \tau_{\mathrm f}^{\mathrm w}} \leqslant f_{\mathrm f}^{\mathrm w} \tag{7-9}$$

式中 h_{f2}——肢尖焊缝的焊脚尺寸。

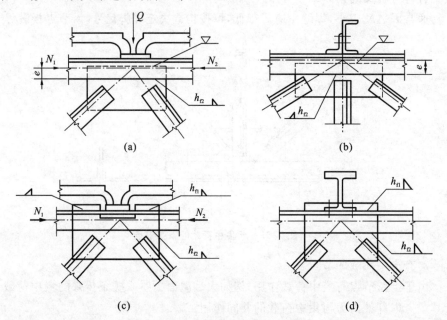

图 7-26 屋架上弦节点

如果节点板向上伸出不妨碍屋面构件的放置或仅由肢尖焊缝承担,ΔN 不能满足强度要求时,可以将节点板全部或部分向上伸出,如图 7-26(c)、(d)所示,这时弦杆与节点板的连接焊缝按下列公式验算。

肢背焊缝

$$\frac{\sqrt{\left(\frac{Q}{2\beta_{\mathrm f}}\right)^2 + (K_1 \Delta N)^2}}{2 \times 0.7 h_{\mathrm{f1}} l_{\mathrm{w1}}} \leqslant f_{\mathrm f}^{\mathrm w} \tag{7-10}$$

肢尖焊缝

$$\frac{\sqrt{\left(\dfrac{Q}{2\beta_{\mathrm{f}}}\right)^{2}+(K_{2}\Delta N)^{2}}}{2\times 0.7 h_{\mathrm{f2}} l_{\mathrm{w2}}}\leqslant f_{\mathrm{f}}^{\mathrm{w}} \tag{7-11}$$

式中 $h_{\mathrm{f1}}, l_{\mathrm{w1}}$——肢背焊缝的焊脚尺寸和计算长度；

   $h_{\mathrm{f2}}, l_{\mathrm{w2}}$——肢尖焊缝的焊脚尺寸和计算长度。

对于下弦节点，若作用有集中荷载，下弦杆与节点板的连接焊缝可按式(7-10)和式(7-11)计算。

3)弦杆拼接节点

弦杆拼接分为工厂拼接和工地拼接两种。工厂拼接是因角钢长度不足,在工厂制造的接头,常设在杆力较小的节间,如图 7-27(d)所示;工地拼接是为便于屋架分段运输,安装接头常设在屋脊节点(见图 7-27(a)、(b))和下弦中央节点(见图 7-27(c))。

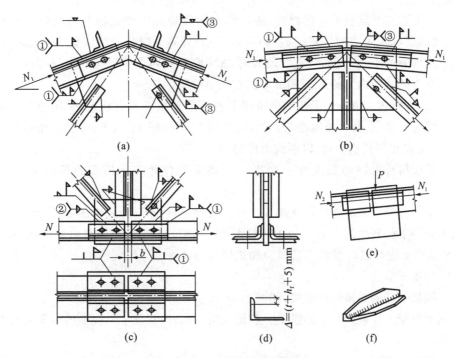

图 7-27 弦杆拼接节点

在工地拼接时,屋架的中央节点板和竖杆均在工厂焊于左半跨,右半跨杆件及中央节点板的拼接角钢与弦杆的连接为工地焊接。拼接角钢与弦杆连接的相应位置均需设置临时性的安装螺栓,以便于工地焊接。

(1)上弦拼接节点。屋架上弦一般都在屋脊节点处用两根与上弦相等截面的角钢拼接。角钢一般采用热弯成型。当屋面坡度较大且拼接角钢肢较宽时,可将拼接角钢竖向肢切斜口弯曲后焊接。为了使拼接角钢与弦杆紧密相贴,需将拼接角钢的棱角铲去,为便于施焊,将拼接角钢竖肢切去 $\Delta = (t + h_f + 5)$ mm,如图 7-27(e)所示,t 是角钢厚度。当角钢肢宽≥130 mm 时,最好切成 4 个斜边,以便传力平顺,如图 7-27(f)所示。拼接角钢的这些削弱可以由节点板或填板来补偿。拼接角钢的长度根据焊缝长度计算确定。在双角钢拼接中,连接一侧杆所受轴心力 N 由 4 条焊缝平均分配。连接一侧每条焊缝的计算长度:

$$l_w = \frac{\Delta N}{4 \times 0.7 h_f l_f^w} \tag{7-12}$$

式中　ΔN——节点两侧弦杆内力的较大值。焊缝的实际长度为

$$l = 2l_w + 2h_f \tag{7-13}$$

拼接角钢的长度等于焊缝实际长度加上弦杆杆端空隙(一般为 30~50 mm)。为了保证拼接节点的刚度,拼接角钢的长度不宜小于 400~600 mm。跨度大的屋架取较大值。

对上弦与节点板的连接焊缝,假定集中荷载 Q 由上弦角钢肢背处的槽焊缝承受,这样就可采用式(7-7)、式(7-8)和式(7-9)计算焊缝。当坡度较小时,ΔN 按上弦较大内力的 15% 计算,当坡度较大时,ΔN 取上弦内力的竖向分力与节点荷载的合力和上弦较大内力的 15% 两者中的较大值计算。

(2)下弦拼接节点。下弦中央拼接节点构造与屋脊节点相近,采用与下弦截面相同的拼接角钢,并将角钢棱角铲去,同时切去 $\Delta = (t + h_f + 5)$ mm。当角钢肢宽≥130 mm 时也要切成斜边,以便内力传递均匀。

下弦拼接角钢的长度等于连接一侧每条侧焊缝实际长度的两倍加上 10~20 mm。

下弦与节点板的连接焊缝按式(7-4)和式(7-5)计算,公式中的 ΔN 为两侧下弦内力差和下弦较大内力的 15% 中的较大值。当节点作用有集中荷载时,则应据上述 ΔN 值和集中荷载 Q 值按式(7-10)和式(7-11)计算。

4)支座节点

屋架与柱的连接可以刚接,如图 7-28 所示,也可以铰接,如图 7-29 所示。支撑于钢筋混凝土柱或砖柱上的屋架一般按铰接考虑,而支撑于钢柱上的屋架通常按刚接考虑。

铰接支座节点大多采用平板式支座,由节点板、底板、加劲肋和锚栓组成。加劲肋设于支座节点中心处,高度和厚度均与节点板相同。但在三角形屋架中,加劲肋顶部应紧靠上弦杆水平肢并与之焊接,如图 7-29(b)所示。加劲肋的作用是提高底板的竖向刚度,使底板受力均匀,减少底板弯矩,同时增强节点板侧向刚度。

为了便于施焊,下弦角钢肢背与支座底板的距离不宜小于下弦角钢水平肢的宽度,也不小于 130 mm。支座底板与柱顶的锚栓连接,锚栓预埋于柱顶,直径一般取 20~25 mm。为便于安装时调整位置,底板上的锚栓孔径宜为锚栓直径的 2~2.5 倍,且在外侧开口。

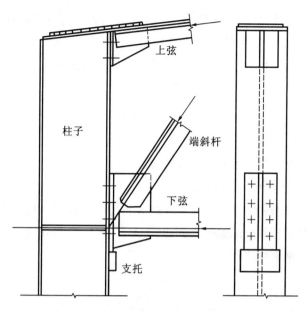

图 7-28 屋架与柱的刚接构造

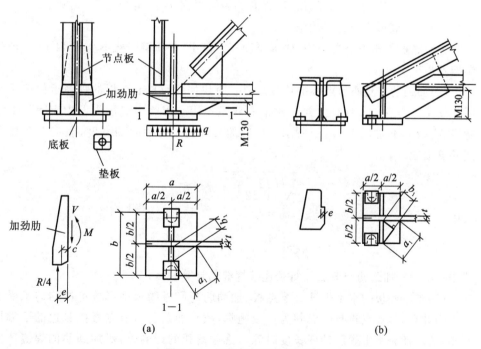

图 7-29 屋架与柱的铰接构造

(a)梯形屋架支座节点；(b)三角形屋架支座节点

当屋架安装完毕后再加小垫板套住锚栓并与底板焊牢。小垫板上孔径比锚栓直径大 1~2 mm。锚栓孔可设在底板的两个外侧区格，如图 7-29(b)所示，也可设在底板中线两侧加劲肋端部，如图 7-29(a)所示。

支座节点的传力路线是:屋架交汇于此节点的各杆内力通过杆端焊缝传给节点板,再经节点板和加劲肋间的竖直焊缝将内力的垂直分量传给底板,再传到柱。内力的水平分量在节点板上相互平衡。节点设计方法如下。

(1)底板计算。支座底板的面积按下式计算。

$$A = \frac{R}{f_c} + A_0 \qquad (7\text{-}14)$$

式中　R——屋架的支座反力;

　　　f_c——钢筋混凝土轴心抗压强度设计值;

　　　A_0——底板上锚栓孔的面积。

正方形支座底板的边长为 $a \geqslant \sqrt{A}$,矩形底板可先假定一边长度,即可求另一边长度。考虑到构造要求,底边的短边尺寸一般不小于 200 mm。

底板厚度 t 按下式计算。

$$t \geqslant \sqrt{\frac{6M}{f}} \qquad (7\text{-}15)$$

式中　M——两相邻边支撑板单位宽度的最大弯矩,$M = \beta q a_1^2$,$q = R/A$;

　　　β——系数,为 b_1/a_1 的值,可查有关表格得到,b_1 及 a_1 如图 7-29 所示;

　　　q——底板下压力平均值。

为使底板下压力分布均匀,底板厚度不宜过小,普通钢屋架不小于 14 mm,轻钢屋架不小于 12 mm。

(2)加劲肋与支座节点板的连接焊缝。每块加劲肋与节点板的焊缝近似按承受屋架支座分力的 1/4 计算。并考虑偏心弯矩作用。因此焊缝承受剪力 $V = R/4$ 和弯矩 $M = Re/4$,如图 7-29(a)所示。焊缝的长度就是加劲肋的高度,假定 h_f 后按下式验算强度。

$$\sqrt{\left(\frac{\sigma_f}{1.22}\right)^2 + \tau_f^2} \leqslant f_f^w$$

其中

$$\sigma_f = \frac{6M}{2 \times 0.7 h_f l_w^2}, \quad \tau_f = \frac{V}{2 \times 0.7 h_f l_w}$$

式中　l_w——加劲肋与节点板每条连接焊缝的计算长度。

(3)支座底板的水平焊缝。节点板、加劲肋与底板的水平焊缝可按均匀承受支座反力计算,因节点板与底板间为连续施焊,故在加劲肋与节点板接触边的下端切斜角,所以计算水平焊缝计算长度时除考虑起落弧的影响外,对加劲肋的焊缝还要减去切角宽度 c 和节间板厚度 t。共有 6 条焊缝受力,其总计算长度为

$$\sum l_w = 2a + 2(b - t - 2c) - 60 \text{ mm} \qquad (7\text{-}16)$$

式中　t——节点板厚度;

　　　c——加劲肋切口宽度。

其水平焊缝焊脚尺寸满足下式：

$$h_f \geqslant \frac{R}{0.7 \times 1.22 f_f^w \sum l_w} \tag{7-17}$$

3. 屋架施工图的绘制

钢屋架施工图是钢结构进厂加工制造的主要依据，必须清楚详细。钢屋架施工图主要包括屋架简图、正面详图、上下弦平面图、必要数量的侧面图和零件图。施工图上还应有整榀屋架的几何轴线图和材料表，对称屋架可只画左半榀，但屋脊节点和下弦中央拼接节点画全，标明右半跨因工地拼接引起的少量差异（如安装螺栓和某些工地焊缝等）。施工图绘制要点如下。

（1）图纸左上角采用合适比例绘制屋架几何轴线图，轴线图左半跨标明屋架的几何轴线尺寸（mm），右半跨注上杆件的内力设计值（kN）。对于考虑起拱的屋架应注在屋架简图上，如图 7-30 所示。

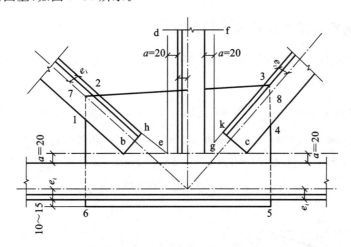

图 7-30　节点板形状和尺寸的确定

（2）主要图面应绘制屋架的正面详图、上下弦平面图、必要的侧面图和零件图。屋架施工图常用两种比例绘制，屋架轴线一般用 1：30～1：20 的比例尺；杆件截面和节点采用 1：10～1：15 的比例尺；重要节点大样，比例尺还可加大，以清楚表达节点细部。

（3）施工图中应注明各零件（型钢和钢板）的型号和尺寸，包括加工尺寸、定位尺寸、孔洞位置以及对工厂加工和工地施工的所有要求及定点中心到节点板上、下、左、右边缘的距离。螺栓孔定位时，应从节点中心、轴线或角钢肢背处标注。

（4）施工图中要对零件进行详细编号并制成材料表。零件编号按主次、左右、上下、杆件和零件用途等顺序编号，正、反面对称的杆件亦可用同一编号，在材料表中说明其正、反即可。材料表中应列出所有杆件和零件的编号、规格尺寸、长度、数量（正、反）和重量，最后算出整榀屋架的用钢量。

(5)施工图中还应有必要的说明,说明的内容包括:钢材的钢号、焊条型号、加工精度要求及焊缝质量要求;图中未注明的焊缝和螺栓孔的尺寸以及油漆、运输、安装和制造等要求。对一些不易用图表达的宜用文字集中说明。

7.4 钢屋架设计实例

某机械加工单跨单层厂房,跨度 18 m,长 90 m,柱距 6 m。厂房内设有一台中级工作制桥式吊车,屋面材料采用压型钢板。屋架支承于强度等级为 C20 的钢筋混凝土柱上。钢材采用 Q235F,焊条采用 E43××型,手工焊。檩条用槽钢。

荷载:压型钢板自重为 0.20 kN/m²,不上人屋面活荷载为 0.30 kN/m²,无雪荷载和积灰荷载,根据压型钢板的最大容许檩距,将檩条布置于上弦节点上,檩距为节间长度,檩条跨中设置一道拉条。试根据上述条件设计普通钢屋架,并绘制施工图。

7.4.1 确定屋架形式及其几何尺寸

根据所用屋面材料的排水要求,采用图 7-31 所示的芬克式三角形屋架,取屋面坡度 $i=1/3$。算得:

屋面倾角 $\alpha=\arctan\dfrac{1}{3}=18.43°$,$\sin\alpha=0.316$,$\cos\alpha=0.949$。上弦节间水平投影长度 $a=2\ 332\ \text{mm}\times0.949=2\ 213\ \text{mm}$。屋架的主要尺寸和各杆杆长,如图 7-31 所示。

屋架计算跨度 $l_0=l-300\ \text{mm}=18\ 000\ \text{mm}-300\ \text{mm}=17\ 700\ \text{mm}$

$$屋架跨中高度\ h=\frac{17\ 700\ \text{mm}}{2\times3}=2\ 950\ \text{mm}$$

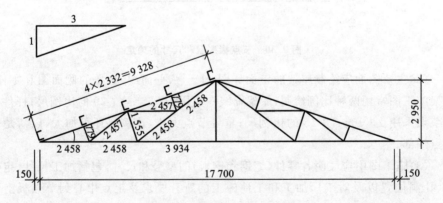

图 7-31 屋架形式及几何尺寸

7.4.2 檩条和支撑布置

根据压型钢板的最大容许檩距,将檩条布置于上弦节点上,檩距为节间长度,檩条跨中设置一道拉条。

考虑厂房总长度大于 60 m,跨度为 18 m,有中级工作制桥式吊车,以及第一开间尺寸为 5.0 m 等因素,在厂房两端的第二开间和中间各设一道上弦横向水平支撑和下弦横向水平支撑,并在同一开间屋架跨中设置一道垂直支撑,如图 7-32 所示。

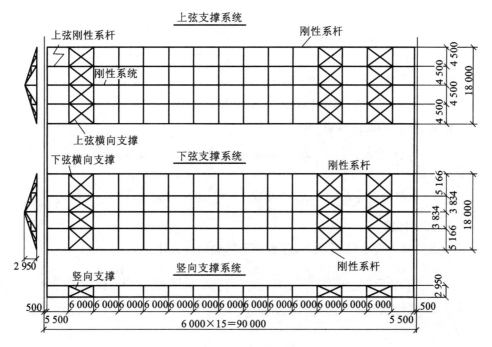

图 7-32　支撑布置

上弦檩条可兼作系杆,不另设系杆,在屋架下弦跨中设置一道通长柔性系杆,在厂房两端的第一开间下弦各设三道刚性系杆。

7.4.3　檩条设计

1. 设计钢檩条

由设计经验,试选[12.6 热轧普通槽钢檩条。查附表 15,自重 0.123 kN/m,W_x = 61.7 cm³,W_{ymin} = 10.3 cm³,I_x = 388.5 cm⁴,i_x = 4.98 cm,i_y = 1.56 cm。计算截面有孔洞削弱,因此取折减系数为 0.9,则净截面抵抗矩为

$$W_{nx} = 0.9 \times 61.7 \text{ cm}^3 = 55.53 \text{ cm}^3$$

$$W_{ny} = 0.9 \times 10.3 \text{ cm}^3 = 9.27 \text{ cm}^3$$

2. 荷载和内力计算

永久荷载

压型钢板　　　(0.2×2.332) kN/m = 0.466 4 kN/m

檩条和拉条　　　　　　　　　　　　0.123 1 kN/m

0.589 5 kN/m

可变荷载

$0.3 \times 2.332 \times \cos 18.43° \text{ kN/m} = 0.663 9 \text{ kN/m}$

檩条线荷载为

$$q_k = (0.589 5 + 0.663 9) \text{ kN/m} = 1.253 4 \text{ kN/m}$$

$$q = (1.2 \times 0.589 5 + 1.4 \times 0.663 9) \text{ kN/m} = 1.636 9 \text{ kN/m}$$

$$q_x = (1.636 9 \times \cos 18.43°) \text{ kN/m} = 1.553 4 \text{ kN/m}$$

$$q_y = (1.636 9 \times \sin 18.43°) \text{ kN/m} = 0.517 3 \text{ kN/m}$$

由 q_x 和 q_y 引起的弯矩

$$M_x = \frac{1}{8} q_x l_x^2 = \left(\frac{1}{8} \times 1.553 4 \times 6^2 \right) \text{ kN·m} = 6.99 \text{ kN·m}$$

$$M_y = \frac{1}{8} q_y l_y^2 = \left(\frac{1}{32} \times 0.517 3 \times 6^2 \right) \text{ kN·m} = 0.58 \text{ kN·m}$$

3. 强度计算

檩条的最大应力(拉应力)位于槽钢下翼缘的肢尖处

$$\sigma_{max} = \frac{M_x}{\gamma_x W_{nx}} + \frac{M_y}{\gamma_y W_{ny}} = \left(\frac{6.99 \times 10^6}{1.05 \times 55.53 \times 10^3} + \frac{0.58 \times 10^6}{1.2 \times 9.27 \times 10^3} \right) \text{ N/mm}^2$$

$$= 172 \text{ N/mm}^2 < f = 215 \text{ N/mm}^2$$

满足要求。

4. 刚度验算

只验算垂直于屋面方向的挠度

$$v = \frac{5 q_{ky} l^4}{384 E I_x} = \frac{5}{384} \times \frac{1.253 4 \times 0.949 \times 6 000^4}{203 \times 10^3 \times 388.5 \times 10^4} \text{ mm}$$

$$= 25 \text{ mm} < \frac{l}{200} = 30 \text{ mm}$$

满足要求。

5. 长细比验算

查附表 15,据[12.6 得 $i_x = 4.98 \text{ cm}$,$i_y = 1.56 \text{ cm}$,$\frac{i_x}{i_y} = 3.19$,$\frac{l_x}{l_y} = 2$。檩条的最

大长细比为

$$\lambda_{max} = \lambda_y = \frac{l_y}{i_y} = \frac{300}{1.56} = 192 < [\lambda] = 200$$

满足要求,可兼作支撑。

因设有拉条,整体稳定可不验算。

7.4.4　屋架杆件内力计算

1. 屋架节点荷载计算

檩条作用于屋架上弦节点的集中荷载为

$$P'=ql=(1.636\ 9\times 6)\ \text{kN}=9.821\ 4\ \text{kN}$$

屋架和支撑自重

$$0.12+0.011L=(0.12+0.011\times 18)\ \text{kN/m}^2=0.318\ \text{kN/m}^2$$

屋架节点总荷载设计值为

$$P=(9.821\ 4+1.2\times 0.318\times 6\times 2.213)\ \text{kN}=14.888\ \text{kN}$$

2. 杆件内力计算

本例屋架为标准屋架,直接由建筑结构静力计算手册查出各杆内力系数,然后乘以节点荷载即为相应杆件的内力。

经计算,全跨荷载作用下内力系数及杆件内力组合设计值如图 7-33 及表 7-5（负为压力,正为拉力）所示。

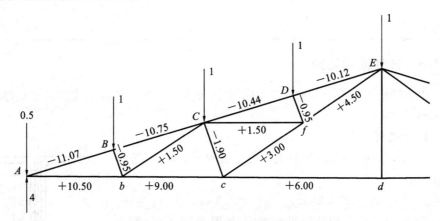

图 7-33　全跨荷载作用下内力系数

表 7-5　杆件内力组合值

杆　件		内　力　系　数	内力设计值/kN （$P=14.888$ kN）
上弦杆	AB	−11.07	−164.81
	BC	−10.75	−160.05
	CD	−10.44	−155.43
	DE	−10.12	−150.67

续表

杆 件		内力系数	内力设计值/kN （$P=14.888$ kN）
下弦杆	Ab	$+10.50$	$+156.32$
	bc	$+9.00$	$+134.99$
	cd	$+6.00$	$+89.33$
腹杆	Bb,Df	-0.95	-14.14
	Cb,Cf	$+1.50$	$+22.33$
	Cc	-1.90	-28.29
	fc	$+3.00$	$+44.66$
	Ef	$+4.50$	$+67.00$
	Ed	0	0

7.4.5 杆件截面选择

由弦杆最大内力 165 kN,查表选:中间节点板厚度为 8 mm,支座节点板厚度为 10 mm。

1. 上弦杆

上弦杆采用等截面,按最大内力 $N_{AB}=-165$ kN 选择截面。

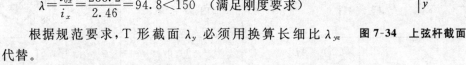

图 7-34 上弦杆截面

$$l_{0x}=233.2 \text{ cm}, \quad l_{0y}=466.4 \text{ cm}$$

选用 2 L 80×7 组成的 T 形截面,如图 7-34 所示,节点板厚 8 mm,查附表 16 得 $A=21.72$ cm,$i_x=2.46$ cm,$i_y=3.60$ cm。

$$\lambda=\frac{l_{0x}}{i_x}=\frac{233.2}{2.46}=94.8<150 \quad (\text{满足刚度要求})$$

根据规范要求,T 形截面 λ_y 必须用换算长细比 λ_{yz} 代替。

因

$$\frac{b}{t}=\frac{80}{7}=11.43<0.58\frac{l_{0y}}{b}=0.58\times\frac{4\ 664}{80}=33.81$$

$$\lambda_{yz}=\lambda_y\left(1+\frac{0.475b^4}{l_{0y}^2t^2}\right)=\frac{4\ 664}{36.0}\times\left(1+\frac{0.475\times80^4}{4\ 664^2\times7^2}\right)=131.9<150$$

所以按 b 类截面查附录 8,得 $\varphi=0.378$,则

$$\frac{N}{\varphi A}=\left(\frac{165\times10^3}{0.378\times21.72\times10^2}\right)\text{N/mm}^2=201\ \text{N/mm}^2<f=215\ \text{N/mm}^2$$

满足稳定要求,所选截面合适。

2. 下弦杆

整个下弦杆采用等截面,按最大内力 $N_{Ab}=+156.32\ \text{kN}$ 计算。

屋架平面内计算长度取下弦最大节间 $l_{0x}=l_{cd}=393.4\ \text{cm}$,屋架平面外计算长度取 $l_{0y}=l_{Ad}=885\ \text{cm}$。

下弦所需截面面积为

$$A=\frac{N}{f}=\left(\frac{156.32\times10^3}{215}\right)\text{mm}^2=728\ \text{mm}^2$$

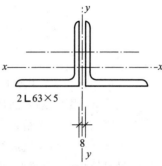

2∟63×5

图 7-35 下弦杆截面

选用 2∟63×5 组成的 T 形截面,$A=12.29\ \text{cm}^2$,$i_x=1.94\ \text{cm}$,$i_y=2.89\ \text{cm}$。如图 7-35 所示,下弦杆与支撑及系杆连接螺栓采用 $d=16\ \text{mm}$(孔径 17.5 mm),则下弦杆净截面面积为

$$A_n=(12.29-2\times1.75\times0.5)\ \text{cm}^2=10.54\ \text{cm}^2$$

下弦杆强度验算

$$\sigma=\frac{N}{A_n}=\left(\frac{156.32\times10^3}{10.54\times10^2}\right)\text{N/mm}^2=148.31\ \text{N/mm}^2<f$$

满足要求。

长细比验算

$$\lambda_x=\frac{l_{0x}}{i_x}=\frac{393.4}{1.94}=202.8<350$$

因

$$\frac{b}{t}=\frac{63}{5}=12.6<0.58\ \frac{l_{0y}}{b}=0.58\times\frac{8\ 850}{63}=81.5$$

$$\lambda_{yz}=\lambda_y\left(1+\frac{0.475b^4}{l_{0y}^2t^2}\right)=\frac{8\ 850}{28.9}\times\left(1+\frac{0.475\times63^4}{8\ 850^2\times5^2}\right)=307.4<350$$

满足条件,所选截面合适。

3. 腹杆

1)fc,Ef 杆

fc,Ef 杆为芬克式桁架的主斜杆,两杆采用相同截面,按最大内力 $N_{Ef}=+67\ \text{kN}$ 计算。$l_{0x}=245.8\ \text{cm}$,$l_{0y}=491.6\ \text{cm}$。选用 2∟50×4 组成的 T 形截面,如图 7-36 所示。

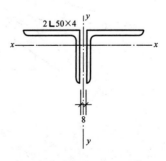

2∟50×4

图 7-36 主斜杆 fc,Ef 截面

$$A=7.79\ \text{cm}^2,\quad i_x=1.54\ \text{cm},\quad i_y=2.35\ \text{cm}$$

$$\sigma=\frac{N}{A_n}=\left(\frac{67\times10^3}{7.79\times10^2}\right)\text{N/mm}^2$$

$$=86\ \text{N/mm}^2<f=215\ \text{N/mm}^2$$

2)Cb,Cf 杆

Cb,Cf 两杆均为拉杆,采用相同截面。内力 $N_{Cb} = N_{Cf} = +22.33$ kN,计算长度

$$l_{0x} = 0.8 \times 245.7 \text{ cm}, l_{0y} = 245.7 \text{ cm}.$$

$$\lambda_x = \frac{l_{0x}}{i_x} = \frac{0.8 \times 245.7}{1.54} = 127.63 < 350$$

因

$$\frac{b}{t} = \frac{50}{4} = 12.5 < 0.58 \frac{l_{0y}}{b} = 0.58 \times \frac{2\,457}{50} = 28.5$$

所以

$$\lambda_{yz} = \lambda_y \left(1 + \frac{0.475b^4}{l_{0y}^2 t^2}\right) = \frac{2\,457}{23.5} \times \left(1 + \frac{0.475 \times 50^4}{2\,457^2 \times 4^2}\right) = 107.8 < 350$$

所选截面合适。

选用 2 L45×4 组成的 T 形截面,$A = 6.98$ cm^2,$i_x = 1.38$ cm^2,$i_y = 2.16$ cm^2。

经验算,强度、刚度满足要求。按相同的方法可以选择计算其他腹杆的截面,各杆件计算数据及计算结果见表 7-6。

为保证两个角钢组成的 T 形及十字形截面共同工作,需每隔一定距离在两个角钢间设置填板,填板数按间距为 $40i$(压杆)及 $80i$(拉杆)计算,各杆件填板数也列入表 7-6 中。

7.4.6 节点设计

1. 脊节点 E(见图 7-37)

(1)拼接角钢与上弦杆连接的焊缝。取 $h_f = 4$ mm,拼接角钢一侧与上弦杆连接焊缝长度为

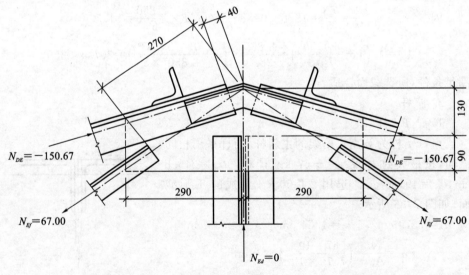

图 7-37 脊节点 E

表 7-6 屋架杆件截面选用

名称	编号	内力设计值/kN	几何长度/mm	计算长度/mm l_{0x}	计算长度/mm l_{0y}	截面形式规格	截面面积/mm² A	截面面积/mm² A_n	回转半径/cm i_x	回转半径/cm i_y	长细比 λ_x	长细比 λ_y	长细比 $[\lambda]$	φ_{min}	$N/\varphi A$	N/A_n	垫板数
上弦	AB																1
	BC	−164.81	2 332	2 332	4 664	⌐⌐80×7	21.72	—	2.46	3.60	94.8	131.9	150	0.378	见计算书	见计算书	1
	CD																1
	DE																
下弦	Ab	+156.32	2 458			2∟63×5 ⌐∟											1
	bc		2 458	3 934	8 850		—	10.54	1.94	2.89	202.8	307.4	350	—	—	148.5	2
	cd		3 934														2
腹杆	fc	+67.00	2 458	2 458	4 916	⌐⌐50×4	—	7.79	1.54	2.35	159.5	210.8	350	—	—	86	1
	Ef		2 458														1
	Cb	+22.33	2 457	1 996	2 457	⌐⌐45×4	—	6.98	1.54	2.16	127.63	107.8	350	—	—	32	2
	Cf		2 457														2
	Cc		1 555		1 555	⌐⌐45×4			1.38									2
	Bb	−28.29	779	1 244			6.98		1.38	2.16	90.2	75.6	150	0.383	65.6	—	1
	Df		779														1
	Ed	0	2 950	$l_0=2\,950$	2 950	2∟63×5 ⌐∟	12.29	10.54	$i_{x0}=2.45$	2.45	$i_{x0}=108$		200	—	—	—	2

$$l_w = \frac{N_{DE}}{4 \times 0.7 \times h_f f_f^w} + 10 \text{ mm} = \left(\frac{150.67 \times 10^3}{4 \times 0.7 \times 4 \times 160} + 10 \right) \text{ mm} = 94 \text{ mm}$$

考虑构造要求,取 110 mm。拼接角钢的长度为:$(2 \times 110 + 2 \times 40)$ mm = 300 mm。考虑到拼接节点刚度和拼接螺栓的需要,取拼接角钢的长度为 400 mm。

拼接角钢截面同上弦杆,采用 2 L 80×7,竖直肢切去。$\Delta = (t + h_f + 5)$ mm = $(7 + 4 + 5)$ mm = 16 mm,并将棱角削平。

(2)Ef 杆与节点板的连接焊缝。取 $h_f = 4$ mm,焊缝长度为

肢背 $$l_{w1} = \left(\frac{0.7 \times 67 \times 10^3}{2 \times 0.7 \times 4 \times 160} + 10 \right) \text{ mm} = 62 \text{ mm}$$

肢尖 $$l_{w2} = \left(\frac{0.3 \times 67 \times 10^3}{2 \times 0.7 \times 4 \times 160} + 10 \right) \text{ mm} = 32 \text{ mm}$$

按构造要求,取 $l_{w1} = 70$ mm, $l_{w2} = 50$ mm

(3)中央竖杆 Ed 与节点板连接的焊缝,按构造要求取 $h_f = 4$ mm,$l_w = 90$ mm。

(4)上弦杆与节点板的连接焊缝。上弦肢背与节点板的连接采用塞焊缝,因其受力较小,而节点板较长,所以焊满即可。同理,上弦肢尖与节点板的焊缝也可按构造焊满,不必计算。

2. 下弦中央节点 d(如图 7-38 所示,计算过程略)

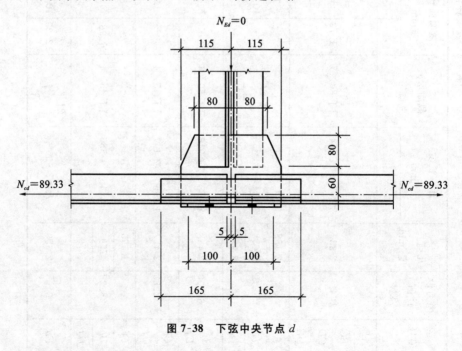

图 7-38 下弦中央节点 d

3. 支座节点 A(见图 7-39)

(1)下弦杆与节点板连接的焊缝。

$$N_{Ab} = +156.32 \text{ kN}, \quad 取 \ h_{\text{f}} = 5 \text{ mm}$$

肢背　　　$l_{\text{w1}} = \left(\dfrac{0.7 \times 156.32 \times 10^3}{2 \times 0.7 \times 5 \times 160} + 10 \right) \text{ mm} = 108 \text{ mm}$

肢尖　　　$l_{\text{w2}} = \left(\dfrac{0.3 \times 156.32 \times 10^3}{2 \times 0.7 \times 5 \times 160} + 10 \right) \text{ mm} = 52 \text{ mm}$

取肢背 $l_{\text{w1}} = 140 \text{ mm}$，肢尖按构造焊满。

（2）底板计算。

支座反力

$$R = 4P = (4 \times 14.888) \text{ kN} = 59.55 \text{ kN}$$

取底板平面尺寸为 240 mm × 240 mm，锚栓直径 $d = 20$ mm，底板开孔尺寸如图 7-39 所示，采用强度等级为 C20 的混凝土柱（$f_{\text{c}} = 20$ kN/mm²）。

柱顶混凝土压应力（即底板所受均布荷载反力）为

$$q = \frac{R}{A_{\text{n}}} = \left(\frac{59.55 \times 10^3}{240 \times 240 - \pi \times 20^2 - 2 \times 40 \times 50} \right) \text{ N/mm}^2$$
$$= 1.14 \text{ N/mm}^2 < 20 \text{ N/mm}^2$$

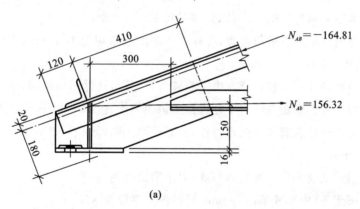

(a)

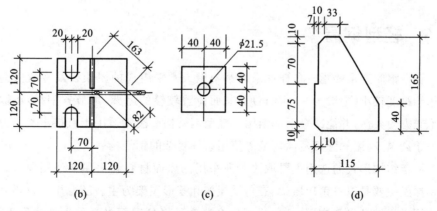

(b)　　　　　(c)　　　　　(d)

图 7-39　支座节点

(a)支座节点连接；(b)底板；(c)垫圈；(d)加劲肋

支座节点板厚取 10 mm,加劲肋厚取 8 mm,由图 7-39 得

$$a_1=\sqrt{\left(120-\frac{10}{2}\right)^2+\left(120-\frac{8}{2}\right)^2}=163.3 \text{ mm}$$

$$b_1=\frac{a_1}{2}=81.7 \text{ mm}$$

由 $b_1/a_1=0.5$,得 $\beta=0.058$,则

$$M=\beta qa_1^2=(0.058\times1.14\times163.3^2)\text{N}\cdot\text{mm}=1\ 764 \text{ N}\cdot\text{mm}$$

所需底板厚度为

$$\delta=\sqrt{\frac{6M}{f}}=\sqrt{\frac{6\times1\ 764}{215}} \text{ mm}=7.0 \text{ mm} \quad （取 \delta=16 \text{ mm}）$$

节点板、加劲肋与支座底板的焊缝计算略。其余节点详见屋架施工图,如图 7-40所示。

7.4.7 施工图说明

(1)本屋架钢材采用 Q235F,焊条采用 E43××型。

(2)上弦与节点板采用塞焊,所有未注明的贴角焊缝为 4 mm,未注明的焊缝长度一律满焊,并小于 60 mm。

(3)所有杆件的垫板在节点内等距离布置,并与杆件贴角满焊,厚 4 mm。

(4)屋架支座底板与混凝土柱连接的锚固螺栓直径 $d=22$ mm;屋架与支撑的连接、屋架安装螺栓及安装拼接用螺栓,其直径除注明者外,一律采用 $d=18$ mm,孔径 $d_1=19.5$ mm。

(5)钢材防腐采用二度红丹打底,表面铅油两遍。

(6)图 7-40 中尺寸单位为 mm,杆件内力单位为 kN。

7.5 轻型钢屋架

轻型钢屋架主要指较多杆件采用小角钢或圆钢组成的屋架以及冷弯薄壁型钢使用于跨度较小(一般为 9～18 m)和屋面荷载较轻的屋架,可节省钢材,运输和安装也较方便灵活,并能减轻下部结构。轻型钢结构一般不适用于直接承受动力荷载及处于高温、高湿和强烈侵蚀环境等使用条件复杂的钢结构。

屋架结构形式的选用主要取决于所采用的屋面材料和房屋的使用要求。过去轻钢屋架主要是以三角形屋架、三角拱屋架和菱形屋架为主。随着压型钢板和轻质大型屋面板的开发和应用,又形成了配合这两种轻型屋面材料的平坡梯形钢屋架,如图 7-41 所示,简称轻型梯形钢屋架。

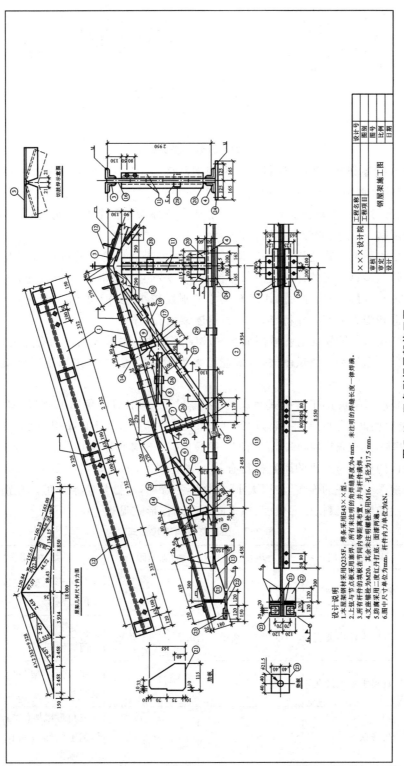

图 7-40 三角形钢屋架施工图

设计说明

1. 本屋架钢材采用Q235F, 焊条采用E43×× 型。
2. 上弦与节点板采用双盖板, 所有未注明的角焊缝厚度为4mm, 未注明的焊缝长度一律焊满。
3. 所有杆件的角板在节间内等距离布置, 并与杆件焊满。
4. 支座锚栓采用M20, 其余未注明螺栓采用M16, 孔径为17.5mm。
5. 防腐采用一度红丹打底, 面漆两遍。
6. 图中尺寸单位为mm, 杆件内力单位为kN。

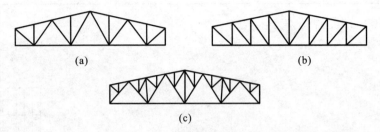

图 7-41 轻型钢屋架形式

轻型钢屋架按所用的材料可分为圆钢屋架、小角钢屋架和薄壁型钢屋架。因此,常用的轻型钢屋架有三角形角钢屋架、三角形方管屋架、三角形圆管屋架、三角拱屋架、梯形角钢屋架和菱形屋架等。上述方管屋架和圆管屋架为薄壁型钢结构,其余为圆钢、小角钢的轻型钢结构。

轻型钢屋架与普通钢屋架在本质上没有多大区别,两者的设计方法及原则相同。只是轻型钢屋架的杆件截面尺寸较小,一般采用小角钢(一般不超过 L 45×4 或 L 56×36×4)和圆钢的截面,其截面尺寸和刚度较小,在桁架形式、杆件截面组成、连接构造和受力上有一些特点,与普通钢屋架稍有不同。

轻型钢屋架的屋面有斜坡屋面和平坡屋面两种。斜坡屋面多为有檩屋盖体系,采用三角形屋架和三角拱屋架,平坡屋面多为无檩屋盖体系,采用菱形屋架或梯形钢屋架。

三角形屋架可用于有桥式吊车的工业房屋。角钢屋架房屋的跨度一般为 9~18 m,薄壁型钢屋架的跨度一般为 12~18 m;三角拱屋架和菱形屋架用于无吊车的工业和民用房屋中,三角拱屋架房屋的跨度一般为 9~18 m,菱形屋架的跨度一般为 9~15 m。

屋面的坡度与所用的屋面材料有关。坡度太大,屋面材料容易下滑,应使屋面材料与檩条有较好的连接,坡度太小,屋面容易渗漏,应做好防水处理。轻钢屋盖结构中常用的屋面材料、屋面坡度、檩条间距和结构形式见表 7-7。

表 7-7 屋面材料和结构形式

序号	屋 面 材 料	坡度 i	标志檩距/m	结 构 形 式
1	石棉水泥小波瓦	1/3~1/2.5	0.75	三角形屋架、三角拱屋架及门式刚架
2	石棉水泥中波瓦	1/3~1/2.5	0.75,1.30(加筋)	三角形屋架、三角拱屋架及门式刚架
3	石棉水泥大波瓦	1/3~1/2.5	1.3	三角形屋架、三角拱屋架及门式刚架
4	瓦楞铁	1/6~1/3	0.75(0.50)	三角形屋架($i<1/3$ 时,上弦或下弦端节间宜弯折)及门式刚架

续表

序号	屋 面 材 料	坡度 i	标志檩距/m	结 构 形 式
5	压型钢板	1/6~1/4(短尺) 1/20~1/10(长尺)	按计算 (1.00~6.00)	梯形屋架、网架及门式刚架
6	黏土瓦或水泥平瓦	1/2.5~1/2	0.75	三角拱屋架
7	钢丝网水泥波形瓦	1/3	1.50	三角形屋架、三角拱屋架
8	预应力混凝土槽瓦	1/3	3.00	三角形屋架
9	钢筋混凝土槽板、加气混凝土板及太空板	1/12~1/8		梯形屋架、网架及门式刚架

注:①压型钢板也可用于三角形屋架($i=1/3$)。

②短尺压型钢板是指屋面坡度方向有中间搭接,而长尺压型钢板则无中间搭接。

③压型钢板厚度一般为 0.4~1.6 mm,宜采用长尺板材。

屋架杆件截面的选用原则有以下几点。

1. 选用原则

(1)杆件的截面尺寸应根据其不同的受力情况按轴心受拉、轴心受压、拉弯构件或压弯构件经计算确定。

(2)压杆应优先选用回转半径较大、厚度较薄的截面规格。但应符合截面最小厚度的构造要求。方管的宽厚比不宜过大,以免出现板件有效宽厚比小于其实际宽厚比较多的不合理现象。

(3)当屋面恒载较小或风荷载较大时,尚应验算受拉构件在恒载和风荷载组合作用下,以及在吊车荷载作用下,是否有可能受压。如可能受压尚应符合受压构件容许长细比的要求。

(4)当三角形屋架跨度较大时,其下弦杆可根据端部和跨中内力变化的情况,采用两种截面规格。

(5)在同一榀屋架中杆件的截面规格不宜过多。在增加钢材不多的情况下,宜将杆件截面规格相近的加以统一。一般情况下,一榀屋架中截面规格不宜超出 6 种,以便备料。

2. 截面形式

选择屋架截面形式时,应考虑构造简单、施工方便、取材容易、便于连接、尽可能增大屋架的侧向刚度。对轴心受力构件宜使杆件在屋架平面内、外的长细比接近。

(1)一般采用双角钢组成的 T 形截面或十字形截面(与普通钢屋架的截面形式相同),如图 7-24 所示,受力较小的次要构件可采用单角钢截面。

(2)使用 T 型钢不仅可以节约节点板,节约钢材,避免双角钢肢背相连处出现腐蚀的现象,且受力合理。对于大跨度屋架中的主要杆件可选用热轧 H 型钢或高频焊接轻型 H 型钢。

(3)冷弯薄壁型钢是一种经济型材,截面如图 7-42 所示,比较开展,形状合理且可以多样化,对杆件的整体稳定性有利。

冷弯薄壁型钢屋架杆件,如图 7-42(a)所示的闭口钢管截面具有刚度大、受力性能好、构造简单等优点,宜优先选用。

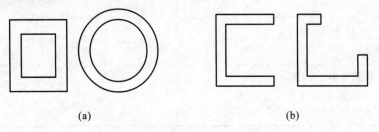

图 7-42　冷弯薄壁型钢屋架杆件截面

(a)闭口钢管截面;(b)开口薄壁型钢

3. 构造要求

屋架杆件截面的最小厚度(或直径)不宜小于表 7-8 的数值。

表 7-8　截面的最小厚度(或直径)(mm)

截面形式	弦　杆	主要腹杆	次要腹杆	备　　注
角钢	4	4	4	
圆钢	$\phi 14$	$\phi 14$	$\phi 14$	不宜作屋架的受压弦杆
薄壁方管	2.5	2	2	
薄壁圆管	2.5	2	2	

冷弯薄壁型钢屋架杆件厚度一般不大于 4.5 mm。圆钢管截面构件的外径与壁厚之比,对于 Q235 钢,不宜大于 100;对于 Q345 钢,不宜大于 68。方钢管或矩形钢管截面的最大外缘尺寸与壁厚之比,对于 Q235 钢,不应大于 40;对于 Q345 钢,不应大于 33。

7.5.1　角钢或 T 型钢的三角形屋架

1. 屋架的特点及适用范围

用角钢或 T 型钢制作的三角形屋架构造简单,用料省,自重轻,制作、安装和施工方便,易于与支撑杆件连接,技术经济指标较好,在工业厂房中得到广泛应用。由于它的屋面荷载较轻,一般情况下腹杆可采用小角钢(小于 L 45×4 或 L 56×36×4)

或圆钢,故多数属于圆钢、小角钢的轻型钢结构。它与普通三角形钢屋架在本质上无多大差异,即普通钢屋架的设计方法对圆钢、小角钢屋架来说原则上都适用;只是轻型钢屋架的杆件截面尺寸较小,连接构造和使用条件等有所不同,强度设计值的取值则稍低。但是双角钢杆件与杆件之间需用节点板和填板相连,存在着用钢量大、抗腐蚀性能较差等缺陷。

T 型钢为 H 型钢的剖分产品,T 型钢截面除具有角钢截面的优点外,尚能节约钢材和提高抗腐蚀性能,T 型钢屋架可与角钢屋架一样得到较广泛的应用。

角钢或 T 型钢三角形屋架广泛应用于中小型工业厂房、仓库及辅助性建筑物中,屋架的跨度一般为 9~18 m,屋面坡度较陡(1/3~1/2),柱距为 4~6 m,吊车吨位不超过 5 t。当超出上述范围时,设计中宜采取适当的措施,如增强支撑系统、加强屋面刚度等。

2. 屋架弦杆的节间划分

屋架上弦杆的节间划分应适应屋面材料尺寸,尽量使屋面荷载直接作用于节点。一般取一个檩距或两个檩距为一个节间长度。当取一个檩距时,弦杆只有节点荷载;当取两个檩距时,上弦杆有节间荷载,上弦杆除轴心力外还有弯矩,所需截面较大,但腹杆和节点数量少。一般情况下,对于檩距小于 1.0 m 的中、小波石棉水泥瓦屋面,屋架上弦杆的节间距离应取两个檩距。其上弦杆截面虽比取一个檩距为节间的有所增大,屋架的总用钢量稍有增加,但从制造和用钢量综合考虑还是合理的;对檩距为 1.5 m 的石棉瓦屋面(设木望板、椽条),屋架上弦杆的节间长度应取一个檩距。

当采用 1.5 m×6.0 m 太空轻质大型屋面板无檩体系时,宜使上弦节间长度等于板的宽度,即 1.5 m。从制造角度看上弦杆采用 3 m 的节间长度可减少腹杆和节点数量,但对于 3 m 的角钢和 T 型钢截面,压杆不能充分发挥作用。因此,上弦杆一般以采用 1.5 m 的节间长度为宜。

屋架下弦杆的节间划分主要根据选用的屋架形式、上弦杆节间划分和腹杆布置确定。

3. 屋架的杆件截面和节点构造选择

屋架的杆件截面和节点构造选择与普通钢屋架相同。

4. 屋架起拱

两端简支、跨度不小于 15 m 的三角形屋架和跨度不小于 24 m 的梯形或平行弦屋架,当下弦无曲折时宜起拱,拱度可取跨度的 1/500。

7.5.2　薄壁型钢的三角形屋架

1. 屋架的特点及适用范围

薄壁型钢是由钢板或带钢经冷轧成型的,也有采用压力机模压成型或由弯板机冷弯成型的。为了充分发挥薄壁型钢的优越性及生产设备的原因,我国规定板厚为

2～6 mm。设计时应参照《冷弯薄壁型钢结构技术规范》(GB 50018—2002)等规定。

薄壁型钢结构是一种新型的轻型钢结构,壁厚一般为 2～6 mm(受力构件),由于壁薄,所以在受力上有一些特点,例如截面比较开展、截面形状合理和多样化,截面面积相同时却有较大的截面惯性矩、抵抗矩和回转半径等,克服了普通热轧型钢屋架设计中腹杆往往由长细比控制、压杆强度不能充分发挥等缺点,使受力和整体稳定更加有利。缺点是薄壁板件在压应力作用下容易局部失稳,即个别受压板件的中央部分会在较低压应力下较早发生屈曲而退出受力;但板件在屈曲后仍可承受一定的继续增大的荷载,主要是依靠与相邻板件交接的板件边缘部分继续提高压应力。因此,在计算宽厚比较大的受压板件时通常只考虑板件边缘能有效地承受压应力,即考虑板件的有效截面或有效宽度。构件为开口形截面时抗扭刚度较差,容易发生弯扭失稳。薄壁型钢由于厚度薄,在计算、构造和维护上相应也有特点,需加以注意,特别是除锈、油漆、防腐蚀等问题,有较高的维护要求。采用薄壁型钢的三角形屋架具有自重轻、节省钢材、杆件刚度较大、制造和安装方便等优点。中、小跨度的薄壁型钢屋架,用钢量为 3～7 kg/m。如果包括檩条和支撑的用钢量在内,为 9～12 kg/m,比普通钢结构可节省钢材 30% 左右。

2. 屋架的结构形式

(1)屋架的外形。屋架的外形与三角形钢屋架相同,分一般三角形屋架、上折式三角形屋架、下折式三角形屋架。

(2)屋架的杆件布置。屋架的弦杆节间划分和腹杆布置,应结合屋面材料、运输条件和支撑设置等情况综合考虑。

为了充分利用薄壁型钢截面受压性能好的特点,应尽量扩大上弦节间长度,以减少腹杆的数量,使结构形式简单、便于制造。上弦杆的节间长度应按檩条间距划分,使其承受节点荷载;其腹杆的布置不像三角形角钢屋架那样强调短杆受压、长杆受拉,但应尽量避免在节点处杆件重叠过多的现象。

当屋架荷载较小,如采用石棉水泥中、小波瓦,瓦楞铁等的轻型屋面,允许屋架上弦杆有节间荷载。

3. 屋架的杆件截面选择

1)屋架的杆件截面形式

薄壁型钢屋架可以采用各种受力合理的薄壁型钢截面形式,如图 7-42 所示。闭口的管形截面,如图 7-42(a)所示,可为无缝的或焊成的,其抗弯、抗扭刚度大,受压时承载力大,节点连接容易,并且易于封住端头,形成不易受大气侵蚀的封闭结构,是一种较好的截面。如图 7-42(b)所示的构件冷弯成型比较容易,可用于屋架的拉杆。经综合考虑及国内的应用实践来看,采用闭口管形截面较多,即薄壁方管和圆管屋架。

2)薄壁方管屋架的杆件截面

薄壁方管屋架的上弦杆和腹杆一般采用闭口方管,它不仅比开口截面的抗扭刚度好,而且涂层面积少,管的内壁也不易生锈。下弦杆可视具体情况,采用薄壁方管、槽钢或热轧轻型槽钢等。

3)薄壁圆管屋架的杆件截面

薄壁圆管屋架显著的优点是:闭口圆管的表面呈凸圆形,不但与闭口方管一样具有较好的抗弯、抗扭和抗压能力,而且还具有不易发生局部压屈和失稳的特点,从而可以选择薄的管壁,比方管经济效果更好。由于管的表面呈凸圆形,灰尘、水滴不易黏附和积存,油漆涂层较耐久;由于管材的表面积较小,防腐涂料的用量较省。圆管屋架的制造也容易,当采用自动仿形切割时,制造会更为简化。

7.5.3　三角拱屋架

1. 屋架的特点及适用范围

三角拱屋架由两根斜梁和一根水平拱拉杆组成,外形如图 7-43 所示。屋架的特点是杆件受力合理,斜梁的腹杆长度短,一般为 0.6~0.8 m,这对杆件受力和截面的选择十分有利。它的用钢指标和三角形角钢屋架相近,但更能充分利用普通圆钢和小角钢,做到取材容易、小材大用等;此外,还具有便于拆装运输和安装等特点。由于三角拱屋架的杆件多数采用圆钢,不用节点板连接,故存在节点偏心,设计中应予注意。

斜梁的截面形式可分为平面桁架式和空间桁架式两种。平面桁架式的三角拱屋架,杆件较少、制造简单、受力明确、用料较省,但其侧向刚度较差,宜用于跨度较小的屋盖中。空间桁架式的三角拱屋架,杆件较多,制造稍费工,但其侧向刚度较好,便于运输和安装,宜在跨度较大的屋盖中使用。

三角拱屋架多用于屋面坡度为 1∶3~1∶2 的石棉水泥中、小波瓦,黏土瓦或水泥平瓦屋面,但也有少数工程将其用于无檩屋盖体系。

三角拱屋架由于拱拉杆比较柔细,不能承压,并且无法设置垂直支撑和下弦水平支撑,整个屋盖结构的刚度较差,故不宜用于有振动荷载及屋架跨度超过 18 m 的工业厂房。此外,为防止在风吸力作用下拱拉杆受压,故当用于开敞式或风荷载较大的房屋中时,应进行详细的验算并慎重对待。

2. 屋架的内力分析

1)平面桁架式斜梁的内力分析

平面桁架式斜梁按一般结构力学的方法计算。屋架的节点荷载由檩条传来,作用于斜梁的节点上。当屋架的竖向反力和拱拉杆的内力求出后。可按数解法或图解法计算斜梁桁架的内力。由于斜梁桁架的 V 形腹杆都是按压杆选择截面的,故无须再对安装时的不对称荷载进行验算。

2)空间桁架式斜梁的内力分析

空间桁架式斜梁由两个平面桁架组成。计算时可以将空间桁架分解为两个平面桁架计算,每个桁架与竖直平面的夹角为 β。为了计算简化,也可按假想的平面桁架计算,即把分离的上弦杆、腹杆看作一个整体(如双角钢拼接截面)进行计算。其计算结果是腹杆内力偏小,但误差不大,一般在5%以内,满足工程需要。

3. 屋架的杆件截面选择

(1)上弦杆。如图7-43(a)所示,为平面桁架式斜梁,其上弦杆与一般三角形角钢屋架一样,是由两个角钢组成的T形截面。如图7-43(b)所示,为空间桁架式斜梁,其上弦杆为由缀条相连的两个角钢组成的分离式截面。少数工程中曾用过两个分离的圆钢的截面,由于圆钢受压的性能不好,且与支撑连接构造较复杂,故不宜采用。

(2)腹杆。多采用V形腹杆,由于杆件的倾角大,内力小,杆件长度也较短,能较好地利用材料的强度,且规格单一,节点简单,制造方便。大多数腹杆采用圆钢截面,加工时可以连续弯成"蛇形",也可分别做成数个V形或W形。三角拱斜梁节间的划分应与檩条的间距相协调,避免上弦杆有节间荷载,腹杆的倾角宜为40°~60°。

(3)下弦杆。可采用单角钢、单圆钢或双圆钢。单角钢截面的下弦杆,角钢肢应朝下布置,如图7-43(b)所示,以便于连接且下弦杆刚度较好。有时角钢在下弦杆弯折处需要热弯,杆件截面有所削弱,为弥补这一损失,有的在弯折处的角钢肢内侧加焊圆钢帮条以补强。圆钢截面的下弦钢,多采用双圆钢并列组成,中间施以间断焊缝,便于与腹杆连接,避免节点焊缝处应力过于集中。

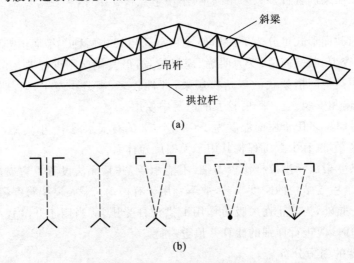

图 7-43 三角拱屋架的形式

(a)平面桁架形式;(b)斜梁截面形式

(4)屋架拉杆的截面形式。

屋架拉杆的截面是由单圆钢或双圆钢组成的受拉截面。

(5)杆件截面的选用。

①空间桁架式斜梁,为了保证其整体稳定,其组合截面尺寸要求:截面高度与斜梁长度的比值不得小于1/18;截面宽度与截面高度的比值不得小于2/5。

②平面桁架式斜梁的截面高度可参照空间桁架式斜梁的要求确定。但其平面

外的稳定与一般三角形角钢屋架相同,由上弦支撑保证。

7.5.4　菱形屋架

　　菱形屋架因其外形而得名,如图 7-44 所示,上弦常采用角钢,下弦及腹杆采用圆钢,屋面坡度较小,一般为 1/12～1/8;屋面板直接铺在屋架上弦上,属无檩屋盖体系。屋面板宜采用重量较轻的加气混凝土板或其他类型轻型板,当采用钢筋混凝土槽形板时,在北方地区要铺轻质的保温材料做保温层。轻质保温材料有水泥蛭石、水泥珍珠岩、聚苯板等。屋面防水层一般采用卷材防水。

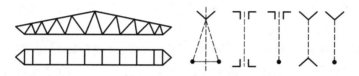

图 7-44　菱形屋架形式

　　菱形屋架所用的材料为角钢和圆钢,取材方便。由于菱形屋架是由两片平面桁架组成的空间桁架,它的截面重心低、空间刚度好。且屋架外形与简支梁在均布荷载作用下的弯矩图接近,从而使屋架下弦杆各节间的内力分布较均匀,基本上克服了梯形屋架和三角形屋架下弦杆各节间内力差异幅度较大的缺点,但是屋架的制造比较麻烦。

　　菱形屋架的用钢量为 7～12 kg/m²,比其他类型的轻型钢屋架略高,但由于不设檩条和支撑,从屋面系统的钢材总消耗量来看,菱形屋架的用钢量并不高。

　　菱形屋架适用于中小型工业与民用建筑,柱距一般为 3.0～4.2 m,跨度为 9～15 m。

【本章小结】

　　1. 钢屋架的外形应与屋面材料所要求的排水坡度相适应,同时要尽可能符合弯矩图形。要使较长腹杆受拉,较短腹杆受压;节点构造要简单合理、易于制造。常用的钢屋架有三角形、梯形、平行弦、拱形等形式。

　　2. 为保证结构的稳定性,提高房屋的整体刚度,屋盖体系必须设置支撑,使屋架、天窗架、山墙等平面结构通过支撑而形成稳定的空间体系。钢屋盖的支撑类型有上弦横向水平支撑、下弦横向水平支撑、下弦纵向水平支撑、垂直支撑以及系杆。此外,当有天窗时,尚应设置天窗架间支撑。

　　3. 桁架内力的计算,应根据使用过程中可能同时作用的荷载按最不利原则进行组合。桁架各杆件除受轴向力外,当上弦或下弦节间作用有荷载时,尚应考虑杆件的局部弯矩。

　　4. 钢屋架的杆件一般采用由两个角钢组成的 T 形截面的形式,所选截面在两个主轴方向应满足等稳定的要求。由于杆件计算长度的不同,所以截面形式也不相同。上弦杆及下弦杆一般采用两不等肢角钢短肢相连;支座斜杆采用两不等肢角钢长肢相连;屋架的其他腹杆采用两等肢角钢组成的 T 形截面;中央竖杆采用两等肢角钢组成的十字形截面。

5. 钢屋架的各个杆件通过节点处的节点板连接,在节点处,杆件重心线应交于一点。节点板的形状应规整、简单,节点板的厚度常为 10～12 mm。节点设计计算时,一般常先假设焊脚尺寸,再求得焊缝长度,根据焊缝长度确定节点板的尺寸。

6. 轻型钢屋架包括采用圆钢和尺寸小于∟45×4 ∟56×36×4 的角钢组成的屋架以及薄壁型钢屋架。圆钢、小角钢轻型屋架的类型有芬克式屋架、三角拱屋架、菱形屋架等。由于杆件截面小、易弯曲变形和偏心受力的影响,杆件的强度设计值应乘以折减系数,同时规定了钢板的最小厚度和圆钢的最小直径。轻型钢屋架连接焊缝的计算与普通钢屋架的连接相同。

7. 薄壁型钢是用 2～6 mm 厚热轧带钢或钢板经模压冷弯成型的,截面形式较多,可用来制作平面桁架、刚架或网架。薄壁型钢屋架压杆的计算与普通钢屋架不同,需按《冷弯薄壁型钢结构技术规范》(GB 50018—2002)的规定进行计算。

8. 钢屋架施工图是制作钢屋架的依据。施工图的主要部分是屋架详图,包括正面图、上弦和下弦平面图、剖面图及零件图等。屋架详图一般用两种比例绘制。施工图应包括屋架简图、材料表和说明等。

【复习思考题】

7-1 简述有檩屋盖和无檩屋盖各自的特点和适用范围。

7-2 确定屋架形式需考虑哪些因素?常用的钢屋架形式有几种?

7-3 钢屋架共有几种支撑?分别说明各在什么情况下设置?设置在什么位置?怎样确定支撑的截面?

7-4 计算桁架内力时考虑哪几种荷载组合?为什么?当上弦节间作用有集中荷载或均布荷载时,怎样确定其局部弯矩?

7-5 桁架节点的构造应符合哪些要求?试述各节点计算的要点。

7-6 何谓轻型钢屋架?轻型钢屋架有几种类型?与普通钢屋架比较,轻型钢屋架在计算与构造上有何特点?

7-7 钢屋架施工图包括哪些内容?施工图的绘制有何要求?

第 8 章　钢结构的制作、安装与防护

8.1　钢结构制作

8.1.1　技术准备工作

钢结构工程由于构件类型多、技术复杂、制作工艺要求严格，一般均由专业工厂来加工，并组织流水作业生产。技术准备是钢结构制作的重要环节，是一项关键性技术措施。严格、周密、科学、全面的技术准备工作不仅能够指导、规范钢结构生产的全过程，而且对生产成品的质量和钢结构制作的经济效益起到重要保证。技术准备工作包括详图设计和图纸审核、编制工艺规程、组织技术交底等主要内容。

1. 详图设计和图纸审核

详图是施工详图的简称，也称之为施工图，是指制作安装单位或工程设计单位依据设计图绘制的施工详图。

详图设计应根据建设单位的技术设计图纸以及发包文件中所规定的规范、标准和要求进行。

图纸审核的目的是检查图纸设计的深度能否满足施工制作的要求、核对图上构件的数量和安装尺寸、检查构件之间有无矛盾；同时对图纸进行工艺审核，即审查在技术上是否合理、构造是否便于施工、图纸上的技术要求按加工单位的施工水平能否实现等。

2. 编制工艺规程

钢结构构件的制作是一个严密的流水作业过程，除生产计划外，制作单位尚应编制出完整、正确的施工工艺规程。对于通用性的问题，则可以制定工艺守则。

3. 划分工号，编制工艺流程表

根据产品的特点、工程量的大小和安装施工进度，将整个工程划分成若干个生产工号或生产单元，以便分批投料、配套加工、配套出成品。

从施工图中摘出零件，编制出工艺流程表或工艺过程卡，内容包括零件名称、件号、材料牌号、规格、件数、工序顺序号、工序名称和内容、所用设备和工时定额等。

4. 配料与材料拼装

根据来料尺寸和用料要求统筹安排、合理配料。

5. 编制工艺卡和零件流水卡

根据工程设计图纸和技术文件提出的构件成品要求，确定各加工工序的精度要

求和质量要求,并结合单位的设备状态和实际的加工能力、技术水平,确定各个零件下料、加工的流水顺序,即编制出零件流水卡。工艺卡包含的内容一般为确定各工序采用的设备和工装模具、技术参数、技术要求、加工余量、加工公差、检验方法及标准。

6. 工艺试验

工艺试验分焊接试验、摩擦面的抗滑移系数试验和工艺性试验三种。通过试验获得的技术资料和数据是编制技术文件的重要依据,用以指导工程施工。

7. 组织技术交底

制作单位在投产前必须组织技术交底,并通过对制作中的难题进行研究、讨论和协商,统一意见,以解决生产过程中的具体问题。

8.1.2 构件加工制作

1. 放样

在一个结构中往往有很多完全相同的构件,而每一构件又由各种零件组成,所以一个结构工程中各种零件的数量一般是很多的。为了保证构件的制作质量和提高工作效率,应按施工图上的图形和尺寸,在放样台上用1∶1比例绘出大样,并做成足尺寸的样板,并按此大样复制出与零件尺寸相同的样板或样杆,这一工序叫放样。对平面复杂的结构(如圆弧等),要在平整的地面上放出整个结构的大样,制作出样板和样杆以作为下料、铣平、剪制、制孔等加工的依据。在制作样板和样杆时应考虑加工余量(一般为5 mm);对焊接构件应按工艺需要增加焊接收缩量,钢柱的长度必须增加荷载压缩的变形量。如图纸要求桁架起拱,放样时上、下弦应同时起拱,并规定垂直杆的方向仍然垂直于水平线,而不与下弦垂直。

放样应在专门的钢平台或平板上进行,平台应平整,尺寸应满足工程构件的尺寸要求,放样画线应准确、清晰。样板(见图8-1)是构件加工的标准,应使用质轻、坚固、不易变形的材料制成并精心使用、妥善保管,其允许偏差应符合相应的规定。

GWJ-1-4.NO31

$t=12$

共96对

图 8-1 某节点板样板

2. 号料

根据放样提供的构件零件的材料、尺寸、数量,在钢材上画出切割、铣平、刨边、弯曲线,如图8-1所示,并标出零件的工艺编号。号料前,应根据图纸用料要求和材料尺寸合理配料,尺寸大、数量多的零件应统筹安排、长短搭配、大小搭配或套材号料;号料时,应根据工艺图的要求尽量利用标准接头节点,使材料得到充分的利用,从而使损耗降到最低。大型构件的板材宜使用定尺料,使定尺的宽度或长度为零件宽度或长度的倍数,另外,根据材料厚度和切割方法适当增加切割余量。号料的允许偏差应符合相应的规定。

3. 下料

钢材的下料方法有气割、机械剪切、等离子切割和锯切等,下料的允许偏差应符合相应的规定。

(1)气割。利用氧气和燃料燃烧时产生的高温熔化钢材,并以高压氧气流进行吹扫,将钢材按要求的尺寸和形状切割成零件。

(2)机械剪切。用剪切机和冲切机切割钢材是较方便的切割方法,适用于较薄板材和曲线切割。当钢板厚度较大时,不容易保证其平直,且离剪切边缘 $2\sim3$ mm 的范围内会产生严重的冷作硬化,使脆性增大。

(3)等离子切割。利用特殊的割具,在电流、气流及冷却水的作用下,产生高达 $2\,000\sim3\,000$ ℃的等离子弧熔化金属而进行切割。切割时不受材质的限制,具有切割速度高、切口狭窄、热影响区小、变形小且切割质量好的特点,可用于不能用氧割和电弧切割或难以切割的钢材。

4. 边缘加工

有些构件根据其受力特点,常需经过刨边和铲边的工序。例如当钢板采用对接焊缝时,或在吊车梁等直接承受动力荷载作用的钢梁翼缘缝采用 K 形焊缝时,或网架结构中焊接球的两个半球之间、钢管与球体之间的连接焊缝需坡口时,或柱头、柱脚、加劲肋需刨平顶紧时,以及制作过程中板边缘有严重冷作硬化时,均需进行边缘加工。

边缘加工有刨边、铲边和切削等方法。刨边通常在刨边机、铣边机、滚边机、倒角机等上进行,对几米长的钢板需要用大型龙门刨边机。刨边加工质量较好,但生产效率低、速度慢、成本高,因此,非特别要求时不宜使用,一般情况下使用手持式角磨机即可。

5. 平直

钢材在运输、装卸、堆放和切割过程中,有时会产生不同的弯曲和波浪变形,如变形值超过规范规定的允许值时,必须在下料之前及切割之后进行平直矫正。常用的平直方法有人工矫正、机械矫正、火焰矫正和混合矫正等。钢材矫正后的允许偏差应符合相应的规范规定。

(1)人工矫正。人工矫正采用锤击法。锤子多使用木锤,如用铁锤,应设平垫;锤的大小、锤击点和着力的轻重程度应根据型钢的截面尺寸和板料的厚度,合理选择。

该法适用于薄板或比较小的型钢构件的弯曲、局部凸出的矫正,但普通碳素钢在低于 -16 ℃、低合金钢低于 -12 ℃时,不得使用本法,以免产生裂纹。

(2)机械矫正。机械矫正适用于一般板件和型钢构件的变形矫正,但普通碳素钢低于−16 ℃、低合金钢低于−12 ℃时,不得使用本法。板料变形采用多辊平板机,利用上、下两排辊子将板料的弯曲部分矫正调直;型钢变形多采用型钢调直机矫正。

(3)火焰矫正。火焰矫正变形一般只适用于低碳钢和16 Mn钢,对于中碳钢、高合金钢、铸铁和有色金属等脆性较大的材料,由于冷却收缩变形将产生裂纹而不宜采用。火焰加热的温度一般为700 ℃,最高不超过900 ℃。

(4)混合矫正。混合矫正法适用于型材、钢构件、工字梁、吊车梁、构架或结构构件的局部或整体变形的矫正,常用方法有矫正胎加撑直机、压力机、油压机或冲压机等。

6. 冷弯及热弯

钢结构工程中,有些结构需由钢材弯曲制成。如储液(气)罐、网架节点球等。当钢板或型钢需要弯成某一角度或弯成某一圆弧时,就需要经过弯曲这道工序。弯曲有冷弯和热弯两种,冷弯是在常温下直接将钢材弯曲成所需形状;热弯可在热塑状态下进行。钢板和型钢的冷弯一般可在三芯或多芯弯曲辊压机上进行。当需将钢板制成某截面形状的构件时,可采用模压机。模压机可根据要弯成的形状设置相应的上下冲模。冷弯加工设备简单,加工方便,成本较低,但曲率半径不宜过小,以免钢材的塑性损失过大和出现裂纹,影响使用,甚至危及结构安全。因此,一般仅用于曲率半径大或尺寸较小的构件弯曲。

零件、部件冷弯曲时,其曲率半径和最大弯曲矢高如设计无要求,应参照有关规定,满足冷弯曲的最小曲率要求。

对于厚钢板或型钢,当弯曲的角度过大或弯曲的曲率半径较小时,一般都需要将钢材加热至呈浅黄色(1 000~1 100 ℃),然后放入模具内弯曲成型,此即热弯。碳素结构钢温度下降到500~550 ℃之前(钢材表面呈现蓝色)和低合金结构钢温度下降到800~850 ℃之前(钢材表面呈现红色)应结束加工,并应使加工件缓慢冷却,以防钢材变脆。热加工使钢结构制造工序复杂化,制作成本高,提高了工程造价,因此在设计时应尽量避免,热弯仅用于工字钢、槽钢、大角钢等截面尺寸较大构件的弯曲成型。

碳素结构钢和低合金结构钢加工过程中,零件可能扭曲,必须在装配前加热矫正,其加热温度严禁超过正火温度(900 ℃)。加热矫正后的低合金结构钢必须缓慢冷却,然后进行验收。验收合格的零件送到半成品仓库分类存放以备后面的工序使用。

7. 制孔

(1)钻孔。钻孔有人工钻孔和机床钻孔两种。前者采用手枪式或手提式电钻直接钻孔,多用于钻直径较小、板厚较薄的孔,也可以采用手抬式压杠电钻钻孔,它不受工件位置和大小的限制,可钻一般钢结构的孔;后者采用台式或立式摇臂钻床钻孔,施钻方便,工效和精度较高。

(2)扩孔。扩孔采用扩孔钻或麻花钻，当用麻花钻扩孔时，需将后角修小，以使切屑少而易于排出，同时可提高孔的表面光洁度。扩孔主要用于构件的安装和拼装。

(3)冲孔。冲孔一般用于冲制非圆孔和薄板孔。冲孔的直径应大于板厚，否则易损坏冲头。如大批量冲孔时，应按批检查孔的尺寸及孔的中心距，以便及时发现问题并纠正。

(4)铰孔。铰孔是用铰刀对已经粗加工的孔进行精加工，可提高孔的表面光洁度和精度。

8. 焊接

钢结构的焊接通常采用电弧焊，电弧焊分手工、半自动和自动焊三种。其中，手工焊方便灵活，但焊接质量不稳定、波动大，一般仅用于短焊缝、曲边形或其他不规则焊缝，以及工地安装焊等。半自动和自动焊焊缝质量好、速度快，多用于长而直的焊缝及其他规则焊缝。焊接时采用适宜的焊接规范，而且应采取必要的技术措施以减小焊接残余应力和焊接残余变形。

构件焊缝的施焊常在焊接工作台或专门支架及转胎上进行，以取得最有利的施焊位置。

构件焊完后，应及时清除焊缝表面的熔渣，并应按有关钢结构工程的施工和验收规范的规定对焊缝质量进行检查，以满足设计要求。对于达不到设计要求的焊缝应铲掉重新补焊。当焊接后的残余变形超过规范规定的限值时，应采取相应的措施予以矫正。合理的方法是采取合适的施焊次序，或在施焊前对构件给予反向变形，从而达到减小残余变形的目的。

9. 铣端及总检查

对于需要靠端面承压传力的构件的传力端应进行铣端。铣端一般应在专门的铣床上进行；当传力端是某一零件(如梁端支座加劲肋)时，可将该端面刨平或用风铲铲平，刨平在刨床上进行。对于大而重的构件作铣端处理是很困难的，设计时应尽量避免。

通过以上各道工序便完成了构件或运输单元的制造，然后对制好的构件进行验收。为了保证质量，安装螺孔钻完后，应对照施工图进行构件的彻底全面检查，主要内容有以下几点。

(1)几何尺寸及孔位检查。

(2)焊缝有无脱落、虚焊，焊脚尺寸是否符合要求。

(3)螺杆有无松动。

(4)除锈、除污是否彻底。

验收检查合格的构件，应送到油漆装运车间进行油漆，在油漆时应注意以下几点。

(1)在安装焊缝处留 30~50 mm 宽范围暂不涂油漆。

(2)按设计要求，某些摩擦型高强度螺栓连接处的构件接触面不涂油漆。

（3）要求喷涂防火涂料的构件,出厂前仅涂红丹防锈漆。

油漆喷涂结束后,应按施工图进行编号,然后装运上车,发运到安装工地。待工地施焊后再补刷油漆,以免影响预留部分质量。

为了保证质量,除最后一次验收外,在各个制造阶段都应进行质量检查。关于对制造质量的要求,在有关钢结构工程的施工及验收规范中都有详细规定,可参照执行。

8.2 钢结构防火

8.2.1 概述

随着社会的发展,人们对防火性能越来越重视。从结构设计人员的观点看,火灾的影响是建筑物在使用期间可能遇到的危险现象之一,一旦起火,火势蔓延迅速,人员撤离困难,扑救难度大,造成的损失巨大。因此,建筑物及其构件在设计时,就应采取适当的防火措施,使其能抵御火灾的危害。国家标准《建筑设计防火规范》(GB 50016—2014)(2018 年版)对建筑物的耐火等级及相应的构件应达到的耐火极限均有具体规定,在设计时,只要保证钢构件的耐火极限大于规范要求的耐火极限即可。

目前,钢结构构件常用的防火措施主要有防火涂料和防火构造两种类型。

1. 防火涂料

钢结构防火涂料分为薄涂型和厚涂型两类。对室内裸露钢结构、轻型屋盖钢结构及装饰要求的钢结构,当规定其耐火极限在 1.5 h 以下时,应选用薄涂型钢结构防火涂料。对室内隐蔽钢结构、高层钢结构及多层厂房钢结构,当规定耐火极限在 1.5 h 以上时,应选用厚涂型钢结构防火涂料。

2. 防火构造

钢结构构件的防火构造可分为外包混凝土材料、外包钢丝网水泥砂浆、外包防火板材、外喷防火涂料等几种构造形式。喷涂钢结构防火涂料与其他构造方式相比较具有施工方便、不过多增加结构自重、技术先进等优点,目前被广泛应用于钢结构防火工程。

8.2.2 钢结构防火施工

钢结构防火施工方法可分为湿式工法和干式工法。湿式工法有外包混凝土、外包钢丝网水泥砂浆、喷涂防火涂料等。干式工法主要是指外包防火板材。

1. 湿式工法

外包混凝土防火,在混凝土内应配置构造钢筋,防止混凝土剥落。施工方法和普通钢筋混凝土施工方法原则上没有任何区别。由于混凝土材料具有经济性、耐久性、耐火性等优点,一向被用作钢结构防火材料。但是,浇捣混凝土时,要架设模板,施工周期长,这种工法一般仅适用于中、低层钢结构建筑的防火施工。

外包钢丝网水泥砂浆防火施工也是一种传统的施工方法,但当砂浆层较厚时,容易在干后产生龟裂,为此施工时分遍涂抹水泥砂浆。

钢结构防火涂料采用喷涂法施工。该方法本身有一定的技术难度,若操作不当,会影响使用效果和消防安全。一般规定应由经过培训合格的专业施工队施工。施工应在钢结构工程验收完毕后进行。为了确保防火涂层和钢结构表面有足够的黏结力,在喷涂前,应清除钢结构表面的锈迹、锈斑,如有必要,在除锈后,还应刷一层防锈底漆,且注意防锈底漆不得与防火涂料产生化学反应。另外,在喷涂前,应将钢结构构件连接处的缝隙用防火涂料或其他防火材料填平,以免火灾时出现薄弱环节。

用于保护钢结构的防火涂料必须有国家检测机构的耐火极限检测报告和理化性能检测报告,必须有防火监督部门核发的生产许可证和生产厂家的产品合格证。材料进场时,应按设计要求核对产品名称、技术性能、颜色、制造批号、储存期限和使用说明。对不合格者不得验收存放。

当防火涂料分底层和面层涂料时,两层涂料相互匹配,且底层涂料不得腐蚀钢结构、不得与防锈底漆产生化学反应。两层若为装饰涂料,选用涂料应通过试验验证。

对于重大工程,应进行防火涂料抽样检验。每 100 t 薄型钢结构防火涂料,应抽样检测一次黏结强度;每 500 t 厚涂型防火涂料,应抽样检测一次黏结强度和抗压强度。

薄涂型钢结构防火涂料,当采用双组分装时,应在现场按说明书进行调配。出厂时已调配好的防火涂料,施工前应搅拌均匀。涂料的稠度应适当,太稠,施工时容易反弹;太稀,施工时容易流淌。

薄涂型涂料的底层涂料一般都比较粗糙,宜采用重力式喷枪喷涂,其压力约为0.4 MPa,喷嘴直径为 4~6 mm。喷后的局部修补可用手工抹涂。当喷枪的喷嘴直径可调至 1~3 mm 时,也可用于喷涂面层涂料。

底涂层喷涂前应检查钢结构表面除锈是否满足要求,灰尘杂物是否已清除干净。

底涂层一般喷 2 遍或 3 遍,每遍厚度控制在 2.5 mm 以内,视天气情况,每隔8~24 h喷涂一次,必须在前一遍基本干燥后喷涂。喷射时,喷嘴应与钢材表面保持垂直,喷口至钢材表面距离保持在 400~600 mm 为宜。喷射时,喷嘴操作人员要随身携带测厚计检查涂层厚度,直到达到设计规定厚度方可停止喷涂。若设计要求涂层表面平整光滑时,待喷完最后一遍后应用抹灰刀将表面抹平。

薄涂型面涂层很薄,主要起装饰作用,所以,面涂层应在底涂层经检测符合设计厚度并基本干燥后喷涂。应注意不要产生色差。

厚涂型钢结构防火涂料不管是双组分的还是单组分的,均需要现场加水调制,一次调配的涂料必须在规定的时间内用完,否则会固化堵塞管道。

厚涂型钢结构防火涂料宜采用压送式喷涂机喷涂,空气压力为 0.4～0.6 MPa,喷口直径宜采用 6～10 mm。每遍喷涂厚度一般控制在 5～10 mm,喷涂必须在前一遍基本干燥后进行;厚度检测方法与薄涂型相同。施工时如发现有质量问题,应铲除重喷;有缺陷应加以修补。

2. 干式工法

干式工法在我国高层钢结构防火施工中曾有过应用的例子,如用石膏板防火,施工时用黏结剂粘贴。常用的板材有轻质混凝土预制板、石膏板、硅酸钙板等。施工应注意密封性,不得形成防火薄弱环节,所采用的粘贴材料在预计的耐火时间内应能保证受热而不失去作用。

8.3 钢结构防腐蚀

钢结构虽然有许多优点,但生锈腐蚀是一个致命的缺点,裸露的钢结构在大气作用下会产生锈蚀。若使用环境湿度大、有腐蚀性介质存在则锈蚀速度将更快。生锈腐蚀将会引起构件截面减小、承载力下降,影响钢结构的使用寿命,特别是对轻型钢结构的影响更大,因腐蚀产生的"锈坑"将使钢结构产生脆性破坏的可能性增大,同时也将严重地影响钢结构的耐久性,使得钢结构的维护费用昂贵。因此《工业建筑防腐蚀设计规范》(GB 50046—2008)中规定:桁架、柱、主梁等重要钢构件不应采用薄壁型钢和轻型钢结构;腐蚀性等级为强腐蚀、中等腐蚀时,不应采用格构式钢结构;由角钢组成的 T 形截面,由槽钢组成的工字形截面,当腐蚀性等级为中等腐蚀时,不宜采用,当腐蚀性等级为强腐蚀时,不应采用;采用角钢组合的屋架、托架、天窗架的弦杆和端部斜杆等重要杆件及节点板的厚度,不应小于 8 mm,其他杆件的厚度不应小于 6 mm;采用钢板组合的杆件厚度,不应小于 6 mm;闭口截面杆件的厚度,不应小于 4 mm。

8.3.1 锈蚀的类型及机理

通常,我们将钢材由于和外界介质相互作用而产生的损坏过程称为"腐蚀",有时也叫做钢材锈蚀。钢材锈蚀按其作用可分为化学腐蚀和电化学腐蚀两种。

1. 化学腐蚀

化学腐蚀是指钢材直接与大气或工业废气中含有的氧气、碳酸气、硫酸气或非电解质液体发生表面化学反应而产生的腐蚀。它是气体及非电解质液体共同作用于金属表面而产生的,这种腐蚀常发生于化工厂及其附近的钢结构建筑,其腐蚀源来自化工厂的跑、冒、滴、漏等。这种腐蚀在干燥的环境中(如相对湿度小于 50%)进展缓慢,但在潮湿的环境中腐蚀速度很快。这种腐蚀也可由空气中的 CO_2、SO_2 的作用而产生 FeO 或 FeS。腐蚀程度随时间而逐步加深。

2. 电化学腐蚀

电化学腐蚀是由于钢材内部有其他金属杂质,它们具有不同的电极电位,在与电解质或潮湿气体接触时,产生原电池作用,使钢材腐蚀。钢材的电化学腐蚀是最重要的腐蚀类型。电化学腐蚀的机理,简单来讲是指铁与周围介质之间发生氧化还原反应的过程。腐蚀的原因与钢材并非绝对纯净有关,它总是含有各种杂质,其化学组成除铁(Fe)外,还含有少量其他金属(如 Mn、V、Ti)和非金属(如 Si、C、P、S、O、N)元素并形成固溶体、化合物或机械混合物形态共存于钢材结构中。

实际工程中,绝大多数钢材锈蚀是电化学腐蚀或化学腐蚀与电化学腐蚀同时作用形成的。

8.3.2　防腐蚀的方法

一方面,钢结构腐蚀会减小构件截面,影响其承载力;另一方面,《钢结构设计标准》(GB 50017—2017)中规定,除有特殊需要外,设计中一般不应因考虑锈蚀而加大钢材截面或厚度。为此,须采取措施防止钢结构腐蚀,采取措施的依据是钢结构抗腐蚀机理。

措施之一是改变钢材成分,使之不易腐蚀;其二是避开腐蚀介质,在钢材表面添加一层保护层。于是就产生了如下的防腐蚀方法。

1. 制成合金钢

从钢材本身提高抗腐蚀能力,即采用耐候钢。例如在钢材冶炼过程中,增加铜、铬、镍等元素以提高钢材的抗腐蚀能力。尤其是加入铬、镍合金元素,可制成不锈钢,具有很强的抗腐蚀能力。

2. 金属镀层保护

在钢材表面施加金属镀层保护,如电镀或热镀锌等方法,以提高钢材的抗锈蚀能力。用热浸锌、热喷铝(锌)复合涂层进行钢材表面处理,使钢结构在露天条件下的防腐蚀年限达到 20～30 年,甚至更长,它是长效防腐蚀的方法。

3. 非金属涂层保护

在钢材表面涂以非金属保护层,例如在钢材表面喷(涂)油漆或其他防腐蚀涂料,使钢材不受空气中有害介质的侵蚀。这是钢结构防腐蚀最常用的一种方法,一般用于室内钢结构的防腐蚀。

目前,我国涂料品种多、价格便宜、施工方便,所以本节讨论的重点是非金属涂层保护。

8.3.3　防腐蚀涂料

防腐蚀涂料一般由底漆和面漆组成。底漆中含粉料多,基料少,成膜粗糙,与钢材表面的黏结附着力强,并与面漆结合好,主要功能是防锈,故称防锈底漆;而面漆则粉料少,基料多,成膜后有光泽,主要功能是保护下层底漆,对大气和湿气有高度的不渗透性,具有防锈性能,因漆膜光泽,能增强建筑的美观。常用防锈底漆和面漆种类较多,性能和用途各异,选用时应视结构所处环境、有无侵蚀介质及建筑物的重要性而定,其选用原则如下。

1. 具有良好的耐腐蚀性

不同的防腐蚀涂料,其耐酸、耐碱、耐盐性能不同,如醇酸耐盐涂料,耐盐性和耐候性很好,耐酸、耐水性次之,而耐碱性很差。

2. 具有良好的附着性

底漆附着力直接影响防锈蚀涂料的使用质量。附着力差的底漆,涂膜容易发生锈蚀、起皮、脱落等现象。在钢基层表面上,应涂刷按现行国家标准《漆膜附着力测定法》(GB/T 1720—1979)测定附着力为 1 级的底漆。

3. 具有良好的耐候性

室外钢结构若其表面防锈涂层耐大气腐蚀性较差,在风吹、雨淋、紫外线照射下,会加速结构腐蚀,特别是在我国东南沿海地区,空气湿度大,更应该注意这个问题。

4. 易于施工

涂料易于施工表现在两个方面,一是涂料的配制及其适应的施工方法(如刷涂、喷涂等),另一个是涂料的干燥性。干燥性差的涂料影响施工进度,毒性高的涂料影响施工操作人员的健康,不应采用。

5. 应具有色泽

防腐蚀涂料分底漆和面漆,面漆不仅具有防腐作用,还起到装饰作用,因此应具备一定的色泽,使建筑物更加美观。

6. 防腐蚀涂料的底漆、中间漆、面漆应配套

选用涂料时应注意涂料的配套性。使用时最好选用同一厂家相同品种及牌号的产品配套使用,以使底漆与面漆良好结合。

目前,国内防腐蚀涂料种类繁多,其中底漆的功能主要是使漆膜与基层结合牢固,表面又易被面漆附着,它渗水性要小,底漆要有防锈蚀性能好的颜料和填料,阻止锈蚀发生。面漆的主要功能是保护下层底漆,所以面漆要有良好的耐气候作用,以及抗风化、不起泡、不易粉化和渗透性小等特点,此外,面漆尚应与底漆有良好的结合性能。还可简化钢铁基层处理,即在带锈钢铁表面上直接涂刷带锈底漆。带锈底漆有稳定型和转化型两大类,这种底漆涂刷在钢铁表面能抑制锈蚀的发展,且能逐步将铁锈转化为有益的保护物质,节省除锈的繁重劳动。但实际上因锈层厚度不一,所以转化反应效果不一,不是用量不足就是过剩,影响底漆的附着力。对于已有钢结构的维修,由于旧漆膜和锈蚀面的存在,情况更为复杂。

8.3.4 钢基材处理

试验研究表明,影响钢结构防腐涂层寿命的诸多因素中,最主要的是钢材涂装前钢材表面除锈质量,据统计分析,该因素影响程度占 50% 左右,故而提出钢基材表面处理质量等级的要求。我国《涂覆涂料前钢材表面处理》(GB/T 18839)将钢材表面原始锈蚀程度和采用不同方式除锈后的表面质量均分成几个等级,并附有样板照片,供目视比较评定等级。结合建(构)筑物钢结构的实际情况,《钢结构工程施工质量验收规范》(GB 50205—2001)中规定了除锈方法和除锈等级(见表 8-1)。考虑到目前施工企业的实际情况,允许有条件地采用化学除锈方法。

表 8-1　钢结构除锈方法和除锈等级

除锈方法	喷射或抛射除锈			手工和动力工具除锈	
除锈等级	Sa2	Sa2 $\frac{1}{2}$	Sa3	St2	St3

注:当材料和零件采用化学除锈方法时,应选用具备除锈、磷化、钝化两个以上功能的处理液,其质量应符合《多功能钢铁表面处理液通用技术条件》(GB/T 12612—2005)的规定。

手工和动力工具除锈的 St2 等级,要求彻底用铲刀铲剖、用钢丝刷子刷擦、用机械刷子刷擦和用砂轮研磨等,除去钢结构表面疏松的氧化皮、浮锈及油污垢,最后用清洁干燥的压缩空气或干净的刷子清理表面,钢材处理后,表面应有淡淡的金属光泽。

St3 等级表面除锈要求与 St2 相同,但更为彻底。除去灰尘后,该表面应具有明显的金属光泽。

Sa2 等级是对喷射或抛射除锈的要求,要求钢材表面几乎所有的氧化皮、锈及污物均应除去,再用清洁干燥的压缩空气或干净的刷子清理表面后,稍呈金属灰色。

Sa2 $\frac{1}{2}$ 等级要求采用较彻底喷砂,完全除去氧化皮、锈和油污垢等异物,再用毛刷、压缩空气彻底将表面清理,要求清除到钢材表面仅剩有极少量轻微的点锈或纹锈的程度,处理后表面近似灰白色金属面。

Sa3 等级要求较高,应完全清除氧化皮、锈和污物,再用毛刷、压缩空气彻底清理表面,不留任何异物,钢材表面应具有均匀的金属光泽。

手工除锈表面处理不宜低于 St3 级,只有对附着力强的油漆涂层允许放宽到 St2 级;喷砂除锈在无腐蚀性环境下不低于 Sa1 级(采用快速轻度喷砂,将疏松氧化皮、浮锈及油污垢等异物除去),一般除锈处理要达到 Sa2 级,重腐蚀环境下表面除锈处理最低要达到 Sa2 $\frac{1}{2}$ 级。经表面处理之后的钢材,将产生凹凸面,称为表面粗度。表面粗度与采用的表面处理方法和喷砂材料有关,粗度影响涂层漆膜防腐蚀的能力。粗度大,有助于涂层膜的附着,但将减薄钢材表面凸点之间的涂层厚度,容易产生针孔,降低了涂层的防锈能力;粗度小,将降低涂层的附着性;喷砂材料越细,表面粗度越均匀,除锈效果也越好。

设计中至于选用哪种除锈等级,应全面考虑技术经济效果,并与涂料相适应。

8.3.5 涂装施工

1. 涂料涂装

1)涂料的施工方法

在钢结构防腐蚀涂料的施工方法中,最常用的有三种:刷涂、辊涂、喷涂。喷涂又可以分为空气喷涂和高压无气喷涂两种。

(1)刷涂。涂料的刷涂施工是一种传统方法,在工业生产中大部分已由喷涂施工所取代。

刷涂施工比其他施工方法速度慢,通常用于:不能进行辊涂或喷涂的零星工作,以及用于损坏区域的局部修补;角和边的切割处;裂缝或腐蚀麻坑处;对焊接处、螺栓、螺母、棱边、法兰、角落等的预涂。

(2)辊涂。在涂覆大平面时,辊涂比刷涂快得多,而且,可以用来涂大多数要求具有装饰性的面漆。不过辊涂时的漆膜厚度不易控制,所以,要根据不同的涂料类型来选择毛度合适的辊筒。

使用辊涂时,辊筒以交叉的走势在表面上滚动,使涂料均匀地分布在表面上。通常涂料以这种方式施工并结束,但如果需要的话,辊筒也可垂直或水平通过表面而停止。

需要注意的是,辊涂不适用于第一道涂料的施工,主要是因为辊涂的渗透性不佳,容易在涂膜中、钢材的粗糙处或凹处截留空气。

(3)空气喷涂。空气喷涂适用于多种涂料和各种构件的喷涂,特别是对于面漆的喷涂能够产生比无气喷涂更好的光洁表面。

空气喷涂的原理是用压缩空气从空气帽的中心孔中喷出,在涂料喷嘴前端形成负压区,使容器中的涂料从喷嘴中喷出,并很快地进入高速气流,使液、气相急剧扩张,涂料被微粒化,呈雾状飞向被涂物表面而集聚成连续的漆膜。

空气喷涂的涂装效率比手工作业要高得多,一般每小时可以喷出 $50 \sim 100 \ m^2$,比刷涂快了 $8 \sim 10$ 倍。涂膜平整光滑,可以达到很好的装饰效果。但是,空气喷涂时,漆雾飞散很厉害,涂料利用率只有 50% 左右,甚至更低。

(4)高压无气喷涂。高压无气喷涂不需要借助空气雾化涂料,而是给涂料直接施加高压,使涂料在喷出时雾化的施工方法。

与空气喷涂相比,无气喷涂输出量高,涂料雾少,具有良好的渗入蚀坑和缝隙的能力,但是这种方法价格高,较危险。

2)涂装施工气候条件控制

气候条件在进行表面处理、涂料施工及其干燥、固化过程中必须严格控制。空气温度、相对湿度和底材温度都会影响最终的涂装结果。通常钢板温度至少要高于空气露点温度 3 ℃。

(1)温度。温度对涂装的影响很大,尤其是在采用环氧系涂料时。影响涂装的有三种温度,即底材温度、环境温度和涂料温度。

在涂料施工时,最强调的是底材温度,因为涂料是涂在底材上的,涂料的干燥和固化受到底材的影响最大。底材温度如果低于冰点,在晴夜低温环境下,表面细孔常有冰霜,对涂层会产生不利影响。底材温度过高,则会引起干喷,或溶剂挥发过快,产生气泡、皱皮等现象。

涂料的温度对涂料的施工有着显著的影响,合适的涂料温度能得到合适的施工黏度,并且影响着涂层的干燥固化。一般涂装时,被涂物表面与环境温度差别不大。

(2)相对湿度和露点。空气相对湿度超过 85% 时,如果气温有所下降,或者被涂物表面温度因某种原因比气温稍低,表面就可能结露,因此,涂装时的相对湿度一般规定不能超过 85%。

在某相对湿度条件下,环境温度降低到物体表面刚刚开始发生结露时的温度,即为该环境条件下的露点温度。如果被涂物表面温度比露点温度高 3 ℃以上,可以认为表面已干燥,能够进行涂装。如果接近露点温度或低于露点温度,必须提高被涂物表面温度或去湿降温,以便创造合适的涂装条件。

3)涂料施工质量控制

(1)表面清洁。钢材表面存在可见杂质和不可见杂质,可见的杂质主要是污泥和油污等,而不可见的杂质主要是可溶性盐分。

对于可见杂质,可按照规定的表面处理方法清洗干净。

对于可溶性盐分,当用清水进行清洗时,它会自动被除去。然而,在厚厚的堆积物下的盐分却不会被溶解去除,所以这些堆积物只能采用如喷射清理、超高压水喷射除锈等方法除去。盐分的检测是涂装前的一个步骤。

如果喷砂后的钢板表面很快就变黑,说明有大量的盐分存在。

现今较好的测试参数是溶解表面存在的盐分在水中后取样测量其传导率。传导率可以通过计算转换成相应的表面盐分含量。可溶性盐分总量的检测方法有取样法和分析法。

(2)表面清理。表面清理包括两个方面:喷砂或打磨后的清理,以及涂层间的表面清理。

首先,经过表面喷砂后,钢材表面的灰尘会产生附着力问题。涂料对于灰尘的附着力是相当好的,但是对于钢板表面是没有附着力的。其次,灰尘的存在会使涂层浸水后发生起泡问题。对于灰尘清洁度的检查,方法很简单,把胶带摩擦着压在表面,然后取起放在白色的背景上,这样灰尘的多少和粒度就会清晰地表现出来。把它与标准进行对比,判断其级别。

对于灰尘的清除,常用的方法是使用压缩空气吹扫。

(3)漆膜附着力。涂层间或涂层与底材间有良好的附着力可以大大提高涂层系统的使用寿命。良好的表面处理,不仅可以减少涂层系统过早产生缺陷的可能,也有利于提高底漆与底材间的附着力。涂料的拉力强度取决于涂料本身。拉力测试后的破坏有两种:附着破损和凝聚破损。附着破损发生在涂层间或第一道涂料和底材之间,凝聚破损发生在单一涂层内部。

拉力试验有多种仪器可供选择,测得的值都有所不同。比较常用的是机械式拉力测试仪。不过机械式拉力测试仪在实际使用时,测试值不稳定,比较可靠的还是气动式或液压式测试仪。

(4)漆膜厚度的检查。漆膜厚度的检查包括湿膜厚度和干膜厚度的检查。

涂装规格书中会规定漆膜厚度的最小和最大允许值。所以,必须对漆膜厚度进行有效的控制。湿膜厚度应该由施工者自己在施工中定期间隔进行检查。所使用的湿膜测厚仪有梳齿状和滚轮状两种。

测量干膜厚度有两种不同的方法,分为破坏性的测试和非破坏性的测试。磁性拉伸式测厚仪是最为简单、易用的,不过它只能用于测试钢材表面的涂层厚度。在进行干膜厚度测量时,要遵守其测量原则:80-20、90-10 原则或相似的原则。80-20 原则即 80% 的测量值不得低于规定干膜厚度,其余 20% 的测量值不能低于规定膜厚的 50%。

2. 金属镀层涂装

1)施工方法

对结构钢和建筑部件涂镀金属主要有下面四种方法。

(1)热浸镀。

在这种方法中,金属锌应用最为广泛,对于大型钢件而言,热浸镀锌甚至是唯一的方法。其过程一般是:将钢浸入含酸或含碱的除油液去除其油脂和油污;然后将钢浸入酸性的槽中,以去除铁锈和鳞皮,这个过程称为酸洗;冲洗之后,钢制品要通过溶剂处理,其目的是全部去除钢制品的表面残存的氧化皮;下一步是将钢浸入熔融的锌,大型的钢制品直接浸入锌槽;最后将钢制品从锌槽中取出。

(2)喷镀。

喷镀的金属镀层是纯金属的,直接从喷枪喷向钢制品表面,所以不含黏合剂或溶剂。首先将金属粉末或金属线通过空气或其他气体送入喷嘴,然后通过适当的气体——氧气混合物将其熔化,由压缩空气或气体将熔融粒子喷向钢制品表面。

喷镀的附着力并不像热浸镀锌那样依赖于冶金的结合,而是需要某种形式的机械结合。因此,在对钢制品进行清理时,必须用尖锐的砂粒以提高清洁度并保证适当的表面粗糙度。

(3)电镀。

电镀锌通常用于紧固件和其他的小零件。电镀工艺是一种电化学过程,其基本机理同钢的腐蚀机理一样。

(4)扩散镀。

镀层金属通常呈粉末状,在熔点以下的温度与钢发生反应。镀层金属通过扩散渗入钢制品,同时也发生铁原子从钢中向外的扩散。生成锌扩散镀层的过程称作

"渗锌处理",镀层本身则一般称为"渗锌镀层"。渗锌处理主要用于小构件,如螺母、螺栓,通常不用于主要的钢构件。

2)金属镀层与涂漆层的比较

在将金属镀层作为保护钢制品的方法时,必须注意一些问题。最为明显的是要与涂漆层相比较,即便已选择了金属镀层,采用何种金属和施工方法等必须加以考虑,与涂漆层相比,金属镀层有优点也有缺点。

金属镀层的优点如下。

(1)比涂料系统简单,且易于控制。

(2)其防护寿命可预测,通常不发生先期失效。

(3)由于无须干燥,装卸较为容易,且金属镀层可在更大程度上抵御破损。

(4)如果发生破损,镀层金属将起到牺牲阳极性的保护作用。这一点镀锌层比镀铝层更为明显。

(5)金属镀层有很好的耐磨性,一般认为其耐磨性比大多数常规涂漆层高 10 倍或更多。

(6)与涂漆层不同,在边部金属镀层一般较厚。

(7)大多数金属镀层都有标准可循,这使规格书更为明确,使镀层具有更高的性能。

镀锌层的一个突出优点还在于镀层中的缺陷易于测控,而涂漆层和金属喷镀镀层则并非如此。

金属镀层的缺点如下。

(1)如果在一特定情况下金属镀层比需要的厚度薄,或需对其进行装饰,则必须对钢结构的金属镀层再进行涂漆,操作起来可能比在钢上涂漆更为困难。

(2)如在应用金属镀层后要进行焊接或镀层的破坏程度很严重时,则很难将这些区域与结构件的其他部分以同一标准进行处理。

(3)在热浸镀锌时,可处理的制品尺寸和镀锌设备的可利用性要受到限制。同时,尺寸断面越小的制品其镀锌层越薄,这使镀锌层对连接件、螺栓和螺母等的保护作用比对主要构件的保护作用要差。

(4)若无其他的防护措施,金属镀层往往不够美观。

8.4　钢结构安装

钢结构的安装与一般结构的安装既有共同点,也有差别。钢结构的安装机具选择、场地布置、安全措施等方面与预制钢筋混凝土结构安装类同,在此不再叙述。所不同的是安装前的某些准备工作,安装中的稳定和连接问题的处理。

8.4.1　钢结构安装的准备

1.施工组织设计

钢结构安装的施工组织设计应简要描述工程概况,全面统计工程量,正确选择施工机具和施工方法,合理编排安装顺序,详细拟订主要安装技术措施,严格制定安装质量标准和安全标准,认真编制工程进度表、劳动力计划及材料供应计划。

2. 施工前的检查

施工前的检查包括钢构件的验收、施工机具和测量器具的检验及基础的复测。

1)钢构件的验收

结构安装前应对构件进行全面检查,对钢构件应按施工图和规范要求进行验收,如构件的数量、长度、垂直度、安装接头处螺栓孔之间的尺寸等是否符合设计要求;对制造中遗留下的缺陷及运输中产生的变形,应在地面预先矫正,妥善解决。钢构件运到现场时,制造厂应提供产品出厂合格证及下列技术文件:

(1)设计图和设计修改文件;

(2)钢材和辅助材料的质保单或试验报告;

(3)高强度螺栓摩擦系数的测试资料;

(4)工厂焊接中一、二类焊缝检验报告;

(5)钢构件几何尺寸检验报告;

(6)构件清单。

安装单位应对此进行验收,并对构件的实际状况进行复测。若构件在运输过程中有损伤,还须要求生产厂修复。

2)施工机具及测量器具的检验

安装前对重要的吊装机械、工具、钢丝绳及其他配件均须进行检验,保证具备可靠的性能,以确保安装的顺利及安全。

安装时测量仪器及器具要定期到指定的检测单位进行检测、标定,以保证测量标准的准确性。

3)基础的复测

钢结构是固定在钢筋混凝土基座(基础、柱顶、牛腿等)上的,钢柱与基础一般都采用柱脚锚栓连接,因而安装钢柱前对基座及其锚栓的准确性、强度要进行复测。基座复测要对基座面的水平标高、平整度、柱脚螺栓之间的尺寸、露出基础顶面的尺寸、锚栓水平位置的偏差、锚栓埋设的准确性作出测定,检查基础顶面的标高是否符合设计要求,以及柱脚锚栓的螺纹是否有损坏等(一般在基础施工时就应采取措施,以保护柱脚锚栓及其螺纹不被碰坏),并把复测结果和整改要求交付基座施工单位。

8.4.2 钢结构安装中的稳定问题

钢结构构件是在特定的状态下使用的。在相对较为随机的施工状态下,其系统或构件的稳定条件会发生较大的变化。所以在安装时,要充分考虑它在各种条件下的构件单体稳定和结构整体稳定问题,以确保施工安全。

构件单体稳定问题是指一个构件在工地堆放、起扳、吊装、就位过程中发生弯曲、弯扭破坏和失稳,对于较薄而大的构件均应考虑这一问题。必要时要用临时支撑对构件的弱轴方向进行加固,如单片平面桁架及高宽比相当大的工字梁等。

结构整体稳定问题是指结构在吊装过程中支撑体系尚未形成,结构就要承受某些荷载(包括自重)。所以在拟订吊装顺序时必须充分考虑到这一因素,保证吊装过程中每一步结构都是稳定的。若有问题可采取加临时缆绳等措施解决。

结构吊装时,应采取适当措施,防止产生过大的弯扭变形,同时应将绳扣与构件的接触部位加垫块垫好,以防刻伤构件。结构吊装就位后,应及时系牢支撑及其他连接构件,以保证结构的稳定性。所有上部结构的吊装,必须在下部结构就位、校正并系牢支撑构件以后才能进行。

8.4.3　钢结构安装连接问题

钢结构的现场连接主要是普通螺栓连接、高强度螺栓连接及焊接。

普通螺栓主要用于受弯、受拉的节点,螺栓以受拉为主。加适当预应力后,也大量用于输电塔等结构的抗剪连接中。普通螺栓拧紧后,外露丝扣须不少于 2 扣或 3 扣。普通螺栓应有防松措施,如用双螺母或扣紧螺母防松。螺栓孔错位较小者可用铰刀或锉刀修正,不得用气割修孔。

高强度螺栓连接一般用于直接承受动力荷载的重要结构中,其主要特点是通过接触面的摩擦来传递剪力。所以在高强度螺栓安装时,摩擦面的做法及粗糙度必须按规范要求加工,还要进行摩擦系数和扭矩系数试验。在安装时要测定螺栓的初拧扭矩和终拧扭矩。

工地焊接作业条件比工厂焊接作业条件差,因而设计中应避免工地焊接。若无法避免,除了要像工厂焊接那样对焊接的全过程进行质量控制之外,还应特别注意克服不良的气候环境和不利的焊接工位的影响。

不良的气候环境指雨天、刮风、低温气候下室外施工,这将严重影响焊接质量。所以应该采取防护措施,营造局部的良好环境,以保证焊接质量。

不利的焊接工位指现场操作结构无法转动,只能仰焊。甚至焊接人员落脚也很难。对这种状况,应该尽可能改善作业条件,并让高等级的焊工操作难度较大的部分。

工地焊接的检验同工厂焊接。钢结构工程安装时应同步实测钢结构安装的准确度,并及时按国家标准进行修正。

8.5　钢结构验收

钢结构工程的竣工验收,应在建筑物的全部或具有空间刚度单元部分的安装工作完成后进行;钢结构工程施工质量的验收,是在施工单位自检合格的基础上,按照检验批、分项工程、分部(子分部)工程进行。验收的方针是"验评分离,强化验收,完善手段,过程控制"。钢结构验收应按检验批、分项工程、分部工程和单位工程四个层次进行。

检验批、分项工程按钢结构制作和安装中的主要工序进行划分,分部工程按钢结构制作和安装中的空间刚度单元划分,每个分部工程中有数个分项工程。单位工程指独立而完整的工程单位,其中包含若干分部工程。

8.5.1 分项工程的质量等级

分项工程的质量等级按表 8-2 划分。

表 8-2 分项工程质量等级表

等 级	合 格	优 良
保证项目	全部符合标准	全部符合标准
基本项目	全部合格	60%以上优良,其余合格
允许偏差项目	80%及以上实测值在标准规定允许偏差范围内,其余值基本符合标准规定	90%及以上实测值在标准规定允许偏差范围内,其余值基本符合标准规定

8.5.2 分部工程的质量等级

分部工程的质量等级按表 8-3 划分。

表 8-3 分部工程的质量等级

等 级	合 格	优 良
所含分项工程	全部合格	包括主体分项工程在内的 60%及以上分项工程为优良,其余合格

8.5.3 单位工程的质量等级

单位工程的质量等级按表 8-4 划分。

表 8-4 单位工程质量等级表

等 级	合 格	优 良
所含分部工程	全部合格	60%以上优良,其余合格
质量保证资料	齐全	齐全
观感质量评分	70%及以上	80%及以上

【本章小结】

1.讲述了钢结构构件从加工制作、组装、预拼装到安装前的准备及最后安装完毕整个过程的流程、操作方法及各步骤的注意事项等。

2.论述了钢结构在火灾和腐蚀情况下的危害机理,介绍了防火和防腐的措施,及防火施工和涂装施工的各种方法。

3.讲述了钢结构构件安装前的准备工作及安装过程中需要注意的问题。

4.阐述了钢结构工程的竣工验收原则及相应标准。

【复习思考题】

8-1 钢结构制作主要工序有哪些? 各道工序有哪些要求?

8-2 涂装施工的主要方法有哪些?

8-3 钢结构有哪些防火方法?

8-4 钢结构验收分哪些层次?

附录　钢结构设计用表

附表 1　钢材的强度设计值(MPa)

钢材		抗拉、抗压和抗弯 f	抗剪 f_v	端面承压(刨平顶紧)f_{ce}
牌号	厚度或直径/mm			
Q235	≤16	215	125	325
	>16~40	205	120	
	>40~60	200	115	
	>60~100	190	110	
Q345	≤16	310	180	400
	>16~40	295	170	
	>40~60	265	155	
	>60~100	250	145	
Q390	≤16	350	205	415
	>16~40	335	190	
	>40~60	315	180	
	>60~100	295	170	
Q420	≤16	380	220	440
	>16~40	360	210	
	>40~60	340	195	
	>60~100	325	185	

注:附表中厚度是指计算点的钢材厚度,对轴心受拉和轴心受压构件是指截面中较厚板件的厚度。

附表 2　铸铁件的强度设计值(MPa)

钢号	抗拉、抗压和抗弯 f	抗剪 f_v	端面承压(刨平顶紧)f_{ce}
ZG200-400	155	90	260
ZG230-450	180	105	290
ZG270-500	210	120	325
ZG310-570	240	140	370

附表 3　焊缝的强度设计值(MPa)

焊接方法和焊条型号	构件钢材		对接焊缝				角焊缝
	牌号	厚度或直径/mm	抗压 f_c^w	焊接质量为下列等级时,抗拉 f_t^w		抗剪 f_v^w	抗拉、抗压和抗剪 f_f^w
				一级、二级	三级		
自动焊、半自动焊和 E43 型焊条的手工焊	Q235	≤16	215	215	185	125	160
		>16~40	205	205	175	120	
		>40~60	200	200	170	115	
		>60~100	190	190	160	110	
自动焊、半自动焊和 E50 型焊条的手工焊	Q345	≤16	310	310	265	180	200
		>16~35	295	295	250	170	
		>35~50	265	265	225	155	
		>50~100	250	250	210	145	
自动焊、半自动焊和 E55 型焊条的手工焊	Q390	≤16	350	350	300	205	220
		>16~35	335	335	285	190	
		>35~50	315	315	270	180	
		>50~100	295	295	250	170	
	Q420	≤16	380	380	320	220	220
		>16~35	360	360	305	210	
		>35~50	340	340	290	195	
		>50~100	325	325	275	185	

注:①自动焊和半自动焊所采用的焊丝和焊剂,应保证其熔敷金属的力学性能不低于现行国家标准《埋弧焊用碳钢焊丝和焊剂》(GB/T 5293)和《埋弧焊用低合金钢焊丝和焊剂》(GB/T 12470)中相关的规定。

②焊缝质量等级应符合现行国家标准《钢结构工程施工质量验收规范》(GB 50205)的规定。其中厚度小于 8 mm钢材的对接焊缝,不应采用超声波探伤确定焊缝质量等级。

③对接焊缝在受压区的抗弯强度设计值取 f_c^w,在受拉区的抗弯强度设计值取 f_t^w。

④附表中厚度是指计算点的钢材厚度,对轴心受拉和轴心受压构件是指截面中较厚板件的厚度。

附表 4　螺栓连接的强度设计值(MPa)

螺栓的性能等级、锚栓和 构件钢材的牌号		普 通 螺 栓						锚栓	承压型连接 高强度螺栓		
		C 级螺栓			A 级、B 级螺栓						
		抗拉 f_t^b	抗剪 f_v^b	承压 f_c^b	抗拉 f_t^b	抗剪 f_v^b	承压 f_c^b	抗拉 f_t^a	抗拉 f_t^b	抗剪 f_v^b	承压 f_c^b
普通螺栓	4.6级、4.8级	170	140	—	—	—	—	—	—	—	—
	5.6级	—	—	—	210	190	—	—	—	—	—
	8.8级	—	—	—	400	320	—	—	—	—	—
锚栓	Q235	—	—	—	—	—	—	140	—	—	—
	Q345	—	—	—	—	—	—	180	—	—	—
承压型连接 高强度螺栓	8.8级	—	—	—	—	—	—	—	400	250	—
	10.9级	—	—	—	—	—	—	—	500	310	—
构件	Q235	—	—	305	—	—	405	—	—	—	470
	Q345	—	—	385	—	—	510	—	—	—	590
	Q390	—	—	400	—	—	530	—	—	—	615
	Q420	—	—	425	—	—	560	—	—	—	655

注:①A 级螺栓用于 $d \leqslant 24$ mm 和 $l \leqslant 10\,d$ 或 $l \leqslant 150$ mm(按较小值)的螺栓;B 级螺栓用于 $d > 24$ mm 和 $l > 10\,d$ 或 $l > 150$ mm(按较小值)的螺栓。d 为公称直径,l 为螺杆公称长度。
②A、B 级螺栓孔的精度和孔壁表面粗糙度,C 级螺栓孔的允许偏差和孔壁表面粗糙度,均应符合现行国家标准《钢结构工程施工质量验收规范》(GB 50205)的要求。

附表 5　螺栓螺纹处的有效截面面积

公称直径	12	14	16	18	20	22	24	27	30
螺栓有效截面面积 A_e/cm^2	0.84	1.15	1.57	1.92	2.45	3.036	3.53	4.59	5.61
公称直径	33	36	39	42	45	48	52	56	60
螺栓有效截面面积 A_e/cm^2	6.94	8.17	9.76	11.2	13.1	14.7	17.6	20.3	23.6
公称直径	64	68	72	76	80	85	90	95	100
螺栓有效截面面积 A_e/cm^2	26.8	30.6	34.6	38.9	43.4	49.5	55.9	62.7	70.0

附表 6　锚栓规格

形式	Ⅰ				Ⅱ			Ⅲ			
锚栓直径 d/mm	20	24	30	36	42	48	56	64	72	80	90
锚栓有效截面面积/cm²	2.45	3.53	5.61	8.17	11.2	14.7	20.3	26.8	34.6	43.4	55.9
锚栓设计拉力/kN（Q235 钢）	34.3	49.4	78.5	114.1	156.9	206.2	284.2	375.2	484.4	608.2	782.7
Ⅲ 型锚栓 锚板宽度 c/mm						140	200	240	280	350	400
Ⅲ 型锚栓 锚板厚度 t/mm						20	20	25	30	40	40

附表 7　a 类截面轴心受压构件的稳定系数 φ

$\lambda\sqrt{\dfrac{f_y}{235}}$	0	1	2	3	4	5	6	7	8	9
0	1.000	1.000	1.000	1.000	0.999	0.999	0.998	0.998	0.997	0.996
10	0.995	0.994	0.993	0.992	0.991	0.989	0.988	0.986	0.985	0.983
20	0.981	0.979	0.977	0.976	0.974	0.972	0.970	0.968	0.966	0.964
30	0.963	0.961	0.959	0.957	0.955	0.952	0.950	0.948	0.946	0.944
40	0.941	0.939	0.937	0.934	0.932	0.929	0.927	0.924	0.921	0.919
50	0.916	0.913	0.910	0.907	0.904	0.900	0.897	0.894	0.890	0.886
60	0.883	0.879	0.875	0.871	0.867	0.863	0.858	0.854	0.849	0.844
70	0.839	0.834	0.829	0.824	0.818	0.813	0.807	0.801	0.795	0.789
80	0.783	0.776	0.770	0.763	0.757	0.750	0.743	0.736	0.728	0.721
90	0.714	0.706	0.699	0.691	0.684	0.676	0.668	0.661	0.653	0.645
100	0.638	0.630	0.622	0.615	0.607	0.600	0.592	0.585	0.577	0.570
110	0.563	0.555	0.548	0.541	0.534	0.527	0.520	0.514	0.507	0.500
120	0.494	0.488	0.481	0.475	0.469	0.463	0.457	0.451	0.445	0.440
130	0.434	0.429	0.423	0.418	0.412	0.407	0.402	0.397	0.392	0.387
140	0.383	0.378	0.373	0.369	0.364	0.360	0.356	0.351	0.347	0.343
150	0.339	0.335	0.331	0.327	0.323	0.320	0.316	0.312	0.309	0.305
160	0.302	0.298	0.295	0.292	0.289	0.285	0.282	0.279	0.276	0.273
170	0.270	0.267	0.264	0.262	0.259	0.256	0.253	0.251	0.248	0.246
180	0.243	0.241	0.238	0.236	0.233	0.231	0.229	0.226	0.224	0.222
190	0.220	0.218	0.215	0.213	0.211	0.209	0.207	0.205	0.203	0.201
200	0.199	0.198	0.196	0.194	0.192	0.190	0.189	0.187	0.185	0.183
210	0.182	0.180	0.179	0.177	0.175	0.174	0.172	0.171	0.169	0.168
220	0.166	0.165	0.164	0.162	0.161	0.159	0.158	0.157	0.155	0.154
230	0.153	0.152	0.150	0.149	0.148	0.147	0.146	0.144	0.143	0.142
240	0.141	0.140	0.139	0.138	0.136	0.135	0.134	0.133	0.132	0.131
250	0.130	—	—	—	—	—	—	—	—	—

附表 8　b 类截面轴心受压构件的稳定系数 φ

$\lambda\sqrt{\dfrac{f_y}{235}}$	0	1	2	3	4	5	6	7	8	9
0	1.000	1.000	1.000	0.999	0.999	0.998	0.997	0.996	0.995	0.994
10	0.992	0.991	0.989	0.987	0.985	0.983	0.981	0.978	0.976	0.973
20	0.970	0.967	0.963	0.960	0.957	0.953	0.950	0.946	0.943	0.939
30	0.936	0.932	0.929	0.925	0.922	0.918	0.914	0.910	0.906	0.903
40	0.899	0.895	0.891	0.887	0.882	0.878	0.874	0.870	0.865	0.861
50	0.856	0.852	0.847	0.842	0.838	0.833	0.828	0.823	0.818	0.813
60	0.807	0.802	0.797	0.791	0.786	0.780	0.774	0.769	0.763	0.757
70	0.751	0.745	0.739	0.732	0.726	0.720	0.714	0.707	0.701	0.694
80	0.688	0.681	0.675	0.668	0.661	0.655	0.648	0.641	0.635	0.628
90	0.621	0.614	0.608	0.601	0.594	0.588	0.581	0.575	0.568	0.561
100	0.555	0.549	0.542	0.536	0.529	0.523	0.517	0.511	0.505	0.499
110	0.493	0.487	0.481	0.475	0.470	0.464	0.458	0.453	0.447	0.442
120	0.437	0.432	0.426	0.421	0.416	0.411	0.406	0.402	0.397	0.392
130	0.387	0.383	0.378	0.374	0.370	0.365	0.361	0.357	0.353	0.349
140	0.345	0.341	0.337	0.333	0.329	0.326	0.322	0.318	0.315	0.311
150	0.308	0.304	0.301	0.298	0.295	0.291	0.288	0.285	0.282	0.279
160	0.276	0.273	0.270	0.267	0.265	0.262	0.259	0.256	0.254	0.251
170	0.249	0.246	0.244	0.241	0.239	0.236	0.234	0.232	0.229	0.227
180	0.225	0.223	0.220	0.218	0.216	0.214	0.212	0.210	0.208	0.206
190	0.204	0.202	0.200	0.198	0.197	0.195	0.193	0.191	0.190	0.188
200	0.186	0.184	0.183	0.181	0.180	0.178	0.176	0.175	0.173	0.172
210	0.170	0.169	0.167	0.166	0.165	0.163	0.162	0.160	0.159	0.158
220	0.156	0.155	0.154	0.153	0.151	0.150	0.149	0.148	0.146	0.145
230	0.144	0.143	0.142	0.141	0.140	0.138	0.137	0.136	0.135	0.134
240	0.133	0.132	0.131	0.130	0.129	0.128	0.127	0.126	0.125	0.124
250	0.123	—	—	—	—	—	—	—	—	—

附表 9　c 类截面轴心受压构件的稳定系数 φ

$\lambda\sqrt{\dfrac{f_y}{235}}$	0	1	2	3	4	5	6	7	8	9
0	1.000	1.000	1.000	0.999	0.999	0.998	0.997	0.996	0.995	0.993
10	0.992	0.990	0.988	0.986	0.983	0.981	0.978	0.976	0.973	0.970
20	0.966	0.959	0.953	0.947	0.940	0.934	0.928	0.921	0.915	0.909
30	0.902	0.896	0.890	0.884	0.877	0.871	0.865	0.858	0.852	0.846
40	0.839	0.833	0.826	0.820	0.814	0.807	0.801	0.794	0.788	0.781
50	0.775	0.768	0.762	0.755	0.748	0.742	0.735	0.729	0.722	0.715
60	0.709	0.702	0.695	0.689	0.682	0.676	0.669	0.662	0.656	0.649
70	0.643	0.636	0.629	0.623	0.616	0.610	0.604	0.597	0.591	0.584
80	0.578	0.572	0.566	0.559	0.553	0.547	0.541	0.535	0.529	0.523
90	0.517	0.511	0.505	0.500	0.494	0.488	0.483	0.477	0.472	0.467
100	0.463	0.458	0.454	0.449	0.445	0.441	0.436	0.432	0.428	0.423
110	0.419	0.415	0.411	0.407	0.403	0.399	0.395	0.391	0.387	0.383
120	0.379	0.375	0.371	0.367	0.364	0.360	0.356	0.353	0.349	0.346
130	0.342	0.339	0.335	0.332	0.328	0.325	0.322	0.319	0.315	0.312
140	0.309	0.306	0.303	0.300	0.297	0.294	0.291	0.288	0.285	0.282
150	0.280	0.277	0.274	0.271	0.269	0.266	0.264	0.261	0.258	0.256
160	0.254	0.251	0.249	0.246	0.244	0.242	0.239	0.237	0.235	0.233
170	0.230	0.228	0.226	0.224	0.222	0.220	0.218	0.216	0.214	0.212
180	0.210	0.208	0.206	0.205	0.203	0.201	0.199	0.197	0.196	0.194
190	0.192	0.190	0.189	0.187	0.186	0.184	0.182	0.181	0.179	0.178
200	0.176	0.175	0.173	0.172	0.170	0.169	0.168	0.166	0.165	0.163
210	0.162	0.161	0.159	0.158	0.157	0.156	0.154	0.153	0.152	0.151
220	0.150	0.148	0.147	0.146	0.145	0.144	0.143	0.142	0.140	0.139
230	0.138	0.137	0.136	0.135	0.134	0.133	0.132	0.131	0.130	0.129
240	0.128	0.127	0.126	0.125	0.124	0.124	0.123	0.122	0.121	0.120
250	0.119	—	—	—	—	—	—	—	—	—

附表 10 d 类截面轴心受压构件的稳定系数 φ

$\lambda\sqrt{\dfrac{f_y}{235}}$	0	1	2	3	4	5	6	7	8	9
0	1.000	1.000	0.999	0.999	0.998	0.996	0.994	0.992	0.990	0.987
10	0.984	0.981	0.978	0.974	0.969	0.965	0.960	0.955	0.949	0.944
20	0.937	0.927	0.918	0.909	0.900	0.891	0.883	0.874	0.865	0.857
30	0.848	0.840	0.831	0.823	0.815	0.807	0.799	0.790	0.782	0.774
40	0.766	0.759	0.751	0.743	0.735	0.728	0.720	0.712	0.705	0.697
50	0.690	0.683	0.675	0.668	0.661	0.654	0.646	0.639	0.632	0.625
60	0.618	0.612	0.605	0.598	0.591	0.585	0.578	0.572	0.565	0.559
70	0.552	0.546	0.540	0.534	0.528	0.522	0.516	0.510	0.504	0.498
80	0.493	0.487	0.481	0.476	0.470	0.465	0.460	0.454	0.449	0.444
90	0.439	0.434	0.429	0.424	0.419	0.414	0.410	0.405	0.401	0.397
100	0.394	0.390	0.387	0.383	0.380	0.376	0.373	0.370	0.366	0.363
110	0.359	0.356	0.353	0.350	0.346	0.343	0.340	0.337	0.334	0.331
120	0.328	0.325	0.322	0.319	0.316	0.313	0.310	0.307	0.304	0.301
130	0.299	0.296	0.293	0.290	0.288	0.285	0.282	0.280	0.277	0.275
140	0.272	0.270	0.267	0.265	0.262	0.260	0.258	0.255	0.253	0.251
150	0.248	0.246	0.244	0.242	0.240	0.237	0.235	0.233	0.231	0.229
160	0.227	0.225	0.223	0.221	0.219	0.217	0.215	0.213	0.212	0.210
170	0.208	0.206	0.204	0.203	0.201	0.199	0.197	0.196	0.194	0.192
180	0.191	0.189	0.188	0.186	0.184	0.183	0.181	0.180	0.178	0.177
190	0.176	0.174	0.173	0.171	0.170	0.168	0.167	0.166	0.164	0.163
200	0.162	—	—	—	—	—	—	—	—	—

注:①附表中的 φ 值是按下列公式求得。

当 $\lambda_n \leqslant 0.215$ 时:$\varphi = 1 - \alpha_1 \lambda_n^2$

当 $\lambda_n \geqslant 0.215$ 时:$\varphi = \dfrac{1}{2\lambda_n^2}\left[(\alpha_2 + \alpha_3\lambda_n + \lambda_n^2) - \sqrt{(\alpha_2 + \alpha_3\lambda_n + \lambda_n^2)^2 - 4\lambda_n^2}\right]$

式中:α_1、α_2、α_3 为系数,根据截面的分类,按附表 11 采用。

②当构件的 $\lambda\sqrt{f_y/235}$ 值超出附表 7 至附表 10 所列的范围时,则 φ 值按注①所列的公式计算。

附表 11 系数 α_1、α_2、α_3

截面类型		α_1	α_2	α_3
a 类		0.410	0.986	0.152
b 类		0.650	0.965	0.300
c 类	$\lambda_n \leqslant 1.050$	0.730	0.906	0.595
	$\lambda_n > 1.050$		1.216	0.302
d 类	$\lambda_n \leqslant 1.050$	1.350	0.868	0.915
	$\lambda_n > 1.050$		1.375	0.432

附表 12　工字钢截面尺寸、截面面积、理论重量及截面特性

斜度1:6

说明:

h——高度;
b——腿宽度;
d——腰厚度;
t——腿中间厚度;
r——内圆弧半径;
r_1——腿端圆弧半径。

型号	截面尺寸/mm						截面面积/cm²	理论重量/(kg/m)	外表面积/(m²/m)	惯性矩/cm⁴		惯性半径/cm		截面模数/cm³	
	h	b	d	t	r	r_1				I_x	I_y	i_x	i_y	W_x	W_y
10	100	68	4.5	7.6	6.5	3.3	14.33	11.3	0.432	245	33.0	4.14	1.52	49.0	9.72
12	120	74	5.0	8.4	7.0	3.5	17.80	14.0	0.493	436	46.9	4.95	1.62	72.7	12.7
12.6	126	74	5.0	8.4	7.0	3.5	18.10	14.2	0.505	488	46.9	5.20	1.61	77.5	12.7
14	140	80	5.5	9.1	7.5	3.8	21.50	16.9	0.553	712	64.4	5.76	1.73	102	16.1
16	160	88	6.0	9.9	8.0	4.0	26.11	20.5	0.621	1 130	93.1	6.58	1.89	141	21.2
18	180	94	6.5	10.7	8.5	4.3	30.74	24.1	0.681	1 660	122	7.36	2.00	185	26.0

续表

型号	截面尺寸/mm						截面面积/cm²	理论重量/(kg/m)	外表面积/(m²/m)	惯性矩/cm⁴		惯性半径/cm		截面模数/cm³	
	h	b	d	t	r	r_1				I_x	I_y	i_x	i_y	W_x	W_y
20a	200	100	7.0	11.4	9.0	4.5	35.55	27.9	0.742	2 370	158	8.15	2.12	237	31.5
20b	200	102	9.0	11.4	9.0	4.5	39.55	31.1	0.746	2 500	169	7.96	2.06	250	33.1
22a	220	110	7.5	12.3	9.5	4.8	42.10	33.1	0.817	3 400	225	8.99	2.31	309	40.9
22b	220	112	9.5	12.3	9.5	4.8	46.50	36.5	0.821	3 570	239	8.78	2.27	325	42.7
24a	240	116	8.0	13.0	10.0	5.0	47.71	37.5	0.878	4 570	280	9.77	2.42	381	48.4
24b	240	118	10.0	13.0	10.0	5.0	52.51	41.2	0.882	4 800	297	9.57	2.38	400	50.4
25a	250	116	8.0	13.0	10.0	5.0	48.51	38.1	0.898	5 020	280	10.2	2.40	402	48.3
25b	250	118	10.0	13.0	10.0	5.0	53.51	42.0	0.902	5 280	309	9.94	2.40	423	52.4
27a	270	122	8.5	13.7	10.5	5.3	54.52	42.8	0.958	6 550	345	10.9	2.51	485	56.6
27b	270	124	10.5	13.7	10.5	5.3	59.92	47.0	0.962	6 870	366	10.7	2.47	509	58.9
28a	280	122	8.5	13.7	10.5	5.3	55.37	43.5	0.978	7 110	345	11.3	2.50	508	56.6
28b	280	124	10.5	13.7	10.5	5.3	60.97	47.9	0.982	7 480	379	11.1	2.49	534	61.2
30a	300	126	9.0	14.4	11.0	5.5	61.22	48.1	1.031	8 950	400	12.1	2.55	597	63.5
30b	300	128	11.0	14.4	11.0	5.5	67.22	52.8	1.035	9 400	422	11.8	2.50	627	65.9
30c	300	130	13.0	14.4	11.0	5.5	73.22	57.5	1.039	9 850	445	11.6	2.46	657	68.5
32a	320	130	9.5	15.0	11.5	5.8	67.12	52.7	1.084	11 100	460	12.8	2.62	692	70.8
32b	320	132	11.5	15.0	11.5	5.8	73.52	57.7	1.088	11 600	502	12.6	2.61	726	76.0
32c	320	134	13.5	15.0	11.5	5.8	79.92	62.7	1.092	12 200	544	12.3	2.61	760	81.2
36a	360	136	10.0	15.8	12.0	6.0	76.44	60.0	1.185	15 800	552	14.4	2.69	875	81.2
36b	360	138	12.0	15.8	12.0	6.0	83.64	65.7	1.189	16 500	582	14.1	2.64	919	84.3
36c	360	140	14.0	15.8	12.0	6.0	90.84	71.3	1.193	17 300	612	13.8	2.60	962	87.4

续表

型号	截面尺寸/mm h	b	d	t	r	r₁	截面面积/cm²	理论重量/(kg/m)	外表面积/(m²/m)	惯性矩/cm⁴ I_x	I_y	惯性半径/cm i_x	i_y	截面模数/cm³ W_x	W_y
40a	400	142	10.5	16.5	12.5	6.3	86.07	67.6	1.285	21 700	660	15.9	2.77	1 090	93.2
40b		144	12.5	16.5	12.5	6.3	94.07	73.8	1.289	22 800	692	15.6	2.71	1 140	96.2
40c		146	14.5	16.5	12.5	6.3	102.1	80.1	1.293	23 900	727	15.2	2.65	1 190	99.6
45a	450	150	11.5	18.0	13.5	6.8	102.4	80.4	1.411	32 200	855	17.7	2.89	1 430	114
45b		152	13.5	18.0	13.5	6.8	111.4	87.4	1.415	33 800	894	17.4	2.84	1 500	118
45c		154	15.5	18.0	13.5	6.8	120.4	94.5	1.419	35 300	938	17.1	2.79	1 570	122
50a	500	158	12.0	20.0	14.0	7.0	119.2	93.6	1.539	46 500	1 120	19.7	3.07	1 860	142
50b		160	14.0	20.0	14.0	7.0	129.2	101	1.543	48 600	1 170	19.4	3.01	1 940	146
50c		162	16.0	20.0	14.0	7.0	139.2	109	1.547	50 600	1 220	19.0	2.96	2 080	151
55a	550	166	12.5	21.0	14.5	7.3	134.1	105	1.667	62 900	1 370	21.6	3.19	2 290	164
55b		168	14.5	21.0	14.5	7.3	145.1	114	1.671	65 600	1 420	21.2	3.14	2 390	170
55c		170	16.5	21.0	14.5	7.3	156.1	123	1.675	68 400	1 480	20.9	3.08	2 490	175
56a	560	166	12.5	21.0	14.5	7.3	135.4	106	1.687	65 600	1 370	22.0	3.18	2 340	165
56b		168	14.5	21.0	14.5	7.3	146.6	115	1.691	68 500	1 490	21.6	3.16	2 450	174
56c		170	16.5	21.0	14.5	7.3	157.8	124	1.695	71 400	1 560	21.3	3.16	2 550	183
63a	630	176	13.0	22.0	15.0	7.5	154.6	121	1.862	93 900	1 700	24.5	3.31	2 980	193
63b		178	15.0	22.0	15.0	7.5	167.2	131	1.866	98 100	1 810	24.2	3.29	3 160	204
63c		180	17.0	22.0	15.0	7.5	179.8	141	1.870	102 000	1 920	23.8	3.27	3 300	214

附表 13 等边角钢截面尺寸、截面面积、理论重量及截面特性

说明:
b——边宽度;
d——边厚度;
r——内圆弧半径;
r_1——边端圆弧半径;
z_0——重心距离。

型号	截面尺寸/mm			截面面积/cm²	理论重量/(kg/m)	外表面积/(m²/m)	惯性矩/cm⁴				惯性半径/cm			截面模数/cm³			重心距离/cm
	b	d	r				I_x	I_{x1}	I_{x0}	I_{y0}	i_x	i_{x0}	i_{y0}	W_x	W_{x0}	W_{y0}	z_0
2	20	3	3.5	1.132	0.89	0.078	0.40	0.81	0.63	0.17	0.59	0.75	0.39	0.29	0.45	0.20	0.60
		4		1.459	1.15	0.077	0.50	1.09	0.78	0.22	0.58	0.73	0.38	0.36	0.55	0.24	0.64
2.5	25	3		1.432	1.12	0.098	0.82	1.57	1.29	0.34	0.76	0.95	0.49	0.46	0.73	0.33	0.73
		4		1.859	1.46	0.097	1.03	2.11	1.62	0.43	0.74	0.93	0.48	0.59	0.92	0.40	0.76
3.0	30	3	4.5	1.749	1.37	0.117	1.46	2.71	2.31	0.61	0.91	1.15	0.59	0.68	1.09	0.51	0.85
		4		2.276	1.79	0.117	1.84	3.63	2.92	0.77	0.90	1.13	0.58	0.87	1.37	0.62	0.89
3.6	36	3		2.109	1.66	0.141	2.58	4.68	4.09	1.07	1.11	1.39	0.71	0.99	1.61	0.76	1.00
		4		2.756	2.16	0.141	3.29	6.25	5.22	1.37	1.09	1.38	0.70	1.28	2.05	0.93	1.04
		5		3.382	2.65	0.141	3.95	7.84	6.24	1.65	1.08	1.36	0.70	1.56	2.45	1.00	1.07

续表

型号	截面尺寸/mm			截面面积/cm²	理论重量/(kg/m)	外表面积/(m²/m)	惯性矩/cm⁴				惯性半径/cm			截面模数/cm³			重心距离/cm
	b	d	r				I_x	I_{x1}	I_{x0}	I_{y0}	i_x	i_{x0}	i_{y0}	W_x	W_{x0}	W_{y0}	z_0
4	40	3	5	2.359	1.85	0.157	3.59	6.41	5.69	1.49	1.23	1.55	0.79	1.23	2.01	0.96	1.09
		4		3.086	2.42	0.157	4.60	8.56	7.29	1.91	1.22	1.54	0.79	1.60	2.58	1.19	1.13
		5		3.792	2.98	0.156	5.53	10.70	8.76	2.30	1.21	1.52	0.78	1.96	3.10	1.39	1.17
4.5	45	3	5	2.659	2.09	0.177	5.17	9.12	8.20	2.14	1.40	1.76	0.89	1.58	2.58	1.24	1.22
		4		3.486	2.74	0.177	6.65	12.20	10.60	2.75	1.38	1.74	0.89	2.05	3.32	1.54	1.26
		5		4.292	3.37	0.176	8.04	15.20	12.70	3.33	1.37	1.72	0.88	2.51	4.00	1.81	1.30
		6		5.077	3.99	0.176	9.33	18.40	14.80	3.89	1.36	1.70	0.80	2.95	4.64	2.06	1.33
5	50	3	5.5	2.971	2.33	0.197	7.18	12.5	11.4	2.98	1.55	1.96	1.00	1.96	3.22	1.57	1.34
		4		3.897	3.06	0.197	9.26	16.7	14.7	3.82	1.54	1.94	0.99	2.56	4.16	1.96	1.38
		5		4.803	3.77	0.196	11.2	20.9	17.8	4.64	1.53	1.92	0.98	3.13	5.03	2.31	1.42
		6		5.688	4.46	0.196	13.1	25.1	20.7	5.42	1.52	1.91	0.98	3.68	5.85	2.63	1.46
5.6	56	3	6	3.343	2.62	0.221	10.2	17.6	16.1	4.24	1.75	2.20	1.13	2.48	4.08	2.02	1.48
		4		4.39	3.45	0.220	13.2	23.4	20.9	5.46	1.73	2.18	1.11	3.24	5.28	2.52	1.53
		5		5.415	4.25	0.220	16.0	29.3	25.4	6.61	1.72	2.17	1.10	3.97	6.42	2.98	1.57
		6		6.42	5.04	0.220	18.7	35.3	29.7	7.73	1.71	2.15	1.10	4.68	7.49	3.40	1.61
		7		7.404	5.81	0.219	21.2	41.2	33.6	8.82	1.69	2.13	1.09	5.36	8.49	3.80	1.64
		8		8.367	6.57	0.219	23.6	47.2	37.4	9.89	1.68	2.11	1.09	6.03	9.44	4.16	1.68

续表

型号	截面尺寸/mm b	d	r	截面面积/cm²	理论重量/(kg/m)	外表面积/(m²/m)	惯性矩/cm⁴ I_x	I_{x1}	I_{x0}	I_{y0}	惯性半径/cm i_x	i_{x0}	i_{y0}	截面模数/cm³ W_x	W_{x0}	W_{y0}	重心距离/cm z_0
6	60	5	6.5	5.829	4.58	0.236	19.9	36.1	31.6	8.21	1.85	2.33	1.19	4.59	7.44	3.48	1.67
	60	6		6.914	5.43	0.235	23.4	43.3	36.9	9.60	1.83	2.31	1.18	5.41	8.70	3.98	1.70
	60	7		7.977	6.26	0.235	26.4	50.7	41.9	11.0	1.82	2.29	1.17	6.21	9.88	4.45	1.74
	60	8		9.02	7.08	0.235	29.5	58.0	46.7	12.3	1.81	2.27	1.17	6.98	11.0	4.88	1.78
6.3	63	4	7	4.978	3.91	0.248	19.0	33.4	30.2	7.89	1.96	2.46	1.26	4.13	6.78	3.29	1.70
	63	5		6.143	4.82	0.248	23.2	41.7	36.8	9.57	1.94	2.45	1.25	5.08	8.25	3.90	1.74
	63	6		7.288	5.72	0.247	27.1	50.1	43.0	11.2	1.93	2.43	1.24	6.00	9.66	4.46	1.78
	63	7		8.412	6.60	0.247	30.9	58.6	49.0	12.8	1.92	2.41	1.23	6.88	11.0	4.98	1.82
	63	8		9.515	7.47	0.247	34.5	67.1	54.6	14.3	1.90	2.40	1.23	7.75	12.3	5.47	1.85
	63	10		11.66	9.15	0.246	41.1	84.3	64.9	17.3	1.88	2.36	1.22	9.39	14.6	6.36	1.93
7	70	4	8	5.570	4.37	0.275	26.4	45.7	41.8	11.0	2.18	2.74	1.40	5.14	8.44	4.17	1.86
	70	5		6.876	5.40	0.275	32.2	57.2	51.1	13.3	2.16	2.73	1.39	6.32	10.3	4.95	1.91
	70	6		8.160	6.41	0.275	37.8	68.7	59.9	15.6	2.15	2.71	1.38	7.48	12.1	5.67	1.95
	70	7		9.424	7.40	0.275	43.1	80.3	68.4	17.8	2.14	2.69	1.38	8.59	13.8	6.34	1.99
	70	8		10.67	8.37	0.274	48.2	91.9	76.4	20.0	2.12	2.68	1.37	9.68	15.4	6.98	2.03

续表

型号	截面尺寸/mm			截面面积/cm²	理论重量/(kg/m)	外表面积/(m²/m)	惯性矩/cm⁴				惯性半径/cm			截面模数/cm³			重心距离/cm
	b	d	r				I_x	I_{x1}	I_{x0}	I_{y0}	i_x	i_{x0}	i_{y0}	W_x	W_{x0}	W_{y0}	z_0
7.5	75	5	9	7.412	5.82	0.295	40.0	70.6	63.3	16.6	2.33	2.92	1.50	7.32	11.9	5.77	2.04
		6		8.797	6.91	0.294	47.0	84.6	74.4	19.5	2.31	2.90	1.49	8.64	14.0	6.67	2.07
		7		10.16	7.98	0.294	53.6	98.7	85.0	22.2	2.30	2.89	1.48	9.93	16.0	7.44	2.11
		8		11.50	9.03	0.294	60.0	113	95.1	24.9	2.28	2.88	1.47	11.2	17.9	8.19	2.15
		9		12.83	10.1	0.294	66.1	127	105	27.5	2.27	2.86	1.46	12.4	19.8	8.89	2.18
		10		14.13	11.1	0.293	72.0	142	114	30.1	2.26	2.84	1.46	13.6	21.5	9.56	2.22
8	80	5	9	7.912	6.21	0.315	48.8	85.4	77.3	20.3	2.48	3.13	1.60	8.34	13.7	6.66	2.15
		6		9.397	7.38	0.314	57.4	103	91.0	23.7	2.47	3.11	1.59	9.87	16.1	7.65	2.19
		7		10.86	8.53	0.314	65.6	120	104	27.1	2.46	3.10	1.58	11.4	18.4	8.58	2.23
		8		12.30	9.66	0.314	73.5	137	117	30.4	2.44	3.08	1.57	12.8	20.6	9.46	2.27
		9		13.73	10.8	0.314	81.1	154	129	33.6	2.43	3.06	1.56	14.3	22.7	10.3	2.31
		10		15.13	11.9	0.313	88.4	172	140	36.8	2.42	3.04	1.56	15.6	24.8	11.1	2.35
9	90	6	10	10.64	8.35	0.354	82.8	146	131	34.3	2.79	3.51	1.80	12.6	20.6	9.95	2.44
		7		12.30	9.66	0.354	94.8	170	150	39.2	2.78	3.50	1.78	14.5	23.6	11.2	2.48
		8		13.94	10.9	0.353	106	195	169	44.0	2.76	3.48	1.78	16.4	26.6	12.4	2.52
		9		15.57	12.2	0.353	118	219	187	48.7	2.75	3.46	1.77	18.3	29.4	13.5	2.56
		10		17.17	13.5	0.353	129	244	204	53.3	2.74	3.45	1.76	20.1	32.0	14.5	2.59
		12		20.31	15.9	0.352	149	294	236	62.2	2.71	3.41	1.75	23.6	37.1	16.5	2.67

续表

型号	截面尺寸/mm b	d	r	截面面积/cm²	理论重量/(kg/m)	外表面积/(m²/m)	I_x	I_{x1}	I_{x0}	I_{y0}	i_x	i_{x0}	i_{y0}	W_x	W_{x0}	W_{y0}	z_0/cm
10	100	6		11.93	9.37	0.393	115	200	182	47.9	3.10	3.90	2.00	15.7	25.7	12.7	2.67
		7		13.80	10.8	0.393	132	234	209	54.7	3.09	3.89	1.99	18.1	29.6	14.3	2.71
		8		15.64	12.3	0.393	148	267	235	61.4	3.08	3.88	1.98	20.5	33.2	15.8	2.76
		9	12	17.46	13.7	0.392	164	300	260	68.0	3.07	3.86	1.97	22.8	36.8	17.2	2.80
		10		19.26	15.1	0.392	180	334	285	74.4	3.05	3.84	1.96	25.1	40.3	18.5	2.84
		12		22.80	17.9	0.391	209	402	331	86.8	3.03	3.81	1.95	29.5	46.8	21.1	2.91
		14		26.26	20.6	0.391	237	471	374	99.0	3.00	3.77	1.94	33.7	52.9	23.4	2.99
		16		29.63	23.3	0.390	263	540	414	111	2.98	3.74	1.94	37.8	58.6	25.6	3.06
11	110	7		15.20	11.9	0.433	177	311	281	73.4	3.41	4.30	2.20	22.1	36.1	17.5	2.96
		8		17.24	13.5	0.433	199	355	316	82.4	3.40	4.28	2.19	25.0	40.7	19.4	3.01
		10	12	21.26	16.7	0.432	242	445	384	100	3.38	4.25	2.17	30.6	49.4	22.9	3.09
		12		25.20	19.8	0.431	283	535	448	117	3.35	4.22	2.15	36.1	57.6	26.2	3.16
		14		29.06	22.8	0.431	321	625	508	133	3.32	4.18	2.14	41.3	65.3	29.1	3.24

续表

型号	截面尺寸/mm			截面面积/cm²	理论重量/(kg/m)	外表面积/(m²/m)	惯性矩/cm⁴				惯性半径/cm			截面模数/cm³			重心距离/cm
	b	d	r				I_x	I_{x1}	I_{x0}	I_{y0}	i_x	i_{x0}	i_{y0}	W_x	W_{x0}	W_{y0}	z_0
12.5	125	8	14	19.75	15.5	0.492	297	521	471	123	3.88	4.88	2.50	32.5	53.3	25.9	3.37
		10		24.37	19.1	0.491	362	652	574	149	3.85	4.85	2.48	40.0	64.9	30.6	3.45
		12		28.91	22.7	0.491	423	783	671	175	3.83	4.82	2.46	41.2	76.0	35.0	3.53
		14		33.37	26.2	0.490	482	916	764	200	3.80	4.78	2.45	54.2	86.4	39.1	3.61
		16		37.74	29.6	0.489	537	1 050	851	224	3.77	4.75	2.43	60.9	96.3	43.0	3.68
14	140	10		27.37	21.5	0.551	515	915	817	212	4.34	5.46	2.78	50.6	82.6	39.2	3.82
		12		32.51	25.5	0.551	604	1 100	959	249	4.31	5.43	2.76	59.8	96.9	45.0	3.90
		14		37.57	29.5	0.550	689	1 280	1 090	284	4.28	5.40	2.75	68.8	110	50.5	3.98
		16		42.54	33.4	0.549	770	1 470	1 220	319	4.26	5.36	2.74	77.5	123	55.6	4.06
15	150	8		23.75	18.6	0.592	521	900	827	215	4.69	5.90	3.01	47.4	78.0	38.1	3.99
		10		29.37	23.1	0.591	638	1 130	1 010	262	4.66	5.87	2.99	58.4	95.5	45.5	4.08
		12		34.91	27.4	0.591	749	1 350	1 190	308	4.63	5.84	2.97	69.0	112	52.4	4.15
		14		40.37	31.7	0.590	856	1 580	1 360	352	4.60	5.80	2.95	79.5	128	58.8	4.23
		15		43.06	33.8	0.590	907	1 690	1 440	374	4.59	5.78	2.95	84.6	136	61.9	4.27
		16		45.74	35.9	0.589	958	1 810	1 520	395	4.58	5.77	2.94	89.6	143	64.9	4.31

续表

型号	截面尺寸/mm			截面面积/cm²	理论重量/(kg/m)	外表面积/(m²/m)	惯性矩/cm⁴				惯性半径/cm			截面模数/cm³			重心距离/cm
	b	d	r				I_x	I_{x1}	I_{x0}	I_{y0}	i_x	i_{x0}	i_{y0}	W_x	W_{x0}	W_{y0}	z_0
16	160	10	16	31.50	24.7	0.630	780	1 370	1 240	322	4.98	6.27	3.20	66.7	109	52.8	4.31
		12		37.44	29.4	0.630	917	1 640	1 460	377	4.95	6.24	3.18	79.0	129	60.7	4.39
		14		43.30	34.0	0.629	1 050	1 910	1 670	432	4.92	6.20	3.16	91.0	147	68.2	4.47
		16		49.07	38.5	0.629	1 180	2 190	1 870	485	4.89	6.17	3.14	103	165	75.3	4.55
18	180	12		42.24	33.2	0.710	1 320	2 330	2 100	543	5.59	7.05	3.58	101	165	78.4	4.89
		14		48.90	38.4	0.709	1 510	2 720	2 410	622	5.56	7.02	3.56	116	189	88.4	4.97
		16		55.47	43.5	0.709	1 700	3 120	2 700	699	5.54	6.98	3.55	131	212	97.8	5.05
		18	16	61.96	48.6	0.708	1 880	3 500	2 990	762	5.50	6.94	3.51	146	235	105	5.13
20	200	14		54.64	42.9	0.788	2 100	3 730	3 340	864	6.20	7.82	3.98	145	236	112	5.46
		16		62.01	48.7	0.788	2 370	4 270	3 760	971	6.18	7.79	3.96	164	266	124	5.54
		18		69.30	54.4	0.787	2 620	4 810	4 160	1 080	6.15	7.75	3.94	182	294	136	5.62
		20	18	76.51	60.1	0.787	2 870	5 350	4 550	1 180	6.12	7.72	3.93	200	322	147	5.69
		24		90.66	71.2	0.785	3 340	6 460	5 290	1 380	6.07	7.64	3.90	236	374	167	5.87

型号	截面尺寸/mm b	截面尺寸/mm d	截面尺寸/mm r	截面面积/cm²	理论重量/(kg/m)	外表面积/(m²/m)	惯性矩/cm⁴ I_x	惯性矩/cm⁴ I_{x1}	惯性矩/cm⁴ I_{x0}	惯性矩/cm⁴ I_{y0}	惯性半径/cm i_x	惯性半径/cm i_{x0}	惯性半径/cm i_{y0}	截面模数/cm³ W_x	截面模数/cm³ W_{x0}	截面模数/cm³ W_{y0}	重心距离/cm z_0
22	220	16	21	68.67	53.9	0.866	3 190	5 680	5 060	1 310	6.81	8.59	4.37	200	326	154	6.03
		18		76.75	60.3	0.866	3 540	6 400	5 620	1 450	6.79	8.55	4.35	223	361	168	6.11
		20		84.76	66.5	0.866	3 870	7 110	6 150	1 590	6.76	8.52	4.34	245	395	182	6.18
		22		92.68	72.8	0.865	4 200	7 830	6 670	1 730	6.73	8.48	4.32	267	429	195	6.26
		24		100.5	78.9	0.864	4 520	8 550	7 170	1 870	6.71	8.45	4.31	289	461	208	6.33
		26		108.3	85.0	0.864	4 830	9 280	7 690	2 000	6.68	8.41	4.30	310	492	221	6.41
25	250	18	24	87.84	69.0	0.985	5 270	9 380	8 370	2 170	7.75	9.76	4.97	290	473	224	6.84
		20		97.05	76.2	0.984	5 780	10 400	9 180	2 380	7.72	9.73	4.95	320	519	243	6.92
		22		106.2	83.3	0.983	6 280	11 500	9 970	2 580	7.69	9.69	4.93	349	564	261	7.00
		24		115.2	90.4	0.983	6 770	12 500	10 700	2 790	7.67	9.66	4.92	378	608	278	7.07
		26		124.2	97.5	0.982	7 240	13 600	11 500	2 980	7.64	9.62	4.90	406	650	295	7.15
		28		133.0	104	0.982	7 700	14 600	12 200	3 180	7.61	9.58	4.89	433	691	311	7.22
		30		141.8	111	0.981	8 160	15 700	12 900	3 380	7.58	9.55	4.88	461	731	327	7.30
		32		150.5	118	0.981	8 600	16 800	13 600	3 570	7.56	9.51	4.87	488	770	342	7.37
		35		163.4	128	0.980	9 240	18 400	14 600	3 850	7.52	9.46	4.86	527	827	364	7.48

附表 14 不等边角钢截面尺寸、载面面积、理论重量及截面特性

说明:
B——长边宽度;
b——短边宽度;
d——边厚度;
r——内圆弧半径;
r_1——边端圆弧半径;
x_0——重心距离;
y_0——重心距离。

型号	截面尺寸/mm				截面面积/cm²	理论重量/(kg/m)	外表面积/(m²/m)	惯性矩/cm⁴					惯性半径/cm			截面模数/cm³			tan α	重心距离/cm	
	B	b	d	r	cm²			I_x	I_{x1}	I_y	I_{y1}	I_u	i_x	i_y	i_u	W_x	W_y	W_u		x_0	y_0
2.5/1.6	25	16	3	3.5	1.162	0.91	0.080	0.70	1.56	0.22	0.43	0.14	0.78	0.44	0.34	0.43	0.16	0.19	0.392	0.42	0.86
			4		1.499	1.18	0.079	0.88	2.09	0.27	0.59	0.17	0.77	0.43	0.34	0.55	0.24	0.20	0.381	0.46	0.90
3.2/2	32	20	3		1.492	1.17	0.102	1.53	3.27	0.46	0.82	0.28	1.01	0.55	0.43	0.72	0.30	0.25	0.382	0.49	1.08
			4		1.939	1.52	0.101	1.93	4.37	0.57	1.12	0.35	1.00	0.54	0.42	0.93	0.39	0.32	0.374	0.53	1.12
4/2.5	40	25	3	4	1.890	1.48	0.127	3.08	5.39	0.93	1.59	0.56	1.28	0.70	0.54	1.15	0.49	0.40	0.385	0.59	1.32
			4		2.467	1.94	0.127	3.93	8.53	1.18	2.14	0.71	1.36	0.69	0.54	1.49	0.63	0.52	0.381	0.63	1.37
4.5/2.8	45	28	3	5	2.149	1.69	0.143	4.45	9.10	1.34	2.23	0.80	1.44	0.79	0.61	1.47	0.62	0.51	0.383	0.64	1.47
			4		2.806	2.20	0.143	5.69	12.1	1.70	3.00	1.02	1.42	0.78	0.60	1.91	0.80	0.66	0.380	0.68	1.51

续表

型号	截面尺寸/mm B	b	d	r	截面面积/cm²	理论重量/(kg/m)	外表面积/(m²/m)	惯性矩/cm⁴ I_x	I_{x1}	I_y	I_{y1}	I_u	惯性半径/cm i_x	i_y	i_u	截面模数/cm³ W_x	W_y	W_u	tan α	重心距离/cm x_0	y_0
5/3.2	50	32	3	5.5	2.431	1.91	0.161	6.24	12.5	2.02	3.31	1.20	1.60	0.91	0.70	1.84	0.82	0.68	0.404	0.73	1.60
			4		3.177	2.49	0.160	8.02	16.7	2.58	4.45	1.53	1.59	0.90	0.69	2.39	1.06	0.87	0.402	0.77	1.65
5.6/3.6	56	36	3	6	2.743	2.15	0.181	8.88	17.5	2.92	4.7	1.73	1.80	1.03	0.79	2.32	1.05	0.87	0.408	0.80	1.78
			4		3.590	2.82	0.180	11.5	23.4	3.76	6.33	2.23	1.79	1.02	0.79	3.03	1.37	1.13	0.408	0.85	1.82
			5		4.415	3.47	0.180	13.9	29.3	4.49	7.94	2.67	1.77	1.01	0.78	3.71	1.65	1.36	0.404	0.88	1.87
6.3/4	63	40	4	7	4.058	3.19	0.202	16.5	33.3	5.23	8.63	3.12	2.02	1.14	0.88	3.87	1.70	1.40	0.398	0.92	2.04
			5		4.993	3.92	0.202	20.0	41.6	6.31	10.9	3.76	2.00	1.12	0.87	4.74	2.07	1.71	0.396	0.95	2.08
			6		5.908	4.64	0.201	23.4	50.0	7.29	13.1	4.34	1.96	1.11	0.86	5.59	2.43	1.99	0.393	0.99	2.12
			7		6.802	5.34	0.201	26.5	58.1	8.24	15.5	4.97	1.98	1.10	0.86	6.40	2.78	2.29	0.389	1.03	2.15
7/4.5	70	45	4	7.5	4.553	3.57	0.226	23.2	45.9	7.55	12.3	4.40	2.26	1.29	0.98	4.86	2.17	1.77	0.410	1.02	2.24
			5		5.609	4.40	0.225	28.0	57.1	9.13	15.4	5.40	2.23	1.28	0.98	5.92	2.65	2.19	0.407	1.06	2.28
			6		6.644	5.22	0.225	32.5	68.4	10.6	18.6	6.35	2.21	1.26	0.98	6.95	3.12	2.59	0.404	1.09	2.32
			7		7.658	6.01	0.225	37.2	80.0	12.0	21.8	7.16	2.20	1.25	0.97	8.03	3.57	2.94	0.402	1.13	2.36
7.5/5	75	50	5	8	6.126	4.81	0.245	34.9	70.0	12.6	21.0	7.41	2.39	1.44	1.10	6.83	3.3	2.74	0.435	1.17	2.40
			6		7.260	5.70	0.245	41.1	84.3	14.7	25.4	8.54	2.38	1.42	1.08	8.12	3.88	3.19	0.435	1.21	2.44
			8		9.467	7.43	0.244	52.4	113	18.5	34.2	10.9	2.35	1.40	1.07	10.5	4.99	4.10	0.429	1.29	2.52
			10		11.59	9.10	0.244	62.7	141	22.0	43.4	13.1	2.33	1.38	1.06	12.8	6.04	4.99	0.423	1.36	2.60
8/5	80	50	5	8	6.376	5.00	0.255	42.0	85.2	12.8	21.1	7.66	2.56	1.42	1.08	7.78	3.32	2.74	0.388	1.14	2.60
			6		7.560	5.93	0.255	49.5	103	15.0	25.4	8.85	2.56	1.41	1.08	9.25	3.91	3.20	0.387	1.18	2.65
			7		8.724	6.85	0.255	56.2	119	17.0	29.8	10.2	2.54	1.39	1.08	10.6	4.48	3.70	0.384	1.21	2.69
			8		9.867	7.75	0.254	62.8	136	18.9	34.3	11.4	2.52	1.38	1.07	11.9	5.03	4.16	0.381	1.25	2.73

续表

型号	B	b	d	r	截面面积/cm²	理论重量/(kg/m)	外表面积/(m²/m)	I_x	I_{x1}	I_y	I_{y1}	I_u	i_x	i_y	i_u	W_x	W_y	W_u	tan α	x_0	y_0
9/5.6	90	56	5	9	7.212	5.66	0.287	60.5	121	18.3	29.5	11.0	2.90	1.59	1.23	9.92	4.21	3.49	0.385	1.25	2.91
			6		8.557	6.72	0.286	71.0	146	21.4	35.6	12.9	2.88	1.58	1.23	11.7	4.96	4.13	0.384	1.29	2.95
			7		9.881	7.76	0.286	81.0	170	24.4	41.7	14.7	2.86	1.57	1.22	13.5	5.70	4.72	0.382	1.33	3.00
			8		11.18	8.78	0.286	91.0	194	27.2	47.9	16.3	2.85	1.56	1.21	15.3	6.41	5.29	0.380	1.36	3.04
10/6.3	100	63	6	10	9.618	7.55	0.320	99.1	200	30.9	50.5	18.4	3.21	1.79	1.38	14.6	6.35	5.25	0.394	1.43	3.24
			7		11.11	8.72	0.320	113	233	35.3	59.1	21.0	3.20	1.78	1.38	16.9	7.29	6.02	0.394	1.47	3.28
			8		12.58	9.88	0.319	127	266	39.4	67.9	23.5	3.18	1.77	1.37	19.1	8.21	6.78	0.391	1.50	3.32
			10		15.47	12.1	0.319	154	333	47.1	85.7	28.3	3.15	1.74	1.35	23.3	9.98	8.24	0.387	1.58	3.40
10/8	100	80	6	10	10.64	8.35	0.354	107	200	61.2	103	31.7	3.17	2.40	1.72	15.2	10.2	8.37	0.627	1.97	2.95
			7		12.30	9.66	0.354	123	233	70.1	120	36.2	3.16	2.39	1.72	17.5	11.7	9.60	0.626	2.01	3.00
			8		13.94	10.9	0.353	138	267	78.6	137	40.6	3.14	2.37	1.71	19.8	13.2	10.8	0.625	2.05	3.04
			10		17.17	13.5	0.353	167	334	94.7	172	49.1	3.12	2.35	1.69	24.2	16.1	13.1	0.622	2.13	3.12
11/7	110	70	6	10	10.64	8.35	0.354	133	266	42.9	69.1	25.4	3.54	2.01	1.54	17.9	7.90	6.53	0.403	1.57	3.53
			7		12.30	9.66	0.354	153	310	49.0	80.8	29.0	3.53	2.00	1.53	20.6	9.09	7.50	0.402	1.61	3.57
			8		13.94	10.9	0.353	172	354	54.9	92.7	32.5	3.51	1.98	1.53	23.3	10.3	8.45	0.401	1.65	3.62
			10		17.17	13.5	0.353	208	443	65.9	117	39.2	3.48	1.96	1.51	28.5	12.5	10.3	0.397	1.72	3.70

续表

型号	截面尺寸/mm				截面面积/cm²	理论重量/(kg/m)	外表面积/(m²/m)	惯性矩/cm⁴					惯性半径/cm			截面模数/cm³			tan α	重心距离/cm	
	B	b	d	r				I_x	I_{x1}	I_y	I_{y1}	I_u	i_x	i_y	i_u	W_x	W_y	W_u		x_0	y_0
12.5/8	125	80	7	11	14.10	11.1	0.403	228	455	74.4	120	43.8	4.02	2.30	1.76	26.9	12.0	9.92	0.408	1.80	4.01
			8		15.99	12.6	0.403	257	520	83.5	138	49.2	4.01	2.28	1.75	30.4	13.6	11.2	0.407	1.84	4.06
			10		19.71	15.5	0.402	312	650	101	173	59.5	3.98	2.26	1.74	37.3	16.6	13.6	0.404	1.92	4.14
			12		23.35	18.3	0.402	364	780	117	210	69.4	3.95	2.24	1.72	44.0	19.4	16.0	0.400	2.00	4.22
14/9	140	90	8	12	18.04	14.2	0.453	366	731	121	196	70.8	4.50	2.59	1.98	38.5	17.3	14.3	0.411	2.04	4.50
			10		22.26	17.5	0.452	446	913	140	246	85.8	4.47	2.56	1.96	47.3	21.2	17.5	0.409	2.12	4.58
			12		26.40	20.7	0.451	522	1 100	170	297	100	4.44	2.54	1.95	55.9	25.0	20.5	0.406	2.19	4.66
			14		30.46	23.9	0.451	594	1 280	192	349	114	4.42	2.51	1.94	64.2	28.5	23.5	0.403	2.27	4.74
15/9	150	90	8	12	18.84	14.8	0.473	442	898	123	196	74.1	4.84	2.55	1.98	43.9	17.5	14.5	0.364	1.97	4.92
			10		23.26	18.3	0.472	539	1 120	149	246	89.9	4.81	2.53	1.97	54.0	21.4	17.7	0.362	2.05	5.01
			12		27.60	21.7	0.471	632	1 350	173	297	105	4.79	2.50	1.95	63.8	25.1	20.8	0.359	2.12	5.09
			14		31.86	25.0	0.471	721	1 570	196	350	120	4.76	2.48	1.94	73.3	28.8	23.8	0.356	2.20	5.17
			15		33.95	26.7	0.471	764	1 680	207	376	127	4.74	2.47	1.93	78.0	30.5	25.3	0.354	2.24	5.21
			16		36.03	28.3	0.470	806	1 800	217	403	134	4.73	2.45	1.93	82.6	32.3	26.8	0.352	2.27	5.25
16/10	160	100	10	13	25.32	19.9	0.512	669	1 360	205	337	122	5.14	2.85	2.19	62.1	26.6	21.9	0.390	2.28	5.24
			12		30.05	23.6	0.511	785	1 640	239	406	142	5.11	2.82	2.17	73.5	31.3	25.8	0.388	2.36	5.32
			14		34.71	27.2	0.510	896	1 910	271	476	162	5.08	2.80	2.16	84.6	35.8	29.6	0.385	2.43	5.40
			16		39.28	30.8	0.510	1 000	2 180	302	548	183	5.05	2.77	2.16	95.3	40.2	33.4	0.382	2.51	5.48

续表

型号	截面尺寸/mm				截面面积/cm²	理论重量/(kg/m)	外表面积/(m²/m)	惯性矩/cm⁴					惯性半径/cm			截面模数/cm³			tan α	重心距离/cm	
	B	b	d	r				I_x	I_{x1}	I_y	I_{y1}	I_u	i_x	i_y	i_u	W_x	W_y	W_u		x_0	y_0
18/11	180	110	10	14	28.37	22.3	0.571	956	1 940	278	447	167	5.80	3.13	2.42	79.0	32.5	26.9	0.376	2.44	5.89
			12		33.71	26.5	0.571	1 120	2 330	325	539	195	5.78	3.10	2.40	93.5	38.3	31.7	0.374	2.52	5.98
			14		38.97	30.6	0.570	1 290	2 720	370	632	222	5.75	3.08	2.39	108	44.0	36.3	0.372	2.59	6.06
			16		44.14	34.6	0.569	1 440	3 110	412	726	249	5.72	3.06	2.38	122	49.4	40.9	0.369	2.67	6.14
20/12.5	200	125	12	14	37.91	29.8	0.641	1 570	3 190	483	788	286	6.44	3.57	2.74	117	50.0	41.2	0.392	2.83	6.54
			14		43.87	34.4	0.640	1 800	3 730	551	922	327	6.41	3.54	2.73	135	57.4	47.3	0.390	2.91	6.62
			16		49.74	39.0	0.639	2 020	4 260	615	1 060	366	6.38	3.52	2.71	152	64.9	53.3	0.388	2.99	6.70
			18		55.53	43.6	0.639	2 240	4 790	677	1 200	405	6.35	3.49	2.70	169	71.7	59.2	0.385	3.06	6.78

附表 15 槽钢截面尺寸、截面面积、理论重量及截面特性

说明：
h——高度；
b——腿宽度；
d——腰厚度；
t——腿中间厚度；
r——内圆弧半径；
r_1——腿端圆弧半径；
z_0——重心距离。

| 型号 | 截面尺寸/mm | | | | | | 截面面积/cm² | 理论重量/(kg/m) | 外表面积/(m²/m) | 惯性矩/cm⁴ | | | 惯性半径/cm | | 截面模数/cm³ | | 重心距离/cm |
	h	b	d	t	r	r_1				I_x	I_y	I_{y1}	i_x	i_y	W_x	W_y	z_0
5	50	37	4.5	7.0	7.0	3.5	6.925	5.44	0.226	26.0	8.30	20.9	1.94	1.10	10.4	3.55	1.35
6.3	63	40	4.8	7.5	7.5	3.8	8.446	6.63	0.262	50.8	11.9	28.4	2.45	1.19	16.1	4.50	1.36
6.5	65	40	4.3	7.5	7.5	3.8	8.292	6.51	0.267	55.2	12.0	28.3	2.54	1.19	17.0	4.59	1.38
8	80	43	5.0	8.0	8.0	4.0	10.24	8.04	0.307	101	16.6	37.4	3.15	1.27	25.3	5.79	1.43
10	100	48	5.3	8.5	8.5	4.2	12.74	10.0	0.365	198	25.6	54.9	3.95	1.41	39.7	7.80	1.52
12	120	53	5.5	9.0	9.0	4.5	15.36	12.1	0.423	346	37.4	77.7	4.75	1.56	57.7	10.2	1.62
12.6	126	53	5.5	9.0	9.0	4.5	15.69	12.3	0.435	391	38.0	77.1	4.95	1.57	62.1	10.2	1.59

续表

型号	截面尺寸/mm						截面面积/cm²	理论重量/(kg/m)	外表面积/(m²/m)	惯性矩/cm⁴			惯性半径/cm		截面模数/cm³		重心距离/cm
	h	b	d	t	r	r_1				I_x	I_y	I_{y1}	i_x	i_y	W_x	W_y	z_0
14a	140	58	6.0	9.5	9.5	4.8	18.51	14.5	0.480	564	53.2	107	5.52	1.70	80.5	13.0	1.71
14b	140	60	8.0	9.5	9.5	4.8	21.31	16.7	0.484	609	61.1	121	5.35	1.69	87.1	14.1	1.67
16a	160	63	6.5	10.0	10.0	5.0	21.95	17.2	0.538	866	73.3	144	6.28	1.83	108	16.3	1.80
16b	160	65	8.5	10.0	10.0	5.0	25.15	19.8	0.542	935	83.4	161	6.10	1.82	117	17.6	1.75
18a	180	68	7.0	10.5	10.5	5.2	25.69	20.2	0.596	1 270	98.6	190	7.04	1.96	141	20.0	1.88
18b	180	70	9.0	10.5	10.5	5.2	29.29	23.0	0.600	1 370	111	210	6.84	1.95	152	21.5	1.84
20a	200	73	7.0	11.0	11.0	5.5	28.83	22.6	0.654	1 780	128	244	7.86	2.11	178	24.2	2.01
20b	200	75	9.0	11.0	11.0	5.5	32.83	25.8	0.658	1 910	144	268	7.64	2.09	191	25.9	1.95
22a	220	77	7.0	11.5	11.5	5.8	31.83	25.0	0.709	2 390	158	298	8.67	2.23	218	28.2	2.10
22b	220	79	9.0	11.5	11.5	5.8	36.23	28.5	0.713	2 570	176	326	8.42	2.21	234	30.1	2.03
24a	240	78	7.0	12.0	12.0	6.0	34.21	26.9	0.752	3 050	174	325	9.45	2.25	254	30.5	2.10
24b	240	80	9.0	12.0	12.0	6.0	39.01	30.6	0.756	3 280	194	355	9.17	2.23	274	32.5	2.03
24c	240	82	11.0	12.0	12.0	6.0	43.81	34.4	0.760	3 510	213	388	8.96	2.21	293	34.4	2.00
25a	250	78	7.0	12.0	12.0	6.0	34.91	27.4	0.722	3 370	176	322	9.82	2.24	270	30.6	2.07
25b	250	80	9.0	12.0	12.0	6.0	39.91	31.3	0.776	3 530	196	353	9.41	2.22	282	32.7	1.98
25c	250	82	11.0	12.0	12.0	6.0	44.91	35.3	0.780	3 690	218	384	9.07	2.21	295	35.9	1.92

续表

型号	截面尺寸/mm						截面面积/cm²	理论重量/(kg/m)	外表面积/(m²/m)	惯性矩/cm⁴			惯性半径/cm		截面模数/cm³		重心距离/cm
	h	b	d	t	r	r_1				I_x	I_y	I_{y1}	i_x	i_y	W_x	W_y	z_0
27a	270	82	7.5	12.5	12.5	6.2	39.27	30.8	0.826	4 360	216	393	10.5	2.34	323	35.5	2.13
27b		84	9.5				44.67	35.1	0.830	4 690	239	428	10.3	2.31	347	37.7	2.06
27c		86	11.5				50.07	39.3	0.834	5 020	261	467	10.1	2.28	372	39.8	2.03
28a	280	82	7.5	12.5	12.5	6.2	40.02	31.4	0.846	4 760	218	388	10.9	2.33	340	35.7	2.10
28b		84	9.5				45.62	35.8	0.850	5 130	242	428	10.6	2.30	366	37.9	2.02
28c		86	11.5				51.22	40.2	0.854	5 500	268	463	10.4	2.29	393	40.3	1.95
30a	300	85	7.5	13.5	13.5	6.8	43.89	34.5	0.897	6 050	260	467	11.7	2.43	403	41.1	2.17
30b		87	9.5				49.89	39.2	0.901	6 500	289	515	11.4	2.41	433	44.0	2.13
30c		89	11.5				55.89	43.9	0.905	6 950	316	560	11.2	2.38	463	46.4	2.09
32a	320	88	8.0	14.0	14.0	7.0	48.50	38.1	0.947	7 600	305	552	12.5	2.50	475	46.5	2.24
32b		90	10.0				54.90	43.1	0.951	8 140	336	593	12.2	2.47	509	49.2	2.16
32c		92	12.0				61.30	48.1	0.955	8 690	374	643	11.9	2.47	543	52.6	2.09
36a	360	96	9.0	16.0	16.0	8.0	60.89	47.8	1.053	11 900	455	818	14.0	2.73	660	63.5	2.44
36b		98	11.0				68.09	53.5	1.057	12 700	497	880	13.6	2.70	703	66.9	2.37
36c		100	13.0				75.29	59.1	1.061	13 400	536	948	13.4	2.67	746	70.0	2.34
40a	400	100	10.5	18.0	18.0	9.0	75.04	58.9	1.144	17 600	592	1 070	15.3	2.81	879	78.8	2.49
40b		102	12.5				83.04	65.2	1.148	18 600	640	1 140	15.0	2.78	932	82.5	2.44
40c		104	14.5				91.04	71.5	1.152	19 700	688	1 220	14.7	2.75	986	86.2	2.42

参 考 文 献

[1] 中华人民共和国住房和城乡建设部.钢结构设计标准(GB 50017—2017)[S].北京:中国建筑工业出版社,2017.

[2] 中华人民共和国建设部.钢结构工程施工质量验收规范(GB 50205—2001)[S].北京:中国计划出版社,2001.

[3] 陈绍蕃.钢结构设计原理[M].4版.北京:科学出版社,2016.

[4] 魏明钟.钢结构[M].武汉:武汉理工大学出版社,2006.

[5] 陈志华.钢结构原理[M].2版.武汉:华中科技大学出版社,2009.

[6] 刘文顺.钢结构[M].哈尔滨:黑龙江教育出版社,2008.

[7] 钟善桐.钢结构[M].北京:中央广播电视大学出版社,2003.

[8] 王新武,金恩平.建筑结构[M].大连:大连理工大学出版社,2009.

[9] 李殿平,欧雅玲.建筑结构[M].武汉:华中科技大学出版社,2010.

[10] 陈树华,等.钢结构设计[M].2版.武汉:华中科技大学出版社,2016.

[11] 龚伟,郭继武.建筑结构(下册)[M].北京:中国建筑工业出版社,1995.

[12] 黄呈伟.钢结构基本原理[M].重庆:重庆大学出版社,2008.

[13] 赵风华.钢结构设计[M].北京:高等教育出版社,2006.

[14] 张耀春.钢结构设计原理[M].北京:高等教育出版社,2011.

[15] 周绥平,窦立军.钢结构[M].3版.武汉:武汉理工大学出版社,2009.

[16] 丁阳.钢结构设计原理[M].2版.天津:天津大学出版社,2012.